U0167681

住房和城乡建设部“十四五”规划教材
高等学校土木工程专业应用型人才培养系列教材

土木工程专业毕业设计指导

张营营　高公略　主　编
柳志军　副主编
吴发红　主　审

中国建筑工业出版社

图书在版编目（CIP）数据

土木工程专业毕业设计指导/张营营，高公略主编；柳志军副主编．—北京：中国建筑工业出版社，2021.9（2024.6重印）
住房和城乡建设部“十四五”规划教材　高等学校土木工程专业应用型人才培养系列教材
ISBN 978-7-112-26625-8

Ⅰ.①土…　Ⅱ.①张… ②高… ③柳…　Ⅲ.①土木工程-毕业设计-高等学校-教学参考资料　Ⅳ.①TU

中国版本图书馆 CIP 数据核字（2021）第 191396 号

本书旨在为土木工程专业毕业设计提供一个相对完整的范例指导，便于初学者设计时参照。设计过程中还列出了所依据的规范条文，方便读者在设计实践中熟悉理解。

本书共 7 章，分为 5 部分，第 1～3 章建筑工程，第 4 章公路工程，第 5 章矿山建设工程，第 6 章轨道交通工程，第 7 章城市地下空间工程。第 1 章介绍了设计的程序及文件编制要求、建筑设计要点等；第 2～7 章分别介绍了钢筋混凝土框架结构设计、钢框架结构设计、山区公路工程设计、矿山建设工程设计、轨道交通工程设计和地铁盾构区间隧道结构设计等。

本书可作为土木工程相关专业的高年级本科生及研究生教材，包括建筑工程、城市地下空间工程、公路工程、铁道工程、桥梁与隧道工程等，也可供相关工程技术人员参考。

限于篇幅与页面，书中仅给出部分图表。所涉及的全套设计图纸，将放入配套的数字二维码，供读者扫描学习。

为了更好地支持教学，我社向采用本书作为教材的教师提供课件，有需要者可与出版社联系，索取方式如下：建工书院 http://edu.cabplink.com，邮箱 jckj@cabp.com.cn，电话（010）58337285。

* * *

责任编辑：仕　帅　吉万旺　王　跃
责任校对：张　颖

住房和城乡建设部“十四五”规划教材
高等学校土木工程专业应用型人才培养系列教材
土木工程专业毕业设计指导
张营营　高公略　主　编
柳志军　副主编
吴发红　主　审

*

中国建筑工业出版社出版、发行（北京海淀三里河路 9 号）
各地新华书店、建筑书店经销
霸州市顺浩图文科技发展有限公司制版
建工社（河北）印刷有限公司印刷

*

开本：787 毫米×1092 毫米　1/16　印张：17¼　字数：424 千字
2021 年 10 月第一版　　2024 年 6 月第二次印刷
定价：**48.00** 元（赠教师课件及配套数字资源）
ISBN 978-7-112-26625-8
（37836）

前　言

随着国家经济水平的提升和工程技术的发展，土木工程逐渐发展成为一项大型综合性学科，主要包含了建筑工程、桥梁工程、公路工程、铁道工程、矿山建设和地下工程等。本书结合国内高等学校土木工程专业毕业设计的教学现状与发展，在实用性、规范性和创新性上作了一些有益的尝试。

实用性：充分考虑了学生在毕业设计之初的学习需求，为土木工程专业毕业设计提供一个相对完整的范例指导，便于初学者设计时参照模仿。

规范性：在设计计算的同时，列出了所依据的规范条文。方便读者更好地熟悉理解最新的行业标准，提高学习工程设计的入门速度，为今后更快地胜任工程师的角色打下基础。

创新性：面对土木工程设计全过程电算化、智能化的发展趋势，毕业设计究竟应该做什么、如何做？这些问题越来越引发行内的争议。本书在毕业设计内容的取舍、手算电算的比例等方面作了改进和尝试，在手算过程大量借助 Excel 等程序处理数据，可减少简单重复的运算量，使读者聚焦于设计原理、设计过程及规范应用等学习环节。

本书由中国矿业大学的张营营和江苏海洋大学的高公略主编，中国矿业大学的柳志军副主编，盐城工学院的吴发红主审。参加编写工作的有盐城工学院的张荣兰（第 1 章），江苏海洋大学的高公略（第 2 章），中国矿业大学的张营营（第 3 章）、柳志军（第 4 章）、陈坤福（第 5 章）、王亮亮（第 6 章）、崔振东（第 7 章）。研究生吴蒙、陈子琦参与了文本编辑等工作。中国建筑工业出版社的领导、编辑、校审人员为本书的出版付出了辛勤劳动。鉴于此，在本书付梓之日，作者对于为本书编写出版给予支持和帮助的所有同仁表示衷心的感谢。

本书主要参考了国内外土木工程各个方向相关教材和文献，并结合最新规范、工程案例和数值模拟，重点突出结构设计的基本概念、基本理论和基本方法。

在本书编写过程中，作者虽然力求突出重点，内容系统而精炼，兼顾科学性和实用性，但因时间和水平有限，书中必然存在一些缺点和错误，敬请读者批评指正。

编　者

2021 年 6 月

目　　录

第 1 章　建 筑 设 计

本章要点及学习目标

本章要点

(1) 建筑设计概述；

(2) 建筑设计方案构思；

(3) 建筑总平面图设计；

(4) 绿色建筑与节能设计；

(5) 工程设计实例。

学习目标

(1) 掌握设计准备、设计程序与各专业之间配合；

(2) 了解建筑设计方案构思；

(3) 了解绿色建筑评价指标体系与等级划分；

(4) 掌握设计文件编制要求、建筑总平面图设计；

(5) 掌握绿色建筑概念、设计方法；

(6) 了解实际工程设计文件的组成。

1.1　概述

毕业设计是土木工程专业人才培养方案中的一个重要组成部分，是培养学生综合运用所学的知识、理论和技能，分析解决工程实际问题和初步科学研究能力的实践教学环节。具体包括：

（1）在知识上，综合应用各种学科的理论、知识与技能去分析和解决工程的实际问题，并通过学习、研究和实践，使理论深化，知识拓宽，专业技能延伸。

（2）在能力上，培养调研、收集、加工、整理和应用各种资料的能力。培养学生掌握有关工程设计施工的程序、方法和技术规范，提高工程设计计算、理论分析、图表绘制、施工组织等技术文件的编写能力，获得生产技术实际知识、技能和企业组织管理知识，以及培养学生分析问题和解决问题的能力。

（3）在素质上，通过毕业实习与设计能加强学生和社会、工程之间联系，培养学生严肃认真的科学态度、严谨的工作作风和协调合作的能力。

1.1.1　设计的准备

1. 核实设计任务书所需的有关文件

（1）建设及单位主管部门有关建筑物的建筑使用要求、单方造价的批文。

（2）城市建设部门同意设计及关于用地范围、容积率、绿地率和建筑物高度、密度及规划要求的批文。

（3）专门申报的城管部门（如消防、人防、交管、卫生、环保、文物等）对该项目的要求和意见。

（4）有关征地的批文等。

2. 熟悉任务书

（1）设计项目总的要求、用途、规模及一般说明。

（2）设计项目的总建筑面积、房间组成、面积分配及使用要求等。

（3）建筑基地地形图、周边交通状况及有关地形地貌资料等。

（4）场地周边城镇基础设施（给水、排水、供配电、燃气等）的条件以及与场地管线衔接可能的方式、制式。

（5）设计期限及项目进度计划安排要求。

3. 调查研究、收集资料

（1）地形地貌资料：海拔高度、场地内高差及坡度走向；原有林木、绿地分布及有保留价值的建筑物分布情况。

（2）水文地质资料：土层、岩体情况、软弱或特殊地基情况；地下水位；标准冻深；抗震设防烈度。

（3）收集本专业常用设计规范、图集、书籍等。

通常使用的建筑设计规范有：

《建筑设计防火规范》GB 50016—2014（2018年版）；

《自动喷水灭火系统设计规范》GB 50084—2017；

《建筑灭火器配置设计规范》GB 50140—2005；

《汽车库、修车库、停车场设计防火规范》GB 50067—2014；

《无障碍设计规范》GB 50763—2012；

《民用建筑设计统一标准》GB 50352—2019；

《住宅建筑规范》GB 50368—2005；

《中小学设计规范》GB 50099—2011；

《建筑施工安全检查标准》JGJ 59—2011；

《宿舍建筑设计规范》JGJ 36—2016；

《商店建筑设计规范》JGJ 48—2014；

《旅馆建筑设计规范》JCJ 62—2014；

《办公建筑设计标准》JGJ 67—2019；

《汽车库建筑设计规范》JGJ 100—2015；

《人民防空地下室设计规范》GB 50038—2005。

通常使用的结构设计规范有：

《建筑结构荷载规范》GB 50009—2012；

《混凝土结构设计规范》GB 50010—2010（2015年版）；

《高层建筑混凝土结构技术规程》JGJ 3—2010；

《建筑抗震设计规范》GB 50011—2010（2016 年版）；

《钢结构设计标准》GB 50017—2017；

《高层民用建筑钢结构技术规程》JGJ 99—2015；

《建筑地基基础设计规范》GB 50007—2011。

1.1.2 设计的程序

设计程序一般可以分为方案设计、初步设计和施工图设计三个阶段，三者从时间进程和设计深度要求上是依次递进的，每一阶段的工作总是在前一阶段工作的基础上进行，并将前一阶段制定的原则深化完善。

方案设计阶段是建筑设计全过程的基础和立足点。建筑方案设计是在熟悉设计任务书、明确设计要求的前提下，综合考虑建筑功能、空间、造型、环境、结构、材料等问题，做出合理方案的过程。方案设计阶段文件内容包括：设计说明、投资估算、设计图纸(平面图、立面图、剖面图、透视图或鸟瞰图等)。结构方案设计时，应按安全、适用、耐久、经济的原则，布置合理，受力明确，结构可靠，便于施工，尤其要考虑抗震要求。

初步设计阶段是建筑方案修改、完善和不断细化的过程，需要各个专业设计人员通力合作，对建筑方案进行全面的设计整合，使之在整体上能够达到各专业之间设计配合良好、基本无冲突的效果。它的主要任务是在方案设计的基础上协调解决各专业之间的技术问题，经批准后的技术图纸和说明书便成为编制施工图、主要材料设备订货及工程拨款的依据文件。初步设计的内容与方案设计大致相同，但更详细些，主要包括确定结构和设备的布置并进行计算，在建筑图中标明与技术有关的详细尺寸，并编制建筑部分的技术说明书和根据技术要求修正的工程概算书。

施工图设计是建筑设计的最后阶段，是提交施工单位进行施工的设计文件，必须根据上级主管部门审批同意的初步设计（或方案设计）进行施工图设计。施工图设计的主要任务是在初步设计的基础上，综合建筑结构、设备等专业，相互交底，确认核对，深入了解材料供应、施工技术、设备等条件，把满足工程施工的各项要求反映在图纸中，形成一套完整的、表达清晰的、准确的施工图，作为建设单位施工的依据。

1.1.3 各专业之间的配合

1. 与结构专业的配合

在建筑工程设计过程中，建筑设计与结构设计是两个至关重要的环节，建筑设计是前提，结构设计又是建筑不可或缺的物质基础。结构工程师在理解建筑师的设计意图的基础上给出专业意见，在结构造型、结构布置及抗震方面提供专业意见，为建筑方案的可行性、合理性和实施性提供保证。

各设计阶段与结构专业的配合内容见表 1-1。

2. 与给水排水专业的配合

给水排水专业需要了解建筑物的功能、特性、面积、层高、层数、耐火等级、防火区域的划分、防火门及防火卷帘位置、总给水及总排水位置、盥洗间使用人数、建筑物对消防给水的要求等。给水排水设计人员在做好初步设计后，就各设备间的面积、位置要求等向建筑专业提交技术要求，并同建筑专业协商确定设备的放置位置和间距。

各设计阶段与给水排水专业的配合内容见表1-2。

与结构专业的配合内容 表1-1

方案设计阶段	初步设计阶段	施工图设计阶段
①初估建筑结构选型； ②了解建筑结构布置原则； ③了解变形缝的位置和预计宽度	①对方案阶段的结构选型进行确认和补充； ②了解楼层、屋顶结构布置草图，初步估计主要构件截面尺寸； ③了解地基处理深度、范围和方式； ④提出设备用房的位置，屋顶水箱的位置和重量； ⑤提出各管线进出建筑物的位置	①了解各种设备电气用房结构平面图及设备基础平面图； ②确定主要结构构件（梁、板、柱、剪力墙）的截面尺寸； ③确定结构板面标高，边缘构件位置和尺寸； ④确定基础的埋置深度、平面尺寸及轴线关系； ⑤提出楼梯、坡道和雨篷的结构形式； ⑥提出线缆敷设的路径及其宽度、高度要求

与给水排水专业的配合内容 表1-2

方案设计阶段	初步设计阶段	施工图设计阶段
了解各类水专业用房（泵房、水处理机房、热交换站、水池、水箱）的位置、面积及高度	①初估各类水专业用房（泵房、水处理机房、热交换站、水池、水箱）的位置、面积及高度； ②确定报警阀间、水表间、给水排水竖井的位置和大小； ③确定水箱、水池、气压罐的位置； ④提出卫生间洁具的布置和尺寸； ⑤提出屋面排水的方式和雨水斗位置	①确定消火栓的开洞尺寸和洞底标高； ②确定地漏和雨水斗的位置； ③确定各类水专业用房的位置、面积及高度； ④确定喷头平面布置 ⑤了解室内给水排水干管的垂直、水平通道的位置、尺寸、标高； ⑥了解给水排水局部总平面图

3. 与暖通空调专业的配合

暖通和空调都需要一套相应的设备，包括锅炉房、冷冻机房、空气调节机房以及风道、管道、送风口、回风口等。暖通专业与建筑设计、结构设计都有密切关系，应积极主动与建筑设计人员协商沟通，了解建筑物的特性、功能、面积、层高、层数、建筑总高度、耐火等级、防火区域的划分，明确各房间对温度、湿度以及洁净度的要求，在做好初步设计后向建筑专业提交，否则很容易导致设备间面积不够，管道难以布置甚至影响建筑使用功能。

4. 与电气专业的配合

电气专业设计时应向建筑专业提出智能化系统、弱电机房强电设备用房的布置要求。同时，还应向建筑专业提出强、弱电竖井的布置要求，一般情况下，强、弱电竖井宜分开设置，如受条件限制必须合用时，强、弱电电缆应布置在竖井两侧。

1.1.4 毕业设计文件编制要求

1. 设计文件内容

（1）建筑施工图（图纸总封面及目录，建筑设计总说明，总平面图，建筑平面、立面、剖面图，建筑详图等）；

（2）设计计算书；

（3）结构施工图（图纸总封面及目录，结构设计总说明、结构布置图、结构配筋图、结构详图等）。

2. 工程设计文件的要求

1）图纸目录

图纸目录应根据图纸编号顺序列表，表中数据包括顺序号、图名、图纸编号、图纸规格等，对所采用的标准图集宜专门列出目录。

2）设计总说明

设计总说明包括对项目概况、设计依据、设计原则、主要构造做法、防水、防火、节能的主要技术措施和采用的主要建筑材料进行说明，并列出建筑物的主要经济技术指标和室内外装修一览表。

3）总平面图

总平面图应表明建筑物的总体布局，定位各建筑物及构筑物的位置、道路、管网的布置情况，确定新建筑物的竖向设计、建筑朝向、地形和地物等。

4）建筑平面图

建筑平面图应确定建筑物的平面形状、房间布置、门窗类型、建筑构造（如墙体、柱子、烟道、通风道、管井、楼梯等）的尺寸，不应绘制非固定设施（家具屏风、活动墙等）。旅馆或住宅需要在平面图中布置设备（如冰箱、洗衣机、空调室外机等），作为设备专业布置管线的依据，宜采用最细的虚线表示出设备的位置，最终出图也可取消。

5）建筑立面图

建筑立面图表达建筑物在室外地平线以上的全貌（包括地面线、建筑外轮廓形状、构配件的形式与位置及外墙的装修做法、材料、装饰图线、色调等）和必要的尺寸标注、标高、详图索引、文字说明等。

6）建筑剖面图

建筑剖面图的剖切位置一般选在建筑物的结构和构造比较复杂、能反映建筑物构造特征的部位，表达建筑内部的分层、结构形式、构造方式、材料、做法、各部位间的联系和高度等。

7）建筑详图

建筑详图分为构造详图、配件和设施详图、装饰详图，在详图设计中尽量选用标准图（通用图），以便提高设计效率和减少差错，对于特殊的做法和构造仍需要自行设计非标准的构配件详图。

8）建筑设计计算书

建筑设计计算书是设计人员根据工程性质特点进行热工、视线、防护、安全疏散等方面的计算，作为技术文件存档。建筑热工计算主要是针对外围护结构的保温和隔热，设计人员应在建筑朝向、体型、门窗洞口尺寸及选型、外墙与屋面的选材和构造等方面考虑节能因素。

9）结构设计计算书

结构设计计算书是在建筑设计的基础上，依据相关标准规范，对结构的安全性、适用性、耐久性等进行分析计算，作为绘制结构施工图的依据。

10）结构施工图

结构施工图主要作为指导基础结构、主体结构（梁、柱、板、剪力墙、楼梯）和围护结构等工程的施工依据，一般包括结构布置图、结构配筋图、结构详图，同时配合相关标准图集使用，其完善程度应满足能指导结构施工的要求。

3. 毕业设计文件的编制要求

毕业设计文件应包括施工图设计文件的主要内容，即封面、目录、设计说明、计算书、设计图纸等内容。图纸内容和深度要达到以下要求：

（1）封面：写明项目名称和编制年月；

（2）设计说明：施工图设计依据，设计规模和建筑面积；建筑物相对标高和绝对标高的关系；室内外墙体、建筑各部位、建筑装修等必要说明建筑门窗的数量和选型；

（3）建筑总平面图：详细标明场地上全部建筑物、道路、绿化、设施等所在位置、尺寸和标高，并注明指北针和风玫瑰等，绘制比例（1∶500）；

（4）各层平面图：绘制比例（1∶100）；

（5）立面图：最能体现设计者的建筑思想，绘制比例（1∶100）；

（6）剖面图：应选择设有楼梯，层高、层数不同，内外空间变化复杂，具有代表性的剖面位置，绘制比例（1∶100）；

（7）详图：在平立剖面施工图中的某些构造做法的尺寸标注能清楚标示时，应分别绘制详图，标明所有细部尺寸，其中楼梯和卫生间详图必须绘制，绘制比例（1∶50）；

（8）计算书：一般包括基础结构、主体结构的设计计算，对于框架结构至少完成一榀框架全部计算内容，还包括楼板、楼梯的计算。计算手段提倡手算与电算相结合；

（9）结构施工图：在结构计算的基础上，依据相关规范绘制基础、梁、柱、板、墙、楼梯等结构构件的结构布置图、结构配筋图和构造详图等。

1.2 建筑设计方案的构思

方案构思是建筑设计的起点和灵魂，是一个艰辛而又具有创作激情的过程。方案构思需要丰富多样的想象力和创造力，想象力和创造力不是凭空突然间灵感迸发而来的，而是积累后的顿悟，要借助形象思维的力量，根据有关设计要素进行严密的分析和思考，把对设计任务书分析研究的成果转化具体的建筑形态。这就需要我们平时学习和研究大量优秀建筑师所完成的设计作品，绘制草图和制作模型来分析比较，多去实地参观优秀的建筑实例等方式来达到活跃思维、丰富想象力和创造力的目的。

建筑的构思是紧扣立意，以独特的、富有表现力的建筑语言达到设计新颖而展开的发挥想象力过程。构思的重点在于创新，也就是说这种构思在实施可行基础上具有别出心裁、与众不同的品格。如果一个建筑师仅仅是追求形式，那么他的设计就很容易陷入形式主义，甚至堵塞更广阔的构思渠道。因此，好的构思是建筑师对创作对象的环境、功能、形式、技术、经济等方面最深入的综合提炼成果，而不仅是凭空的单纯形式的标新立异。

建筑学已经集各种学科之大成全面地反映社会、政治、经济、文化、技术等的变化，在学科上它已跨越生态学、社会学、行为学、心理学、美学以及技术科学等宽广的领域。这些方方面面既是进行建筑创作的构思源泉，又对设计起着限制与约束的作用。形式是否美观不是建筑设计的绝对评价标准，在我看来更多的是加分项。所以，形式应当是追随其功能的。

1. 环境构思

建筑物总是存在于某一特定环境中，所以环境就成了一种构思源泉。但如果建筑的构思一旦离开了对建筑周围环境的研究和分析，建筑创作就成了无源之水、无本之木了。因此，许多有成就的建筑师历来十分重视建筑与环境的结合，把环境作为创作的首要出发点。

在现代主义风格形成早期，正值第一次世界大战结束，欧洲百废待兴，建筑发展中久已存在的各种矛盾开始激化。在当时的形势下，柯布提出了新建筑五点，力求解决当下的主要问题，方便扩大生产。

但随后由于现代风格建筑存在着没有结合环境，以及未能满足人的情感等问题，在国际现代建筑协会第十次的会议中被提出，随后便有了更多元的建筑形式，见图 1-1 和图 1-2。

图 1-1 萨伏伊别墅

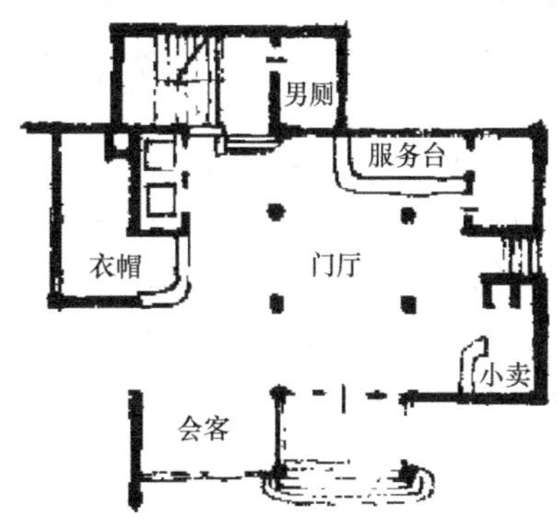

图 1-2 北京和平宾馆门厅

比如世界著名建筑师贝聿铭的三个设计杰作：美国波士顿的约翰汉考克大楼，华盛顿国家美术馆东馆和巴黎卢浮宫改建，都是如何将环境中新旧建筑的有机结合作为建筑创作构思的主要矛盾。只是每个建筑的表现形式略有不同而已。

建筑与环境的依存关系是多元的。因此，环境构思要解决好建筑与天际呼应，建筑与周边对话，建筑与地下衔接三大有机结合的关系，上述贝聿铭的三个杰作可称得上是环境构思的楷模了。

2. 平面构思

建筑平面的设计实质上是建筑功能的图示表达方式，每一个建筑都有其自身特定功能所决定的平面形式。

建筑创作就是要妥善解决各种功能问题，所以如果能通过这种方式来设计建筑，使得传统平面设计模式被打破，应该算得上是一条重要的创作之路了。

比如，在旅馆建筑平面设计中，门厅在构思上通常都是作为交通枢纽来处理。因此，旅馆平面在满足功能条件下，门厅的面积一般都不大，而且功能内容也不多，空间尺度比较适中。

但是约翰·波特曼（John Portman）却反其道而行，在旅馆建筑平面构思上就做了另类的尝试。于是风靡世界的共享大厅就这样被创造出来。这次尝试不但振兴了旅馆业，还开创了旅馆建筑平面设计的新模式，见图 1-3 和图 1-4。

事实上，以功能发展平面并不是平面构思创新的唯一出发点，在大量各类公共建筑中，哪怕是你早就熟知的功能关系，也有一个突破固有模式的平面构思问题。它往往就是使你的方案与众不同的触发点。

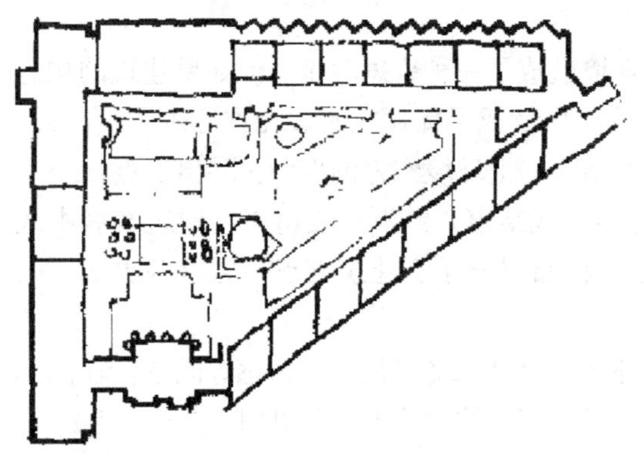

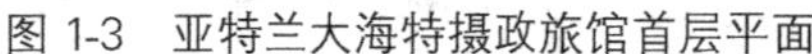

图 1-3 亚特兰大海特摄政旅馆首层平面

图 1-4 亚特兰大海特摄政旅馆共享空间

例如，在学校建筑中，教室通常都是长方形平面。然而北京四中教室的平面却采用了六边形平面构思（尽管现在这种平面构图方式已经不太常用，但在当时，这种手法可谓是相当创新）。之所以建筑师会以六边形作为基本平面模型，主要是考虑到学生观看黑板的视角、视距来决定最佳平面形式。也就是教室后部的三条边和视距所控制的弧形相顺应，教室前面的两条斜边与视线基本吻合。因此，六边形比矩形更接近有效功能空间，面积也能得以更充分的利用，变宽的走道在教室门口还留出供人流缓冲的角落。同时，多个六边形组成的教学楼还创造了丰富多变的形体和新颖活泼的外观，见图 1-5。

所以，平面构思一旦在科学的基础上突破传统模式，必定带来新颖的设计成果。而流线是公共建筑平面设计的重要内容之一。

特别是对于交通类、博览类建筑而言，如何巧妙组织流线、根据流线合理组织空间，从而获得富有个性的建筑设计是平面构思的重要渠道。如昆明汽车站从合理组织人流、货流，妥善安排进站流线与出站流线的创作构思出发，采用半圆形候车大厅。

比起一般的矩形大厅模式有以下优点：

（1）在同等面宽的情况下，弧线长度大，可获得更多的停车位。

（2）旅客的步行距离均匀且较短。

（3）旅客在入口处可一目了然地看到各班次候车位置，行进路线与视线一致，方便旅客找到等候位置。

（4）放射形座椅排列使中间过道形成头宽尾窄，符合人流交通的特点，为进站口提供了缓冲余地。

（5）发车位呈放射状，车辆进出、转弯较为方便。

（6）行李沿弧形廊道输送，比矩形直角转弯方便、简捷。

随着科学技术的发展，现代建筑的空间形体更是千变万化，但凡是成功之作都不是建筑师的凭空臆造，而是根据功能分析所进行的独特平面构思。

例如，观演建筑在功能上既要解决好听的问题，又要解决好看的问题。因此，音质与视线设计尤为重要。这是观演建筑突出的设计矛盾，也是进行平面构思的源泉之一。柏林音乐厅为了使声能均匀地分布到整个观众厅，不但顶棚采用两片下凸形，而且侧墙长短不一，布局似乎毫无规则，同时设计者还利用短墙把听众席分成若干不规则的区域，通过短墙的反射使听众获得一次反射声，取得了不对称的空间扩散效应。这种奇特的平面不受传

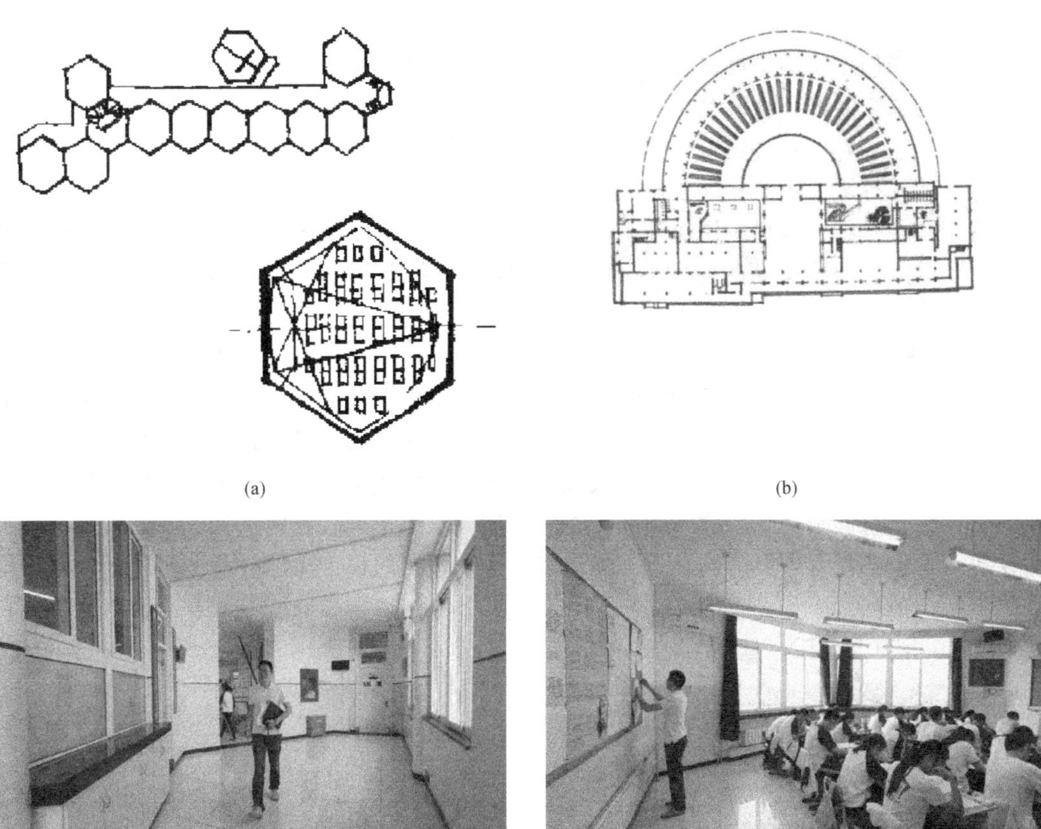

图 1-5　丰富多变的建筑形体

(a) 北京四中教学楼及教室平面；(b) 昆明长途汽车站平面；(c) 北京四中教学楼走廊；(d) 北京四中教室

统观演类建筑三段式的固有模式约束，利用独特的平面构思完善地解决了视听问题，见图 1-6 和图 1-7。

图 1-6　柏林爱乐音乐厅

图 1-7　意大利都灵劳动宫

综上所述，对于单一功能类型的建筑，建筑师不能被传统模式束缚手脚，结合特定条件进行平面构造，从而创造出富有个性的成功之作是完全可能的。

3. 结构构思

结构是采用一定的建筑材料、按照一定的力学原理与构成形式所建立起来的建筑支撑体系，是构成空间的“骨架”。

所谓结构构思就是对建筑支撑体系、“骨架”的思考过程，使其与建筑功能、建筑经济、建筑艺术等诸方面的要求紧密结合起来。

特别是现代结构为建筑创作开拓了更广阔的领域，它不仅能保证技术上的可靠性，而且更重要的是它能构成新的空间界面、空间形式、建筑轮廓，其结构本身也具有各种形式美。

4. 经济构思

经济条件始终是建筑设计的制约因素，在某种情况下，往往可上升为决定建筑设计的命运。这样说并不意味着经济条件完全束缚了设计者的手脚。相反，若能变苛刻条件为创作动力，则建筑设计同样能取得令人敬佩的结果。需要指出的是，经济并不仅指建筑的造价而言，而且可涉及选址、建筑标准、空间利用、结构形式、材料选用、节约能源、施工方法等，它们都贯穿着经济的观点。如何以较少的投入取得最大的效益，是设计者经济构思所要考虑的问题。如曼谷的 The Commons 这个面积约在 5000m^2 的项目预算总造价只有不到 5000 万人民币，见图 1-8 和图 1-9。

图 1-8 曼谷的 The Commons

图 1-9 曼谷的 The Commons 内部空间

5. 哲学构思

这种构思方法听起来挺难的，实际上哲学本是研究关于自然、社会和思维的一般法则的科学，那么用来指导建筑设计就是建筑中的哲学了。实际上，每一位设计者都是以某种哲学观在指导自己的建筑创作，诸如形而上学的观点，辩证法的观点等。只是我们常以习惯的思维方式在进行设计，却没有意识到哲学观点的指导作用而已。若要以哲学为构思出发点，则必须有意识地在设计一开始就确定一种上升为理论的哲学观为立意，使一座看似很平常的建筑物能蕴含深层的哲学观点。特别是对于竞赛的设计，这种哲学构思往往可以产生一种突破性的设计方案，见图 1-10 和图 1-11。

因此从上述中可以看出，设计者的创作思维不一定仅局限在“造型”这个狭小的天地里，甚至陷入一味玩弄形体变化而无创作新意的形式主义中。只要开拓思路，多渠道地开发构思源泉，定会产生优秀的作品。其次，一个好的构思，在设计中要贯彻始终。同时，又需要不断完善构思自身，使之真正成为一种有目标的建筑创作。

图 1-10 阿利耶夫中心

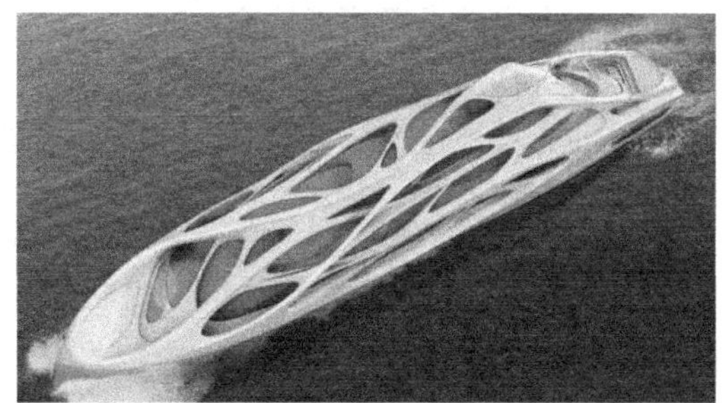

图 1-11 Bloom + Voss 设计超级游艇

1.3 建筑总平面图设计

总平面图，亦称“总体布置图”，按一般规定比例绘制，表示建筑物、构筑物的方位、间距以及道路网、绿化、竖向布置和基地临界情况等；表示整个建筑基地的总体布局，具体表达新建房屋的位置、朝向以及周围环境（原有建筑、交通道路、绿化、地形等）基本情况的图样。

1.3.1 总体介绍

用水平投影法和相应的图例，在画有等高线或加上坐标方格网的地形图上，画出新建、拟建、原有和要拆除的建筑物、构筑物的图样称为总平面图。总平面图是表明新建房屋所在基础有关范围内的总体布置，它反映新建、拟建、原有和拆除的房屋、构筑物等的位置和朝向，室外场地、道路、绿化等的布置，地形、地貌、标高等以及原有环境的关系和邻界情况等。

1.3.2 内容

在建筑总平面图中应包括以下内容：

（1）保留的地形和地物；

（2）测量坐标网、坐标值，场地范围的测量坐标（或定位尺寸），道路红线、建筑控制线、用地红线；

（3）场地四邻原有及规划的道路、绿化带等的位置（主要坐标或定位尺寸）和主要建筑物及构筑物的位置、名称、层数、间距；

（4）建筑物、构筑物的位置（人防工程、地下车库、油库、贮水池等隐蔽工程）用虚线表示；

（5）与各类控制线的距离，其中主要建筑物、构筑物应标注坐标（或定位尺寸）、与相邻建筑物之间的距离及建筑物总尺寸、名称（或编号）、层数；

（6）道路、广场的主要坐标（或定位尺寸），停车场及停车位、消防车道及高层建筑消防扑救场地的布置，必要时加绘交通流线示意；

（7）绿化、景观及休闲设施的布置示意，并表示出护坡、挡土墙、排水沟等；

（8）指北针或风玫瑰图；

（9）主要技术经济指标表；

（10）说明栏内注写：尺寸单位、比例、地形图的测绘单位、日期，坐标及高程系统名称（如为场地建筑坐标网时，应说明其与测量坐标网的换算关系），补充图例及其他必要的说明等。

1.3.3 审核要点

1. 规划布局

根据项目地理位置特点和开发意图，确定多层、别墅、小高层、高层的比例，总平面审核时还尤其应注意与周边建筑和用地使用的关系，了解周边人口分布状况、公用设施、工程设施及管网现状情况以及各类建筑的性质、规模、高度、使用状况、建筑质量、有无拆迁、有无污染、干扰等情况，同时应兼顾到与周边建筑的退距和安全、卫生间距的要求。有文物保护单位的，或位于建筑控制地带的，应按《中华人民共和国文物保护法》的规定和紫线管理规定进行。

2. 道路交通应符合相关设计规范要求

道路系统是规划布局的骨架，道路的结构布局和走向往往影响着整个地块的规划总体布局，所以在审核中，应注意各条道路的等级、断面形式、尺寸、转弯半径、视距三角形、道路、走向、坡度、中心线控制点坐标，出入口方向，道口宽度、停车场位置、停车泊位、出入口距交叉路口距离、消防车道、人防出入口、地下停车库出入口、主要出入口疏散空间等相关要素，是否符合设计规范要求。临近立交、道路广场、道路交叉口，是否反映出了各类道路红线、立交及广场形式及控制范围。场地内规划道路网的结构布局尤其应考虑地形的竖向变化，其主要出入口应注意与周边城市道路系统在平面和竖向关系上的相互衔接。

3. 建筑布局

总平面规划设计中，建筑布局是规划的核心，也是规划管理人员都非常重视的环节。在审核时，应注意核查各类建筑的性质、规模、容积率、密度、朝向、日照、间距、退距、层数、高度等要素是否符合国家规范要求，是否符合当地政府制定的相关规划管理规定和规划技术管理要求，是否美观、经济、安全，必要时应对建筑艺术布局提出合理意见和建议。

4. 特定地段的特殊要求

在总平面审核中，还应考虑特定地段的特殊控制要求，如军事基地、微波通道、殡葬用地、文物保护地段等。尤其是周边有文物保护单位的，一定要符合城市紫线管理规定，符合历史文化保护区、文物保护单位、建设控制地带和地下文物保护区等范围的控制要求，以及城市重要景观点（带、区）、城市重要地段对其建筑形式、体量、色彩、高度、建筑风格等的规划要求，少数民族地区还应体现民族文化特点和地域特点。

1.4 绿色建筑与节能设计

1.4.1 绿色建筑的概念

绿色建筑是指在建筑制的全寿命周期内，最大限度节约资源，节能、节地、节水、节材、保护环境和减少污染，提供健康适用、高效使用，与自然和谐共生的建筑。绿色建筑的基本内涵可归纳为：

（1）减轻建筑对环境的负荷，即节约能源及资源；

（2）提供安全、健康、舒适性良好的生活空间；

（3）与自然环境亲和，做到人及建筑与环境的和谐共处、持续发展。

绿色建筑的“绿色”并不是指一般意义的立体绿化、屋顶花园，而是代表一种概念或象征，指建筑对环境无害，能充分利用环境自然资源，并且在不破坏环境基本生态平衡条件下建造的一种建筑，又称为可持续发展建筑、生态建筑、回归大自然建筑、节能环保建筑等。

1.4.2 绿色建筑评价指标体系与等级划分

绿色建筑评价指标体系由节地与室外环境、节能与能源利用、节水与水资源利用、节材与材料资源利用、室内环境质量和运营管理（住宅建筑）或全生命周期综合性能（公共建筑）六类指标组成。每类指标包括控制项、一般项与优选项。

绿色建筑的评价原则上以住区或公共建筑为对象，也可以单栋住宅为对象进行评价。评价单栋住宅时，凡涉及室外环境的指标，以该栋住宅所处住区环境的评价结果为准。

对新建、扩建与改建的住宅建筑或公共建筑的评价，在其投入使用一年后进行。

绿色建筑评价的必备条件应为全部满足住宅建筑或公共建筑中控制项要求。按满足一般项数和优选项数的程度，绿色建筑划分为三个等级。根据住宅建筑所在地区、气候与建筑类型等特点，符合条件的一般项数可能会减少，对一般项数的要求可按比例调整。

标准中定性条款的评价结论为通过或不通过；对有多项要求的条款，各项要求均满足要求时方能评为通过。定量条款的要求由具有资质的第三方机构认定。

1.4.3 绿色建筑的设计策略与方法

1. 宏观思维

设计要着眼大局，将材料的循环再利用、新能源的开发等问题放在城市规划中进行整体考虑；设计也要考虑到在建筑运营和使用全过程中，建筑系统尽可能减少对自然环境的负面影响；设计还要意识到建筑专业需要和其他专业的工程师相互配合解决绿色建筑中许多共同面对的技术问题。

2. 尊重自然与重视地域

设计在满足功能和空间要求的前提下，应遵循绿色建筑的基本原则：尊重自然环境，强调建筑与自然的协调统一；尊重生态环境，从而使人类社会的进步与自然环境的发展协调统一。发展绿色建筑应当注重地域性，根据当地资源、经济和气候等因素，设计建造具有地域特征和时代特点的绿色建筑。同时尊重当地历史文化和民族习俗，合理利用已建环境，传承保护历史文脉，将当地独特的人文风情融入建筑之中。

3. 因地制宜与以人为本

在设计过程中应注重当地的切实需要，采用合理的设计策略，利用有效的绿色技术，运用环保的节能材料，强化资源的综合利用，完善空间的灵活使用，为人们提供舒适的空间环境。同时，尽可能合理有效地利用当地环境资源，如充分利用已有的市政基础设施，更多采用有益环境的材料，提高各种资源的使用效率，科学利用废弃材料产生循环经济效益等。

绿色建筑需要通过对各种绿色技术手段的有效控制，合理提高建筑室内物理环境的舒适性，满足人们的健康生活和心理需求，减少对绿色环境的影响，保护生态环境和节约能源，让人们享有舒适健康的生活条件。

4. 优选技术

绿色建筑设计水平的决定因素是设计对绿色技术的合理选择。绿色技术包括将传统技术进行改造重组后的新技术和按照要求移植其他领域的新技术。由于国内经济发展水平的制约，目前还不能把整个绿色技术发展建立在高新技术的基础上，因此设计在选择绿色技术的过程中，应以普及推广的常规技术为主，适当尝试研究开发高新技术。

此外，绿色建筑还涉及能源系统、内环境系统与水系统等，考虑到这个与土木工程本科毕业要求差距较大，所以在本书中不再赘述。

综上所述，绿色建筑的设计不仅要从总体规划、建筑设计、环境配置等各个方面来改善和创造舒适的室内外环境，还要力求从建造、运行到再利用等各环节都不影响到环境，从而实现“取于自然，回归自然”。

1.5 工程设计实例

1.5.1 工程概况

二维码 1-1
电算说明书

本工程为江苏省盐城市某高校活动中心。建筑层数共六层，其中地上五层，地下一层。建筑高度为 20.25m（室外地面至平屋面的高度），其中地下室、底层和顶层的层高为 4.2m，其余层的层高为 3.8m；建筑面积约 7100m^2。

1.5.2 建筑施工图

全套建筑施工图包括：图纸总封面及目录，建筑设计总说明，总平面图，建筑平面、立面、剖面图，建筑详图等。

1.5.3 结构计算书

采用工程计算软件（SATWE V3.1.6）进行计算机辅助设计，共计算了 19 种组合工况，具体电算过程见二维码 1-1，具体手算过程详见第 2 章，荷载工况见表 1-3。

1.5.4 结构施工图

全套结构施工图主要包括图纸总封面及目录、结构设计总说明、结构布置图、结构配筋图、结构详图等。限于篇幅与页面，本章仅给出部分图纸示例（图 1-12～图 1-16）。本工程的全套设计图纸，将放入配套的数字资源包（二维码 1-2 和二维码 1-3）供读者学习。

二维码 1-2
建筑施工图

二维码 1-3
结构施工图

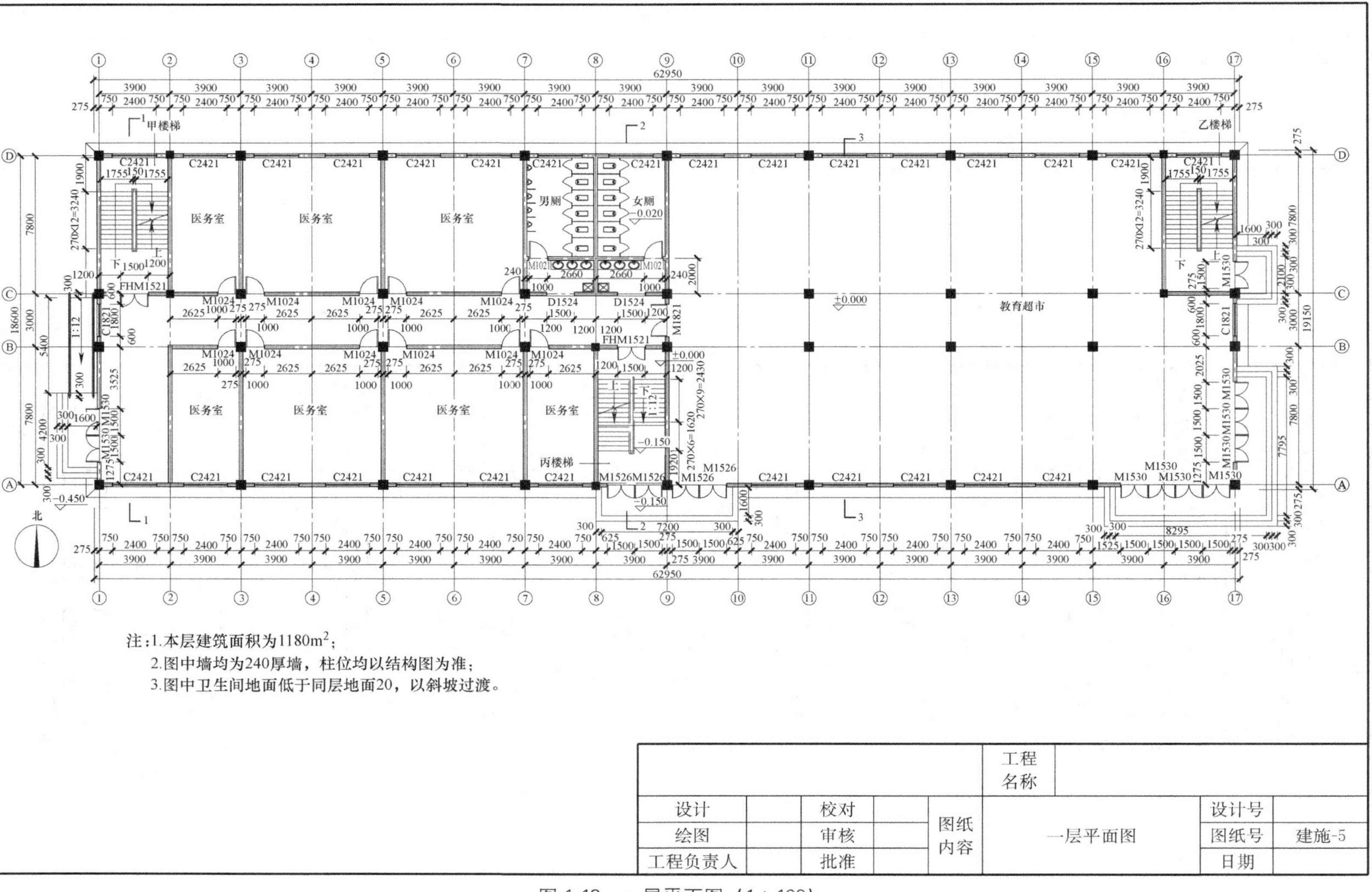

图 1-12　一层平面图（1：100）

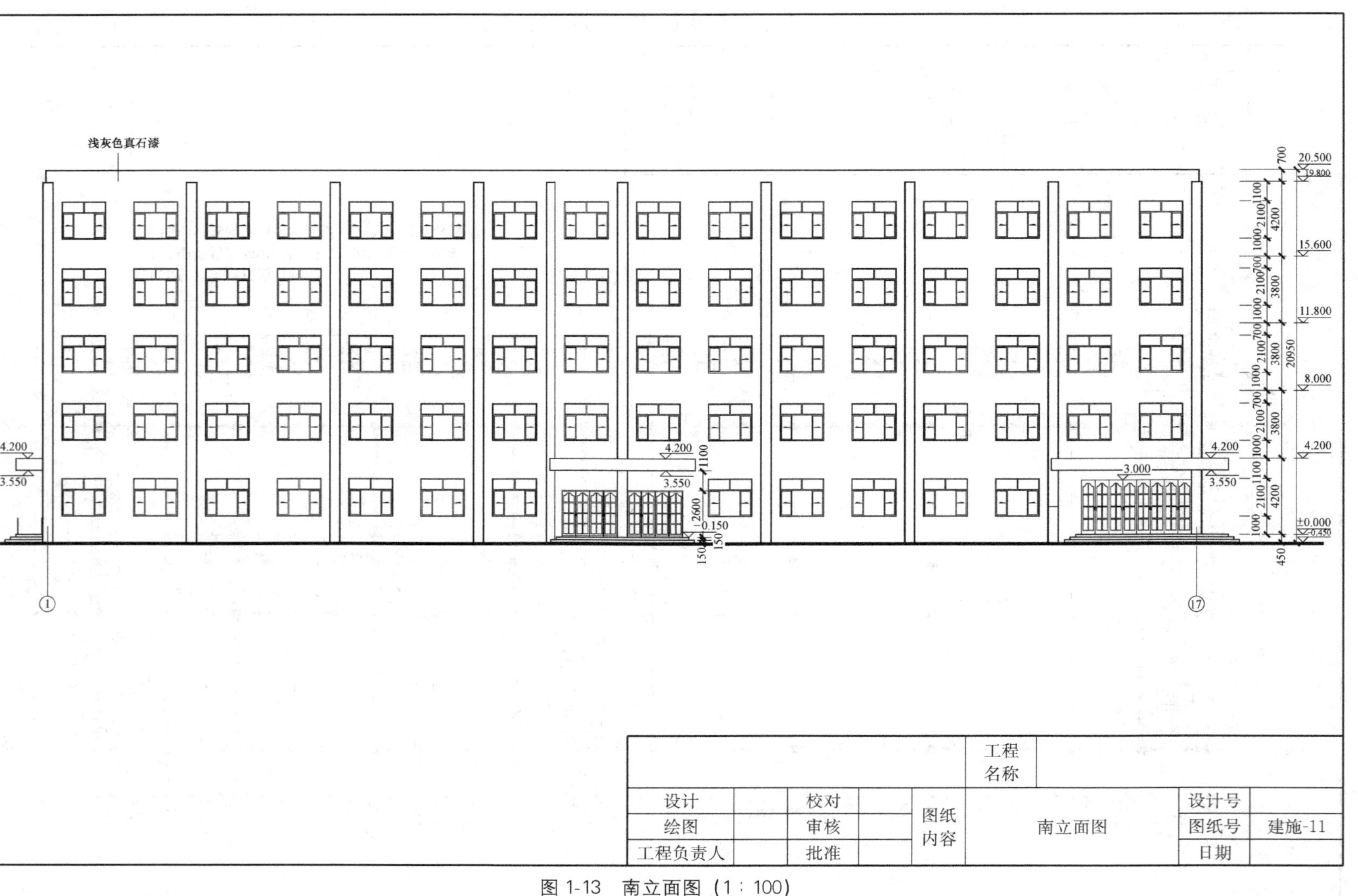

图 1-13 南立面图（1：100）

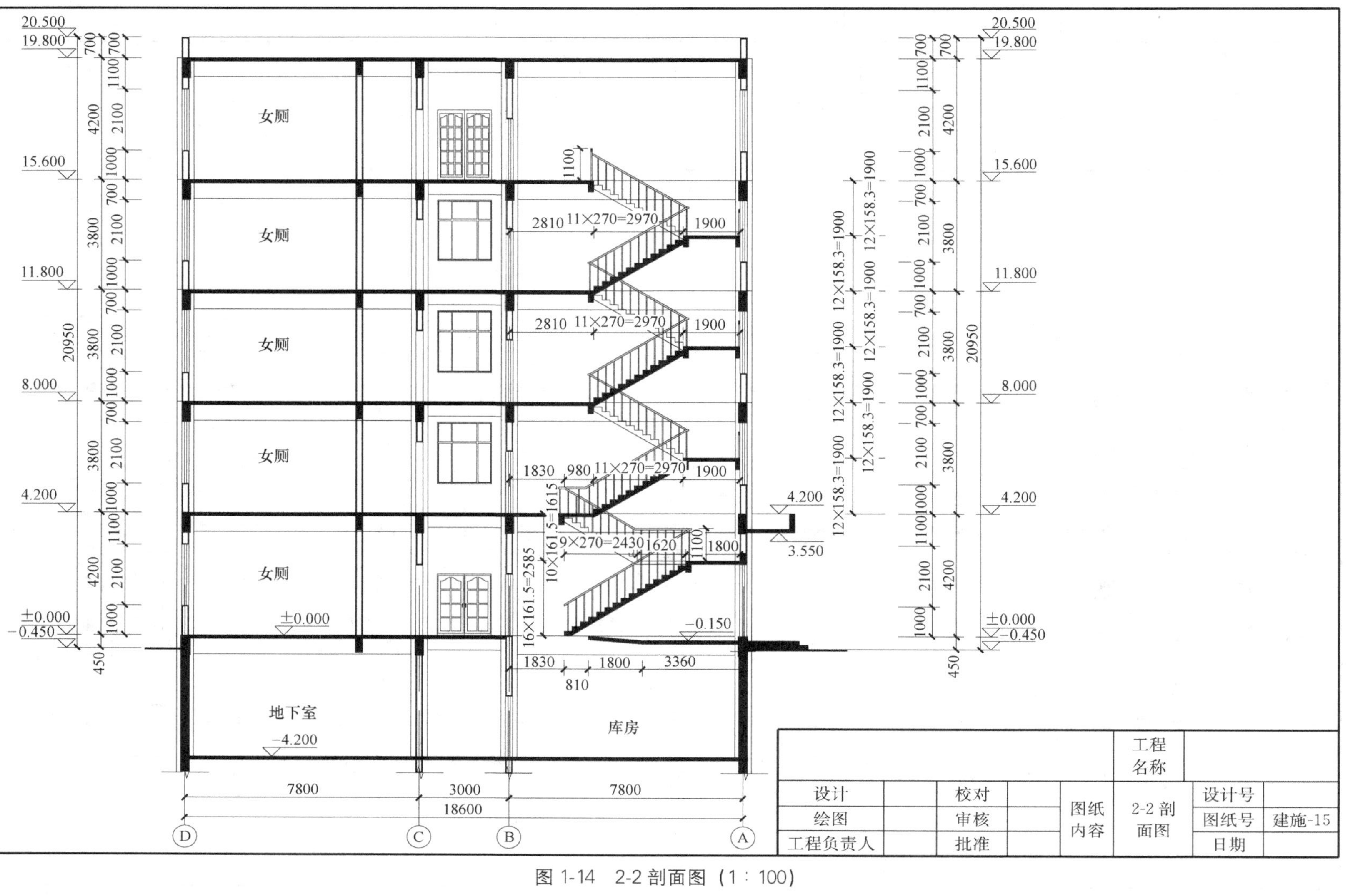

图 1-14　2-2剖面图（1：100）

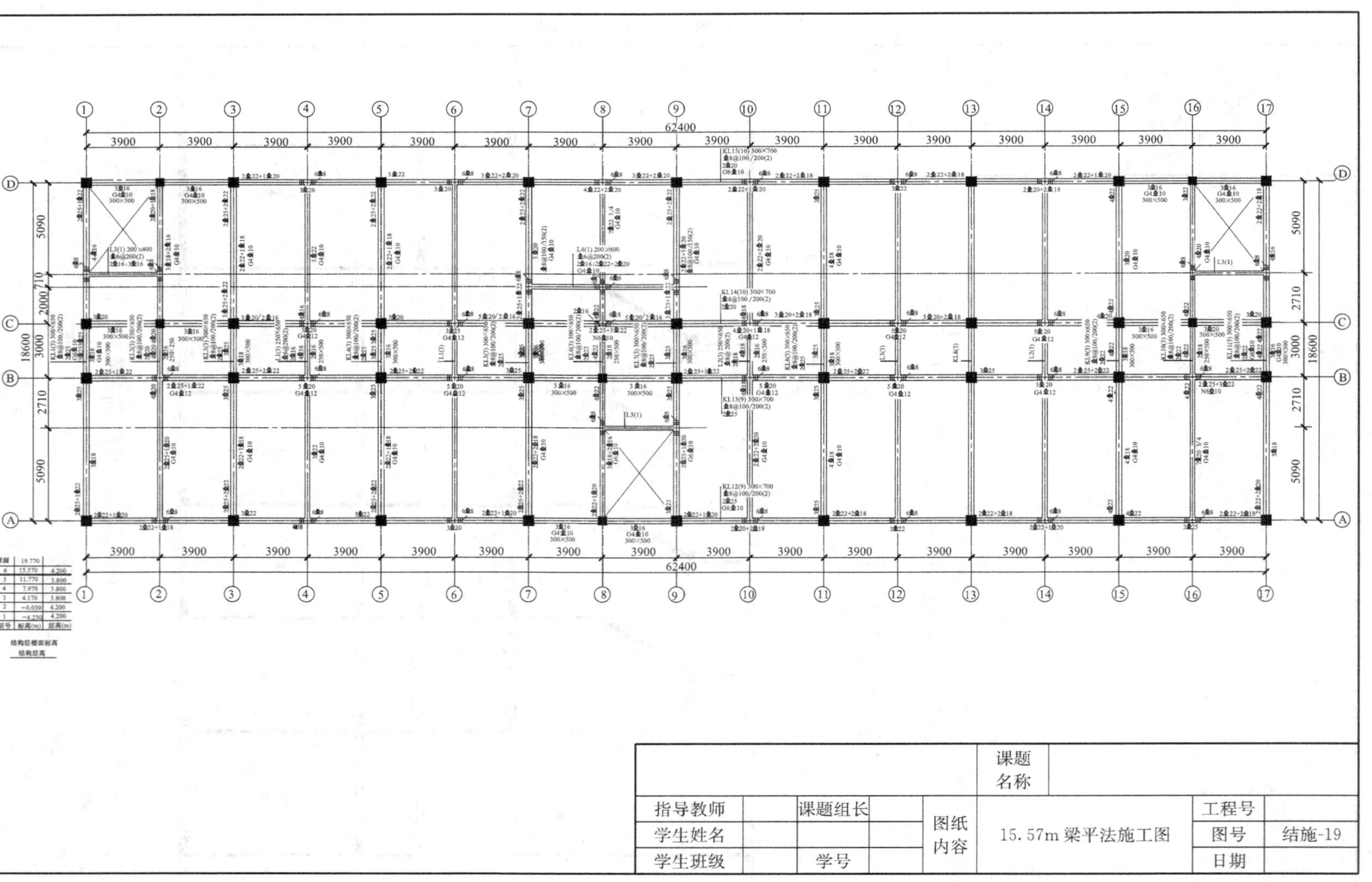

图 1-15 15.57m梁平法施工图（1：100）

荷载工况 **表 1-3**

编号	工况组合(节选)		
1	1.30×DL	1.05×LL	
2	1.30×DL	1.50×LL	
3	1.30×DL	1.50×WL	
4	1.30×DL	1.50×LL	0.90×WL
5	1.30×DL	1.05×LL	−1.50×WL
6	1.00×DL	1.50×LL	−0.90×WL
7	1.00×DL	1.05×LL	1.50×WL
8	1.30×DL	0.65×LL	1.40×EH
……	……		

注：DL：恒荷载；LL：活荷载；WL：风荷载；EH：水平地震。

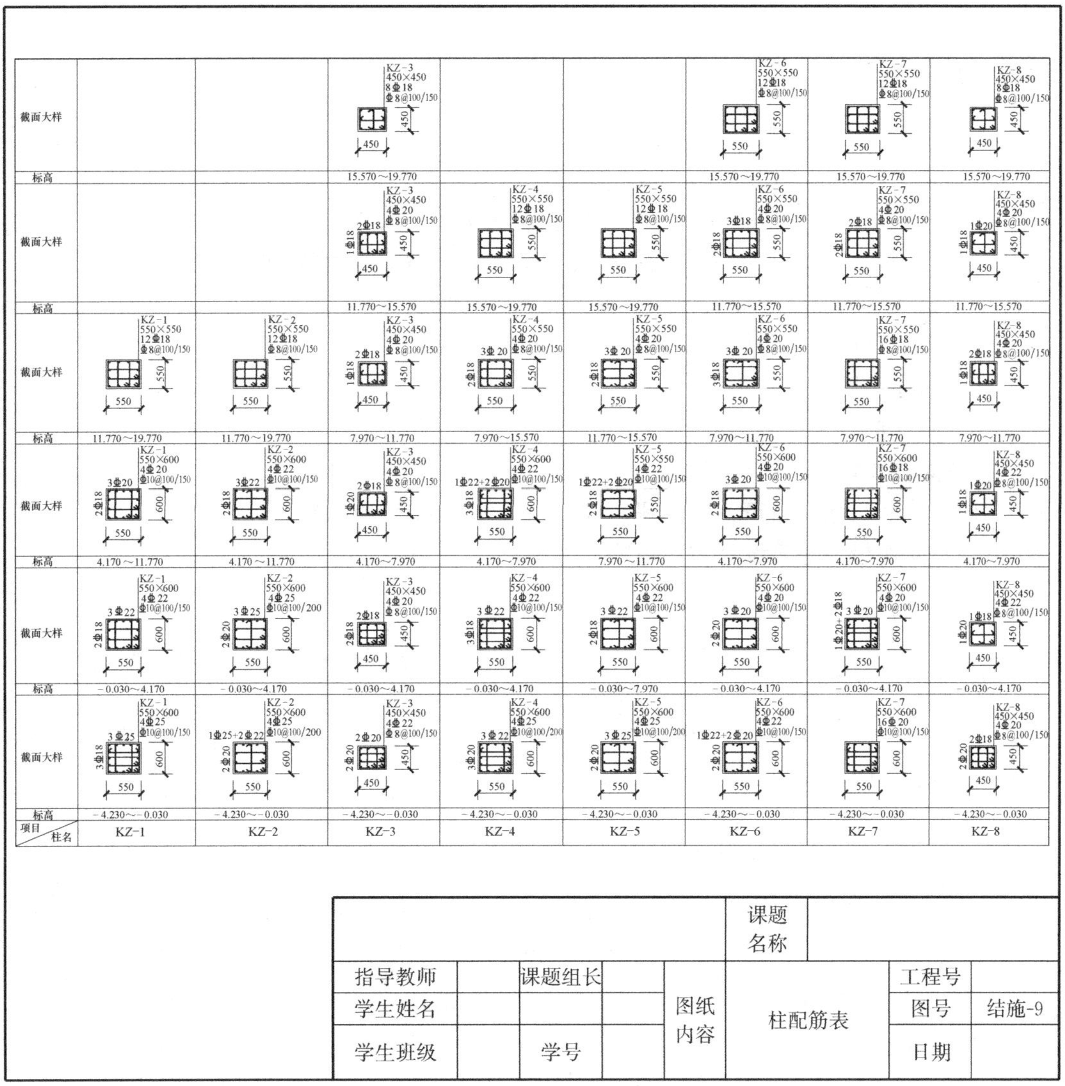

项目 \ 柱名	KZ-1	KZ-2	KZ-3	KZ-4	KZ-5	KZ-6	KZ-7	KZ-8
截面大样			KZ-3 450×450 8Φ18 Φ8@100/150			KZ-6 550×550 12Φ18 Φ8@100/150	KZ-7 550×550 12Φ18 Φ8@100/150	KZ-8 450×450 8Φ18 Φ8@100/150
标高			15.570~19.770			15.570~19.770	15.570~19.770	15.570~19.770
截面大样			KZ-3 450×450 4Φ20 Φ8@100/150 2Φ18 1Φ18	KZ-4 550×550 12Φ18 Φ8@100/150	KZ-5 550×550 12Φ18 Φ8@100/150	KZ-6 550×550 4Φ20 Φ8@100/150 3Φ18 2Φ18	KZ-7 550×550 4Φ20 Φ8@100/150 2Φ18 2Φ18	KZ-8 450×450 4Φ20 Φ8@100/150 1Φ20 1Φ18
标高			11.770~15.570	15.570~19.770	15.570~19.770	11.770~15.570	11.770~15.570	11.770~15.570
截面大样	KZ-1 550×550 12Φ18 Φ8@100/150	KZ-2 550×550 12Φ18 Φ8@100/150	KZ-3 450×450 4Φ20 Φ8@100/150 2Φ18 1Φ18	KZ-4 550×550 4Φ20 Φ8@100/150 3Φ20 2Φ18	KZ-5 550×550 4Φ20 Φ8@100/150 3Φ20 2Φ18	KZ-6 550×550 4Φ20 Φ8@100/150 3Φ20 3Φ18	KZ-7 550×550 16Φ18 Φ8@100/150	KZ-8 450×450 4Φ20 Φ8@100/150 2Φ18 1Φ18
标高	11.770~19.770	11.770~19.770	7.970~11.770	7.970~15.570	11.770~15.570	7.970~11.770	7.970~11.770	7.970~11.770
截面大样	KZ-1 550×600 4Φ20 Φ10@100/150 3Φ20 2Φ18	KZ-2 550×600 4Φ22 Φ10@100/150 3Φ22 2Φ18	KZ-3 450×450 4Φ20 Φ8@100/150 2Φ18 1Φ20	KZ-4 550×600 4Φ22 Φ10@100/150 1Φ22+2Φ20 3Φ18	KZ-5 550×550 4Φ22 Φ10@100/150 1Φ22+2Φ20 2Φ18	KZ-6 550×600 4Φ20 Φ10@100/150 3Φ20 2Φ18	KZ-7 550×600 16Φ18 Φ10@100/150	KZ-8 450×450 4Φ22 Φ8@100/150 1Φ20 1Φ18
标高	4.170~11.770	4.170~11.770	4.170~7.970	4.170~7.970	7.970~11.770	4.170~7.970	4.170~7.970	4.170~7.970
截面大样	KZ-1 550×600 4Φ22 Φ10@100/150 3Φ22 2Φ18	KZ-2 550×600 4Φ25 Φ10@100/200 3Φ25 2Φ20	KZ-3 450×450 4Φ20 Φ8@100/150 2Φ18 2Φ18	KZ-4 550×600 4Φ22 Φ10@100/150 3Φ22 3Φ18	KZ-5 550×600 4Φ22 Φ10@100/150 3Φ22 2Φ18	KZ-6 550×600 4Φ20 Φ10@100/150 3Φ20 2Φ20	KZ-7 550×600 4Φ20 Φ10@100/150 3Φ20 1Φ20+2Φ18	KZ-8 450×450 4Φ22 Φ8@100/150 1Φ18 1Φ20
标高	−0.030~4.170	−0.030~4.170	−0.030~4.170	−0.030~4.170	−0.030~7.970	−0.030~4.170	−0.030~4.170	−0.030~4.170
截面大样	KZ-1 550×600 4Φ25 Φ10@100/150 3Φ25 3Φ18	KZ-2 550×600 4Φ25 Φ10@100/200 1Φ25+2Φ22 2Φ20	KZ-3 450×450 4Φ22 Φ8@100/150 2Φ20 2Φ20	KZ-4 550×600 4Φ25 Φ10@100/200 3Φ22 3Φ20	KZ-5 550×600 4Φ25 Φ10@100/200 3Φ25 2Φ20	KZ-6 550×600 4Φ22 Φ10@100/150 1Φ22+2Φ20 2Φ20	KZ-7 550×600 16Φ20 Φ10@100/150	KZ-8 450×450 4Φ20 Φ8@100/150 2Φ18 2Φ20
标高	−4.230~−0.030	−4.230~−0.030	−4.230~−0.030	−4.230~−0.030	−4.230~−0.030	−4.230~−0.030	−4.230~−0.030	−4.230~−0.030

					课题名称		
指导教师		课题组长		图纸内容	柱配筋表	工程号	
学生姓名						图号	结施-9
学生班级		学号				日期	

图 1-16 柱配筋表（1：100）

本章小结

（1）工程设计程序一般可以分为方案设计、初步设计和施工图设计三个阶段，土木工程毕业设计一般包括建筑设计、结构设计两部分。

（2）建筑设计包括设计准备、设计程序、与各专业之间配合，设计文件编制要求；还包括设计方案构思、总平面图设计、场地设计分析、绿色建筑与节能设计。

（3）结构设计是在建筑设计的基础上，依据相关标准规范，对结构的安全性、适用性、耐久性等进行分析计算，形成计算书，作为绘制结构施工图的依据。结构施工图主要作为指导基础结构、主体结构（梁、柱、板、剪力墙、楼梯）和围护结构等工程的施工依据，一般包括结构布置图、结构配筋图、结构详图，同时配合相关标准图集使用，其完善程度应满足能指导结构施工的要求。

思考与练习题

1-1 建筑工程设计准备主要包括哪些内容？

1-2 建筑设计常用建筑设计规范有哪些？

1-3 建筑设计程序包括哪几个阶段？各阶段又包括哪些内容？

1-4 建筑设计的各阶段需要与结构专业的配合内容分别有哪些？

1-5 简述建筑专业毕业设计图纸内容及其设计深度。

1-6 建筑设计方案构思主要包括哪些内容？

1-7 简述场地分析主要内容。

1-8 简述场地设计中构成要素。

1-9 简述场地设计的前提条件。

1-10 什么叫绿色建筑？绿色建筑评价指标体系包括哪些内容？

1-11 简述绿色建筑设计主要策略与方法。

第 2 章　钢筋混凝土框架结构设计

本章要点及学习目标

本章要点

(1) 结构方案设计；

(2) 荷载计算、内力计算、内力调整、内力组合、构件设计等；

(3) 楼梯设计；

(4) 设计中所依据的相关规范条文。

学习目标

(1) 掌握结构设计的基本程序和方法；设计资料的调研和收集；

(2) 掌握依据使用功能要求、经济技术指标、工程地质和水文地质条件等，进行结构选型、结构布置、附属工程及设施布置等方案的确定；

(3) 掌握利用手工和计算机进行理论分析、设计计算和图表绘制；正确运用工具书和相关技术规范；

(4) 熟悉计算书等技术文件的编写。

2.1　设计任务书

本工程为江苏省盐城市某高校活动中心。建筑层数共六层，其中地上五层，地下一层。建筑高度为 20.25m（室外地面至平屋面的高度），其中地下室、底层和顶层的层高为 4.2m，其余层的层高为 3.8m；建筑面积约 7100m^2，具体可见建筑立面图（二维码 2-1）和各层建筑平面图见（二维码 2-2），可扫描进行参考。

二维码 2-1
建筑立面图

二维码 2-2
建筑平面图

设计使用年限为 50 年；建筑结构安全等级为二级；基础安全等级为二级；地基基础设计等级为乙级；耐火等级为二级。

2.1.1　地质资料

(1) 拟建场区地形平坦，天然地面的黄海高程为 3.05m。本工程室内地坪的标高为±0.000，相当于黄海高程 3.50m。

(2) 根据勘察报告，场地地基土为非液化土，场地范围内土质构成，自地表向下各地层地质分布特征及工程地质性质评价如表 2-1 所示。

土层分布特征及其工程性质 表 2-1

层次	名称	层厚(m)	地表以下深度(m)	状态	q_{sik}(kPa)	q_{pk}(kPa)
1	杂填土	1.0	1.0	软土		
2	黏质粉土	1.3	2.3	中软土	40	
3	淤泥质粉质黏土	11.3	13.6	软土	16	
4	黏土	2.0	15.6	中软土	68	
5	粉质黏土	2.0	17.6	中软土	50	
6	砂质粉土(中密)	3.0	20.6	中软土	52	3300

注：q_{sik}、q_{pk} 分别为预制桩的极限侧阻力标准值和极限端阻力标准值。

2.1.2 气象资料

基本风压 W_0=0.45kN/m^2；基本雪压 S_0=0.35kN/m^2；地面粗糙类别 B 类。

2.1.3 地震资料

抗震设防类别为重点设防类（乙类）；抗震设防烈度为 7 度，设计基本地震加速度为 0.10g，设计地震分组为第二组；场地类别为Ⅲ类。

2.1.4 主要材料

（1）混凝土：基础垫层为 C15，基础为 C30，梁、板均为 C30。地下室和第 1～2 层的柱为 C35，第 3～5 层的柱为 C30。

（2）钢筋：HRB400 级热扎带肋钢筋，强度设计值 360kN/m^2。

（3）墙体做法：外墙填充墙为 240 厚的蒸压加气混凝土砌块，内墙填充墙为混凝土空心砌块，女儿墙为 240 厚混凝土实心砖。

（4）楼面做法、屋面做法、地面做法、顶棚做法等详见建筑施工图（二维码 2-3）。

二维码 2-3
建筑施工图

2.2 结构方案设计

2.2.1 结构布置

现浇钢筋混凝土框架结构，采用纵向框架承重方案。结构平面布置如图 2-1 所示。

建筑剖面图见二维码 2-4。建筑高度为 20.25m（室外地面至平屋面的高度），其中地下室、底层和顶层的层高为 4.2m，其余层的层高为 3.8m。

二维码 2-4
建筑剖面图

2.2.2 构件截面参数的初选

1. 梁

1）框架梁

框架梁或主梁尺寸一般可取：$h=(1/12\sim1/10)\times L$，$b=(1/3\sim1/2)\times h$。当相邻跨

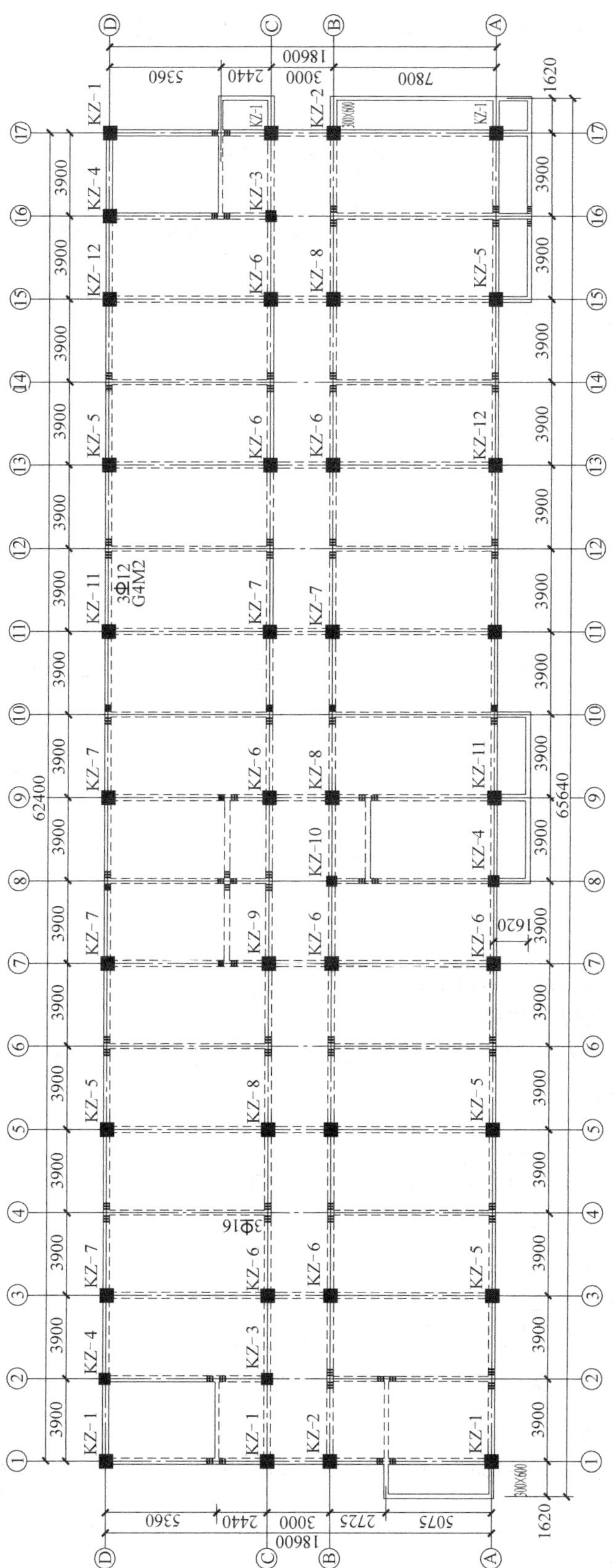

图 2-1 结构平面布置图

度相差较大时，还要考虑相邻跨的梁线刚度不应相差太大，其线刚度比宜控制在 0.5～2 之间。

横梁（AB跨或CD跨）：

$h=(1/12\sim1/10)\times7800=650\sim780$mm，取 $h=650$mm，$b=300$mm。

横梁（BC跨）：

$h=(1/12\sim1/10)\times3000=250\sim300$mm，取 $h=500$mm，$b=300$mm。

纵梁（1～17跨）：

$h=(1/12\sim1/10)\times7800=650\sim780$mm，取 $h=700$mm，$b=300$mm。

2）次梁

次梁尺寸一般可取：$h=(1/18\sim1/12)\times L$，$b=(1/3\sim1/2)\times h$。也可选择与同方向的框架梁相同的高度。

横梁（AB跨或CD跨）：

$h=(1/18\sim1/12)\times7800=433\sim650$mm，取 $h=650$mm，$b=250$mm。

横梁（AB跨、悬挑端）：

$h=(1/18\sim1/12)\times3900=217\sim325$mm，取 $h=600$mm，$b=200$mm。

纵梁（8～10跨、悬挑端）：

$h=(1/18\sim1/12)\times3900=217\sim325$mm，取 $h=600$mm，$b=200$mm。

2. 板

主要板跨为3900mm，板厚一般可取：$h=(1/40\sim1/35)\times3900=98\sim111$mm。故卫生间外，其余板厚取 $h=110$mm。

3. 柱

柱截面尺寸可根据轴压比限值公式估算：

$$A_c\geqslant\frac{N}{[\mu_n]f_c}$$

式中 N——柱组合的轴向压力设计值，$N=\beta AF_{gE}n$；

n——验算截面以上的楼层数；

F_{gE}——折算在单位面积上的重力荷载代表值，可按实际荷载计算，也可近似取 $12\sim15\text{kN/m}^2$；

A——按简支状态计算的柱的负荷面积；

β——考虑地震作用组合后柱轴压力增大系数，边柱取 1.3，不等跨中柱取 1.25，等跨中柱取 1.2。

$[\mu_n]$——轴压比限值。

查《建筑抗震设计规范》GB 50011—2010（2016年版）（以下简称《抗震规范》）知：本框架的抗震等级为二级，轴压比限值 $[\mu_n]$ 为 0.75；①

各层的 F_{gE} 近似取 12kN/m^2；边柱最大负载面积为：7.8m×3.9m，中柱最大负载

① 参考《建筑抗震设计规范》GB 50011—2010（2016年版）第 6.1.2、6.1.3 和 6.3.6 节的规定：钢筋混凝土房屋应根据设防类别、烈度、结构类型和房屋高度采用不同的抗震等级，并应符合相应的计算和构造措施要求。当甲乙类建筑按规定提高一度确定其抗震等级而房屋的高度超过本规范表 6.1.2 相应规定的上界时，应采取比一级更有效的抗震构造措施。柱轴压比不宜超过本规范表 6.3.6 的规定。

面积为：7.8m×5.4m。

中柱：$A_c \geq \dfrac{1.25 \times 7.8 \times 5.4 \times 12 \times 10^3 \times 6}{0.75 \times 16.7} = 302659\text{mm}^2$

边柱：$A_c \geq \dfrac{1.3 \times 7.8 \times 3.9 \times 12 \times 10^3 \times 6}{0.75 \times 16.7} = 227330\text{mm}^2$

综合考虑轴压比和相关构造要求，选取柱截面尺寸如下：

中柱：地下室和第 1～2 层取 600mm×550mm，第 3～5 层取 550mm×550mm。

房屋两端的边柱：地下室和第 1～3 层取 600mm×550mm，第 4～5 层取 550mm×550mm。（如 KZ-1、KZ-17）

其余部位的边柱：地下室和第 1～2 层取 600mm×550mm，第 3～5 层取 550mm×550mm。（如 KZ-3、KZ-5、KZ-7、KZ-9、KZ-11、KZ-13、KZ-15）

楼梯间处的附加柱：第 1～5 层取 450mm×450mm。（如 KZ-2、KZ-8、KZ-16）

2.2.3 平面框架的计算简图

依照《混凝土结构设计规范》GB 50010—2010（以下简称《混凝土规范》）：混凝土结构宜按空间体系进行结构整体分析。为便于计算，可将空间规则框架简化成一榀的横向或纵向平面框架分别计算。本算例仅选取⑤轴处的一榀横向框架计算，计算简图见图 2-2。考虑到现浇板的作用，中框架梁的截面惯性矩取 $I=2I_0$（I_0 为不考虑楼板翼缘作用的梁截面惯性矩），$E_c=3\times10^4\text{N/mm}^2=3\times10^{10}\text{N/m}^2$。①

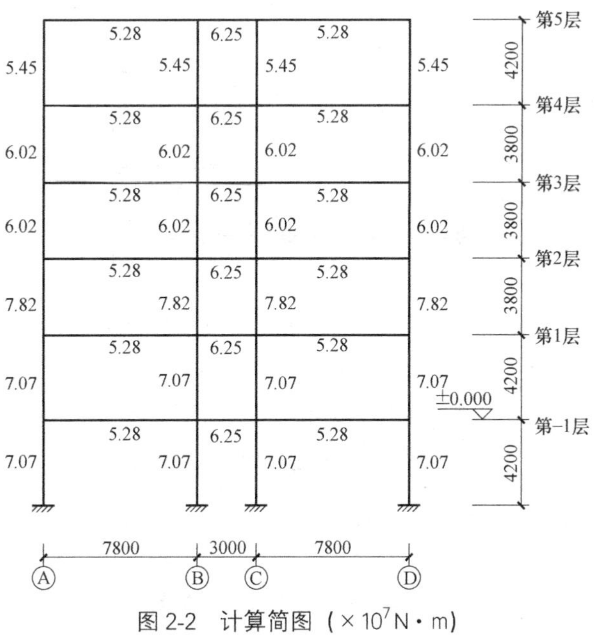

图 2-2 计算简图（$\times10^7$N·m）

① 参考《混凝土结构设计规范》GB 50010—2010 第 5.1.3 和 5.2.1 节的规定，结构分析的模型应符合下列要求：结构分析采用的计算简图、几何尺寸、计算参数、边界条件、结构材料性能指标以及构造措施等应符合实际工作状况；混凝土结构宜按空间体系进行结构整体分析，体形规则的空间结构，可沿柱列或墙轴线分解为不同方向的平面结构分别进行分析，但应考虑平面结构的空间协同工作。

边跨梁：$i_b=2E_c\times\frac{1}{12}\times0.3\times\frac{0.65^3}{7.80}=1.760\times10^{-3}E_c=5.28\times10^7\text{N}\cdot\text{m}$

中跨梁：$i_b=2E_c\times\frac{1}{12}\times0.3\times\frac{0.50^3}{3.00}=2.083\times10^{-3}E_c=6.25\times10^7\text{N}\cdot\text{m}$

第一1～1层柱：$i_c=E_c\times\frac{1}{12}\times0.55\times\frac{0.60^3}{4.20}=2.357\times10^{-3}E_c=7.07\times10^7\text{N}\cdot\text{m}$

第2层柱：$i_c=E_c\times\frac{1}{12}\times0.55\times\frac{0.60^3}{3.80}=2.605\times10^{-3}E_c=7.82\times10^7\text{N}\cdot\text{m}$

第3～4层柱：$i_c=E_c\times\frac{1}{12}\times0.55\times\frac{0.55^3}{3.80}=2.006\times10^{-3}E_c=6.02\times10^7\text{N}\cdot\text{m}$

第5层柱：$i_c=E_c\times\frac{1}{12}\times0.55\times\frac{0.55^3}{4.20}=1.816\times10^{-3}E_c=5.45\times10^7\text{N}\cdot\text{m}$

2.3 荷载作用的计算

荷载可分为竖向荷载与水平荷载两类，常见的竖向荷载有恒载、活载和雪荷载，常见的水平荷载有风荷载和地震作用。竖向荷载的传递如图2-3所示。

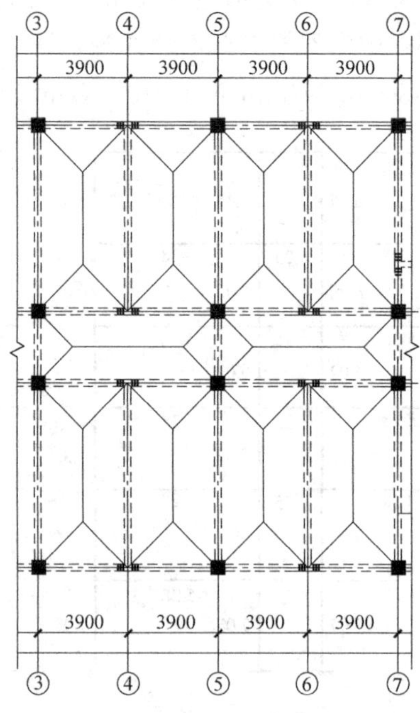

图2-3 竖向荷载传递示意图

2.3.1 恒载的计算

1. 材料的自重

1）屋面板的荷载标准值

50 厚 C30 细石防水混凝土，内配Φ4@150 双向钢筋 $24\times0.05=1.2\text{kN/m}^2$
20 厚 1∶3 水泥砂浆找平层 $20\times0.02=0.4\text{kN/m}^2$
50 厚挤塑保温板 $0.5\times0.05=0.025\text{kN/m}^2$
3 厚 SBS 防水卷材 $0.35\times0.003=0.001\text{kN/m}^2$
20 厚 1∶3 水泥砂浆找平层 $20\times0.02=0.4\text{kN/m}^2$
陶粒混凝土找坡层坡度 2%，最薄处 20 厚 $19.5\times0.5\times(0.02+0.206)=2.2\text{kN/m}^2$
110 厚现浇钢筋混凝土屋面板 $25\times0.11=2.75\text{kN/m}^2$
20 厚板底抹灰平顶 $17\times0.02=0.34\text{kN/m}^2$

合计 7.32kN/m^2

2）楼面板的荷载标准值

8 厚地面砖，干水泥擦缝 $17.8\times0.008=0.14\text{kN/m}^2$
20 厚 1∶2 干硬性水泥砂浆粘接层 $20\times0.02=0.4\text{kN/m}^2$
110 厚现浇钢筋混凝土楼板 $25\times0.11=2.75\text{kN/m}^2$
20 厚板底抹灰平顶 $17\times0.02=0.34\text{kN/m}^2$

合计 3.63kN/m^2

3）走廊处楼板的荷载标准值

20 厚花岗石铺面灌稀水泥砂浆擦缝 $28\times0.02=0.56\text{kN/m}^2$
30 厚 1∶2 干硬性水泥砂浆结合层 $20\times0.03=0.6\text{kN/m}^2$
110 厚现浇钢筋混凝土楼板 $25\times0.11=2.75\text{kN/m}^2$
20 厚板底抹灰平顶 $17\times0.02=0.34\text{kN/m}^2$

合计 4.25kN/m^2

4）梁自重标准值

梁（300×650） $25\times(0.65-0.11)\times0.30=4.05\text{kN/m}$
10 厚梁两侧粉刷 $17\times(0.65-0.11)\times0.01\times2=0.18\text{kN/m}$

合计 4.23kN/m

梁（300×500） $25\times(0.50-0.11)\times0.30=2.93\text{kN/m}$
10 厚梁两侧粉刷 $17\times(0.50-0.11)\times0.01\times2=0.13\text{kN/m}$

合计 3.06kN/m

梁（250×650） $25\times(0.65-0.11)\times0.25=3.38\text{kN/m}$
10 厚梁两侧粉刷 $17\times(0.65-0.11)\times0.01\times2=0.18\text{kN/m}$

合计 3.56kN/m

15 厚梁外侧混合砂浆粉刷 $0.015\times0.7\times17=0.18\text{kN/m}$
25 厚梁外侧 L 形水泥基聚苯颗粒保温砂浆 $0.025\times0.7\times4.0=0.07\text{kN/m}$

梁（300×700） 25×(0.70−0.11)×0.30=4.43kN/m

10 厚梁内侧粉刷 17×(0.70−0.11)×0.01=0.10kN/m

合计 4.78kN/m

5）柱自重标准值

柱自重

柱（550×600） 25×0.6×0.55=8.25kN/m

10mm 厚柱侧抹灰 17×(0.6+0.55)×0.01×2=0.39kN/m

合计 8.64kN/m

柱自重

柱（550×550） 25×0.55×0.55=7.56kN/m

10mm 厚柱侧抹灰 17×(0.55+0.55)×0.01×2=0.37kN/m

合计 7.93kN/m

6）外墙荷载标准值

15 厚外侧混合砂浆粉刷 0.015×17=0.26kN/m^2

25 厚外侧 L 形水泥基聚苯颗粒保温砂浆 0.025×4.0=0.10kN/m^2

240 厚蒸压加气混凝土砌块 0.24×5.5=1.32kN/m^2

10 厚外侧 1∶1∶6 水泥石灰膏砂浆底灰刮平扫毛 0.010×17=0.17kN/m^2

5 厚外侧 1∶0.5∶2.5 水泥石灰膏砂浆罩面 0.005×17=0.09kN/m^2

合计 1.94kN/m^2

7）内墙荷载标准值

5 厚 1∶0.5∶2.5 水泥石灰膏砂浆中层灰罩面 0.005×17=0.09kN/m^2

10 厚 1∶1∶6 水泥石灰膏砂浆中层底灰刮平扫毛 0.010×17=0.17kN/m^2

240 厚混凝土空心砌块 0.24×11.8=2.83kN/m^2

10 厚 1∶1∶6 水泥石灰膏砂浆中层底灰刮平扫毛 0.010×17=0.17kN/m^2

5 厚 1∶0.5∶2.5 水泥石灰膏砂浆中层灰罩面 0.005×17=0.09kN/m^2

合计 3.35kN/m^2

8）地下室外墙荷载标准值

300 厚现浇钢筋混凝土墙 25×0.3=7.5kN/m^2

内外防水涂层及抹灰 0.4kN/m^2

合计 7.9kN/m^2

9）女儿墙荷载标准值

15 厚外侧混合砂浆粉刷 0.015×17=0.26kN/m^2

25 厚外侧 L 形水泥基聚苯颗粒保温砂浆 0.025×4.0=0.10kN/m^2

240 厚混凝土实心砖 0.24×20=4.80kN/m²
25 厚外侧 L 形水泥基聚苯颗粒保温砂浆 0.025×4.0=0.10kN/m²
15 厚外侧混合砂浆粉刷 0.015×17=0.26kN/m²

合计 5.52kN/m²

10）门窗荷载标准值

平开夹板门或装饰门 0.40kN/m²

防火门 0.45kN/m²

PVC-U 塑料窗 0.40kN/m²

2. 作用在框架梁上的荷载

1）第 5 层横梁（AB 跨或 CD 跨）所受的分布荷载

梁自重 g_{1ab}=4.23kN/m；

板传递的梯形分布荷载 g_{2ab}=7.32×(1.95+1.95)=28.55kN/m。

2）第−1 和 4 层横梁（AB 跨或 CD 跨）所受的分布荷载

梁和梁上墙的重量 g_{1ab}=4.23+3.35×(4.2−0.65)=16.12kN/m；

板传递的梯形分布荷载 g_{2ab}=3.63×(1.95+1.95)=14.16kN/m。

3）第 1～3 层横梁（AB 跨或 CD 跨）所受的分布荷载

梁和梁上墙的重量 g_{1ab}=4.23+3.35×(3.8−0.65)=14.78kN/m；

板传递的梯形分布荷载 g_{2ab}=3.63×(1.95+1.95)=14.16kN/m。

4）第 5 层横梁（BC 跨）所受的分布荷载

梁自重 g_{1bc}=3.06kN/m；

板传递的三角形分布荷载 g_{2bc}=7.32×(1.5+1.5)=21.96kN/m。

5）第−1～4 层横梁（BC 跨）所受的分布荷载

梁自重 g_{1bc}=3.06kN/m；

板传递的三角形分布荷载 g_{2bc}=4.25×(1.5+1.5)=12.75kN/m。

3. 作用在框架柱上的荷载

1）第 5 层边柱（A 轴或 D 轴）所受的集中荷载

女儿墙自重（高 0.7m） 5.52×0.7×7.8=30.14kN

边框架梁自重 4.78×7.8=37.29kN

次梁自重传递到柱 3.56×7.8×0.5×0.5×2=13.88kN

板传递到柱

7.32×{[(7.8+3.9)×1.95×0.5]×2×0.5×0.5×2+(3.9×1.95×0.5)×2}
=139.17kN

合计 220.48kN

2）第 2～4 层边柱（A 轴或 D 轴）所受的集中荷载

边框架梁及墙自重 4.78×7.8+1.94×(3.8−0.7)×7.8=84.19kN

次梁自重传递到柱 3.56×7.8×0.5×0.5×2=13.88kN

板传递到柱 3.63×{[(7.8+3.9)×1.95×0.5]×2×0.5×0.5×2+(3.9×1.95×0.5)×2}=69.02kN

柱自重 7.93×3.8=30.13kN

合计 197.22kN

3）第一1、1层边柱（A轴或D轴）所受的集中荷载

边框架梁及墙自重 4.78×7.8+1.94×(4.2−0.7)×7.8=90.25kN

次梁自重传递到柱 3.56×7.8×0.5×0.5×2=13.88kN

板传递到柱 3.63×{[(7.8+3.9)×1.95×0.5]×2×0.5×0.5×2+(3.9×1.95×0.5)×2}=69.02kN

柱自重 8.64×4.2=36.29kN

合计 109.44kN

4）第5层中柱（B轴或C轴）所受的集中荷载

纵向框架梁自重 4.78×7.8=37.29kN

次梁自重传递到柱 3.56×7.8×0.5×0.5×2=13.88kN

板传递到柱 7.32×{[(7.8+3.9)×1.95×0.5]×2×0.5×0.5×2+(3.9×1.95×0.5)×2}+7.32×{[7.8+(7.8−3.0)]×1.5×0.5}×0.5×2=208.35kN

合计 259.52kN

5）第2～4层中柱（B轴或C轴）所受的集中荷载

纵向框架梁及墙自重 4.78×7.8+3.35×(3.8−0.7)×7.8=118.29kN

次梁自重传递到柱 3.56×7.8×0.5×0.5×2=13.88kN

板传递到柱 3.63×{[(7.8+3.9)×1.95×0.5]×2×0.5×0.5×2+(3.9×1.95×0.5)×2}+3.63×{[7.8+(7.8−3.0)]×1.5×0.5}×0.5×2=103.32kN

柱自重 7.93×3.8=30.13kN

合计 265.62kN

6）第一1、1层中柱（B轴或C轴）所受的集中荷载

纵向框架梁及墙自重 4.78×7.8+3.35×(4.2−0.7)×7.8=128.74kN

次梁自重传递到柱 3.56×7.8×0.5×0.5×2=13.88kN

板传递到柱 3.63×{[(7.8+3.9)×1.95×0.5]×2×0.5×0.5×2+(3.9×1.95×0.5)×2}+3.63×{[7.8+(7.8−3.0)]×1.5×0.5}×0.5×2=103.32kN

柱自重 8.64×4.2=36.29kN

合计 282.23kN

汇总以上计算结果，恒载作用下框架的计算简图见图2-4。

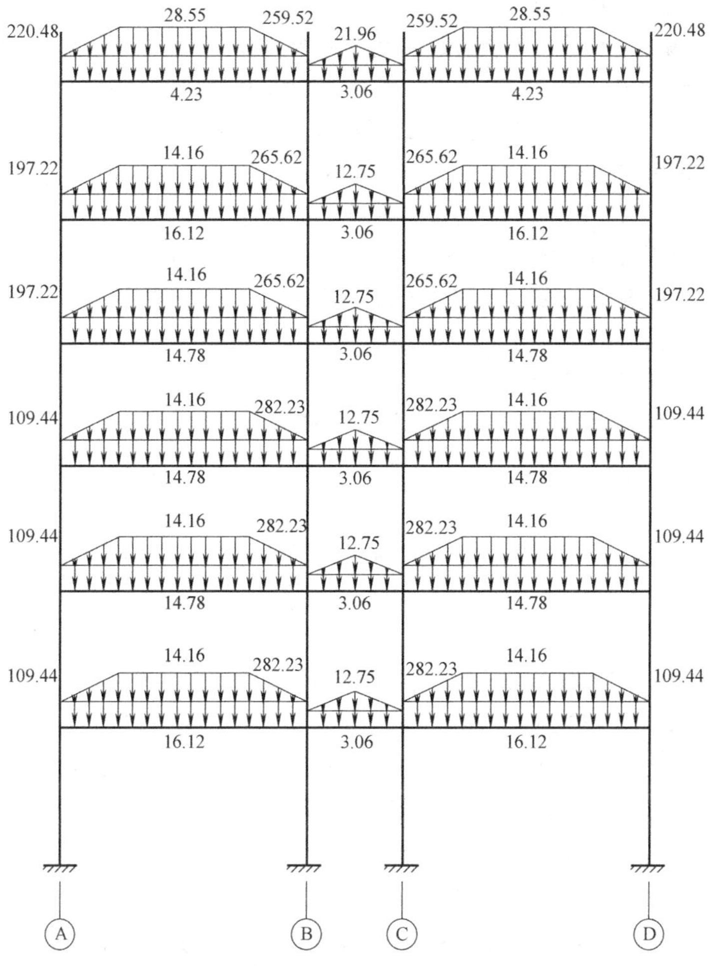

图 2-4 恒载作用下框架的计算简图（单位：分布荷载 kN/m，集中荷载 kN）

2.3.2 活（雪）载的计算

1. 荷载的取值

根据《建筑结构荷载规范》GB 50009—2012（以下简称《荷载规范》）的规定：活荷载按表 2-2 取值。屋面活荷载与雪荷载不同时考虑，不上人屋面的活载为 0.5kN/m²，基本雪压 S_0＝0.35kN/m²，取较大值 0.5kN/m²。

楼（屋）面均布活荷载取值① 表 2-2

房间类别	办公室、会议室	走廊、楼梯间	档案室、卫生间	多功能厅	不上人屋面	健身房、舞蹈室、乒乓室、台球室、排练室
标准值（kN/m²）	2.0	3.5	2.5	3.5	0.5	4

① 参考《建筑结构荷载规范》GB 50009—2012 第 5.3.3 节的规定：不上人的屋面均布活荷载，可不与雪荷载和风荷载同时组合。

2. 作用在框架梁上的荷载

1）第 5 层横梁（AB 跨或 CD 跨）所受的分布荷载

板传递的梯形分布荷载 $p_{2ab}=0.5\times(1.95+1.95)=1.95\text{kN/m}$

2）第一1～4 层横梁（AB 跨或 CD 跨）所受的分布荷载

板传递的梯形分布荷载 $g_{2ab}=2.0\times(1.95+1.95)=7.8\text{kN/m}$

3）第 5 层横梁（BC 跨）所受的分布荷载

板传递的三角形分布荷载 $g_{2bc}=0.5\times(1.5+1.5)=1.5\text{kN/m}$

4）第一1～4 层横梁（BC 跨）所受的分布荷载

板传递的三角形分布荷载 $g_{2bc}=3.5\times(1.5+1.5)=10.5\text{kN/m}$

3. 作用在框架柱上的荷载

1）第 5 层边柱（A 轴或 D 轴）所受的集中荷载

板传递到柱：$0.5\times\{[(7.8+3.9)\times1.95\times0.5]\times2\times0.5\times0.5\times2+(3.9\times1.95\times0.5)\times2\}=9.51\text{kN}$

2）第一1～4 层边柱（A 轴或 D 轴）所受的集中荷载

板传递到柱$2.0\times\{[(7.8+3.9)\times1.95\times0.5]\times2\times0.5\times0.5\times2+(3.9\times1.95\times0.5)\times2\}=38.03\text{kN}$

3）第 5 层中柱（B 轴或 C 轴）所受的集中荷载

板传递到柱$0.5\times\{[(7.8+3.9)\times1.95\times0.5]\times2\times0.5\times0.5\times2+(3.9\times1.95\times0.5)\times2\}+0.5\times\{[7.8+(7.8-3.0)]\times1.5\times0.5\}\times0.5\times2=14.23\text{kN}$

4）第一1～4 层中柱（B 轴或 C 轴）所受的集中荷载

板传递到柱$2.0\times\{[(7.8+3.9)\times1.95\times0.5]\times2\times0.5\times0.5\times2+(3.9\times1.95\times0.5)\times2\}+3.5\times\{[7.8+(7.8-3.0)]\times1.5\times0.5\}\times0.5\times2=71.1\text{kN}$

活载属于可变荷载，计算框架各控制截面的最不利内力时，理论上应考虑活载的多种最不利分布。为简化手工计算，在楼面活荷载不超过 4.0kN/m^2 的情况下，可以按框架满布活载的方式进行内力计算，因此汇总以上计算结果，活载作用下框架的计算简图见图 2-5。

2.3.3 风荷载的计算

1. 抗侧移刚度的计算

框架柱的抗侧移刚度 $D_i=\alpha_c\dfrac{12i_c}{h^2}$，计算过程见表 2-3，其中：

底层 $\alpha_c=\dfrac{0.5+\overline{k}}{2+\overline{k}}$，$\overline{k}=\dfrac{\sum i_b}{i_c}$，其他层 $\alpha_c=\dfrac{\overline{k}}{2+\overline{k}}$，$\overline{k}=\dfrac{\sum i_b}{2i_c}$。

由表 2-3 得：$\dfrac{62.42}{90.10}=0.7\geqslant0.7$，故该框架结构可视为规则框架。

2. 整体结构的风荷载

风荷载标准值：$\omega_k=\beta_z\mu_s\mu_z\omega_0$。其中：$\omega_0$ 为基本风压；μ_z 为风压高度变化系数；μ_s 为风荷载体型系数；β_z 为高度 z 处的风振系数。

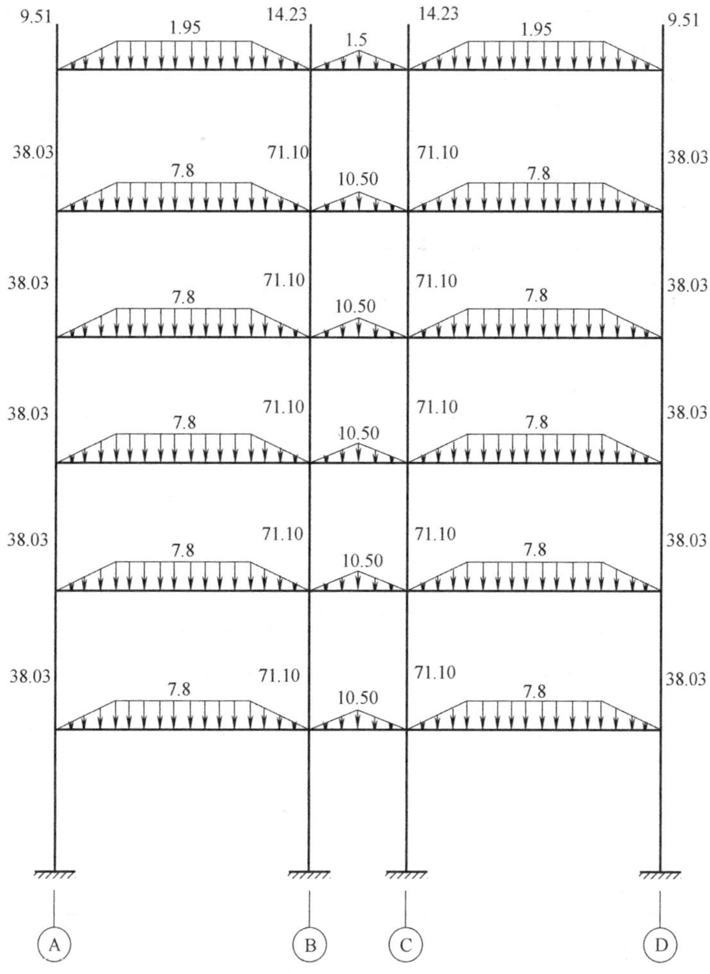

图 2-5 活载作用下框架的计算简图（单位：分布荷载 kN/m，集中荷载 kN）

框架柱的横向抗侧移刚度 D_i （$\times 10^7$ N/m） **表 2-3**

层号	层高	柱	根数	i_{b1}	i_{b2}	i_{b3}	i_{b4}	i_c	$\overline{k}$	α_c	D_i	小计	$\sum_{i=1}^{n} D_i$
5	4.2	边柱	18	5.28		5.28		5.45	0.969	0.326	1.210	21.78	56.08
	4.2	中柱	18	5.28	6.25	5.28	6.25	5.45	2.116	0.514	1.906	34.30	
4	3.8	边柱	18	5.28		5.28		6.02	0.877	0.305	1.525	27.45	71.50
	3.8	中柱	18	5.28	6.25	5.28	6.25	6.02	1.915	0.489	2.447	44.05	
3	3.8	边柱	14	5.28		5.28		6.02	0.877	0.305	1.525	21.35	73.20
	3.8	边柱	4	5.28		5.28		7.82	0.675	0.252	1.640	6.56	
	3.8	中柱	14	5.28	6.25	5.28	6.25	6.02	1.915	0.489	2.447	34.26	
	3.8	中柱	4	5.28	6.25	5.28	6.25	7.82	1.474	0.424	2.758	11.03	
2	3.8	边柱	18	5.28		5.28		7.82	0.675	0.252	1.640	29.52	79.16
	3.8	中柱	18	5.28	6.25	5.28	6.25	7.82	1.474	0.424	2.758	49.64	

续表

层号	层高	柱	根数	i_{b1}	i_{b2}	i_{b3}	i_{b4}	i_c	$\overline{k}$	α_c	D_i	小计	$\sum_{i=1}^{n} D_i$
1	4.2	边柱	18	5.28		5.28		7.07	0.747	0.272	1.308	23.54	62.42
	4.2	中柱	18	5.28	6.25	5.28	6.25	7.07	1.631	0.449	2.160	38.88	
−1	4.2	边柱	18	5.28				7.07	0.747	0.454	2.183	39.30	90.10
	4.2	中柱	18	5.28	6.25			7.07	1.631	0.587	2.823	50.81	

由工程资料知：基本风压 $\omega_0=0.45\text{kN/m}^2$；地面粗糙类别B类。建筑高度20.25m，女儿墙高0.7m，室内外高差0.45m。迎风面取0.8，背风面取0.5，合计 $\mu_s=1.3$；结构高度小于30m，可取 $\beta_z=1.0$。

整体结构的受荷宽度 $B=65.64+0.2=65.84\text{m}$；第 i 楼层的总风荷载可按 $F_{wi}=[0.5\times\omega_i\times(z_i-z_{i-1})+0.5\times\omega_{i+1}\times(z_{i+1}-z_i)]\times B$ 计算，集中作用于第 i 楼层节点处；第−1层的离地高度、女儿墙的高度均在楼层高度的一半范围之内，应全部计入。计算过程见表2-4。

整体结构的风荷载计算 **表2-4**

楼层	β_z	μ_s	z_i(m)	μ_z	ω_0(kN/m²)	ω_k(kN/m²)	B(m)	$F_w^{总}$(kN)
5	1	1.3	20.25	1.23	0.45	0.72	65.84	133.16
4	1	1.3	16.05	1.15	0.45	0.67	65.84	184.04
3	1	1.3	12.25	1.06	0.45	0.62	65.84	161.73
2	1	1.3	8.45	1.00	0.45	0.59	65.84	150.68
1	1	1.3	4.65	1.00	0.45	0.59	65.84	154.07
−1	1	1.3	0.45	1.00	0.45	0.59	65.84	98.22

3. 平面框架的风荷载

先按整体结构计算总风荷载，再按抗侧移刚度按比例分配至单榀框架，计算过程见表2-5。其中 m 为平面框架在计算楼层处框架柱的根数，n 为整体结构在计算楼层处框架柱的根数。

平面框架的风荷载计算 **表2-5**

楼层	z_i (m)	$\sum_{j=1}^{m} D_j$ (×10⁷N/m)	$\sum_{j=1}^{n} D_j$ (×10⁷N/m)	$F_w^{总}$ (kN)	$F_w=\frac{\sum_{j=1}^{m} D_j}{\sum_{j=1}^{n} D_j}F_w^{总}$ (kN)	V_i (kN)
5	20.25	6.232	56.08	133.16	14.80	14.80
4	16.05	7.944	71.50	184.04	20.45	35.25
3	12.25	7.944	73.20	161.73	17.55	52.80
2	8.45	8.796	79.16	150.68	16.74	69.54
1	4.65	6.936	62.42	154.07	17.12	86.66
−1	0.45	10.012	90.10	98.22	10.91	97.57

风荷载作用下平面框架的计算简图见图2-6。

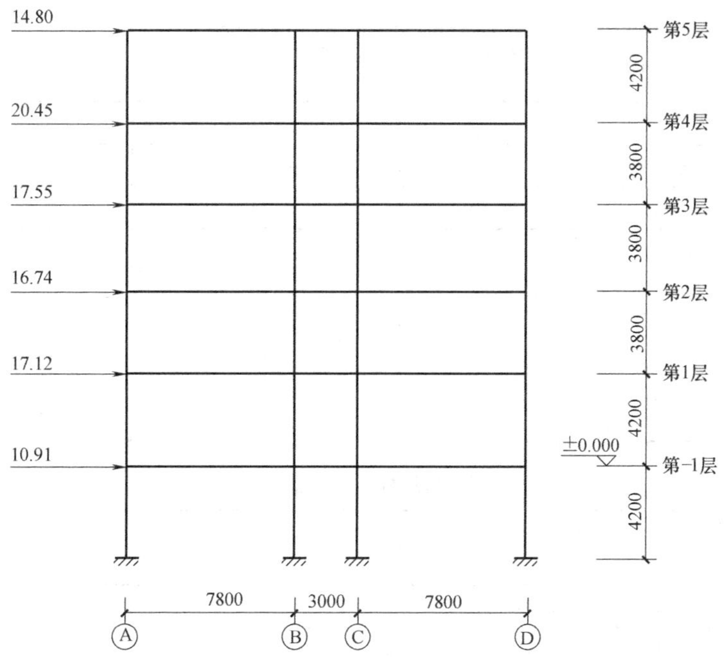

图 2-6 风荷载作用下框架的计算简图（kN）

2.3.4 地震作用的计算

1. 重力荷载代表值

本部分的重力荷载代表值计算，限于篇幅，只列出了主要部分的计算，没有把所有细节都列出。

1）恒载之梁重

各层梁自重汇总计算见表 2-6。

2）恒载之柱重

各层柱自重汇总计算见表 2-7。

各层梁自重汇总 **表 2-6**

层号	$b \times h$(mm)	每延米自重 (kN/m)	净长 (m)	根数	g_{ij} (kN)	Σg_{ij} (kN)
3～5	300×650	4.23	7.25	18	552.02	1627.87
	300×500	3.06	2.45	9	67.47	
	250×650	3.56	7.5	17	453.90	
	300×700	4.78	7.25	16	554.48	
2 和−1	300×650	4.23	7.2	18	548.21	1622.68
	300×500	3.06	2.4	9	66.10	
	250×650	3.56	7.5	17	453.90	
	300×700	4.78	7.25	16	554.48	

续表

层号	$b\times h$(mm)	每延米自重(kN/m)	净长(m)	根数	g_{ij}(kN)	$\sum g_{ij}$(kN)
1	300×650	4.23	7.2	18	548.21	1824.52
	300×500	3.06	2.4	9	66.10	
	250×650	3.56	7.5	17	453.90	
	300×700	4.78	7.25	16	554.48	
	200×600	3.25	7.2	2	46.80	
	200×600	3.25	7.25	2	47.13	
	300×600	3.86	1.57	14	84.84	
	200×400	1.58	3.65	4	23.07	

各层柱自重汇总 **表 2-7**

层号	$b\times h$	每延米自重(kN/m)	长(m)	根数	g_{ij}(kN)	$\sum g_{ij}$(kN)
5	550×550	7.93	4.2	36	1199.02	1334.34
	450×450	5.37	4.2	6	135.32	
4	550×550	7.93	3.8	36	1084.82	1207.26
	450×450	5.37	3.8	6	122.44	
3	550×550	7.93	3.8	28	843.75	1228.84
	550×600	8.64	3.8	8	262.66	
	450×450	5.37	3.8	6	122.44	
2	550×600	8.64	3.8	36	1181.95	1304.39
	450×450	5.37	3.8	6	122.44	
1和−1	550×600	8.64	4.2	36	1306.37	1441.69
	450×450	5.37	4.2	6	135.32	

3）恒载之板重

卫生间和楼梯的综合楼面恒载（不含楼板结构层自重）分别取 7.00kN/m^2 和 6.7kN/m^2，各层楼板面积及单位面积板自重计算如下：

第 5 层

屋面板：(62.4+0.3)×(18.6+0.3)=1185.03m^2，重：7.32kN/m^2。

第 4 和−1 层

走廊：3.0×7.8×4+3.0×3.9=105.30m^2，重：4.25kN/m^2；

卫生间：7.8×7.8=60.84m^2，重：7.00+25×0.11=9.75kN/m^2；

楼梯：3.9×7.8×3=91.26m^2，重：6.7+25×0.11=9.45kN/m^2；

普通楼面板：1185.03−105.30−60.84−91.26=927.63m^2，重：3.63kN/m^2。

第 2～3 层

走廊：3.0×62.7=188.1m^2，重：4.25kN/m^2；

卫生间：7.8×7.8=60.84m^2，重：7.00+25×0.11=9.75kN/m^2；

楼梯：3.9×7.8×3＝91.26m²，重：6.7＋25×0.11＝9.45kN/m²；

普通楼面板：1185.03－188.1－60.84－91.26＝844.83m²，重：3.63kN/m²。

第1层

走廊：3.0×62.7＝188.1m²，重：4.25kN/m²；

卫生间：7.8×7.8＝60.84m²，重：7.00＋25×0.11＝9.75kN/m²；

楼梯：3.9×7.8×3＝91.26m²，重：6.7＋25×0.11＝9.45kN/m²；

普通楼面板：1185.03－188.1－60.84－91.26＝844.83m²，重：3.63kN/m²；

雨篷板：(1.62＋0.1)×7.8×4＝50.86m²，重：0.6＋25×0.10＝3.10kN/m²。

4）恒载之墙重

墙体、门窗等的自重计算，需要考虑不同材质类型，分别计算各楼层的墙重。

5）活（雪）载

各层楼面活（雪）载的计算见表2-8。

各层楼面活（雪）载汇总 **表2-8**

层号	构件	单位面积活(雪)载(kN/m²)	面积(m²)	q_{ij}(kN)	$\sum q_{ij}$(kN)
5	屋面板	0.35	1185.03	414.76	414.76
4、-1	走廊	3.5	105.3	368.55	3456.99
	卫生间	2.5	60.84	152.10	
	楼梯	3.5	91.26	319.41	
	办公/会议室	2	419.85	839.70	
	多功能厅/超市	3.5	507.78	1777.23	
2、3	走廊	3.5	188.1	658.35	3306.24
	卫生间	2.5	60.84	152.10	
	楼梯	3.5	91.26	319.41	
	办公/会议室	2	601.47	1202.94	
	舞蹈/台球室	4	243.36	973.44	
1	走廊	3.5	188.1	658.35	2844.95
	卫生间	2.5	60.84	152.10	
	楼梯	3.5	91.26	319.41	
	办公/会议室	2	844.83	1689.66	
	雨篷板	0.5	50.86	25.43	

6）重力荷载代表值

根据《抗震规范》的规定，各层重力荷载代表值G_i＝恒载g_i＋0.5×活（雪）载q_i，计算过程见表2-9①。

① 参考《建筑抗震设计规范》GB 50011—2010（2016年版）第5.1.3节的规定：计算地震作用时，建筑的重力荷载代表值应取结构和构配件自重标准值和各可变荷载组合值之和。各可变荷载的组合值系数，应按规范中表5.1.3采用。

重力荷载代表值的计算（单位：kN） **表 2-9**

层号	板重	柱重	墙重	门窗与等面积墙的重量差	恒载 g_i	活/雪载 q_i	G_i	ΣG_i
屋顶			625.32					
5	8674.42	1334.34	3052.59	−391.82	11297.30	414.76	11504.68	
4	5270.42	1207.26	3257.75	−469.70	9265.63	3456.99	10994.12	
3	5321.75	1228.84	3257.75	−469.70	9327.85	3306.24	10980.97	67105.45
2	5321.75	1304.39	3234.69	−469.70	9364.89	3306.24	11018.01	
1	5479.42	1441.69	2915.87	−470.28	9457.75	2844.95	10880.22	
−1	5270.42	1441.69	4128.09		9998.95	3456.99	11727.44	

2. 水平地震作用

1）框架的假想顶点位移

假想重力荷载代表值为水平荷载，作用于各楼层节点处，计算结构的顶点位移见表2-10。

框架的假想顶点侧移计算 **表 2-10**

层号	G_i(kN)	V_{Gi}(kN)	ΣD_i($\times 10^7$N/m)	Δu_i(mm)	u_i(mm)
5	11504.68	11504.68	56.08	20.51	317.13
4	10994.12	22498.80	71.50	31.47	296.61
3	10980.97	33479.78	73.20	45.74	265.15
2	11018.01	44497.79	79.16	56.21	219.41
1	10880.22	55378.01	62.42	88.72	163.20
−1	11727.44	67105.46	90.10	74.48	74.48

2）基本自振周期

$$T_1 = 1.7\psi_T\sqrt{\mu_T} = 1.7\times 0.6\times\sqrt{0.317} = 0.58\text{s}$$

式中，ψ_T 为考虑非承重填充墙影响的折减系数，框架结构取 0.6～0.7。

3）水平地震影响系数①

抗震设防类别为重点设防类（乙类）；抗震设防烈度为 7 度，设计基本地震加速度为 $0.10g$，设计地震分组为第二组；场地类别为Ⅲ类。

查《抗震规范》得：$\alpha_{max}=0.08$，$T_g=0.55\text{s}$，$\zeta=0.05$，$\eta_2=1.0$，$\gamma=1.0$。

因 $T_g<T_1<5T_g$，所以 $\alpha_1=\left(\dfrac{T_g}{T_1}\right)^{\gamma}\eta_2\alpha_{max}=\left(\dfrac{0.55}{0.58}\right)^{0.9}\times 1.0\times 0.08=0.076$。

4）结构等效总重力荷载 G_{eq}

$$G_{eq}=0.85\Sigma G_i=0.85\times 67105.45=57039.63\text{kN}$$

5）结构总水平地震作用标准值

① 参考《建筑抗震设计规范》GB 50011—2010（2016 年版）第 5.1.4 和 5.1.5 节的规定：建筑结构的地震影响系数应根据烈度、场地类别、设计地震分组和结构自振周期以及阻尼比确定。

$$F_{Ek}=\alpha_1 G_{eq}=0.076\times 57039.63=4335.01\text{kN}$$

6）横向水平地震作用及层间剪力①

由于 $T_1<1.4T_g=1.4\times 0.55=0.77$s，所以不考虑顶部附加水平地震作用，$\delta_n=0$。

因结构高度不超过 40m，质量和刚度沿高度分布比较均匀，变形以剪切型为主，所以可用底部剪力法计算水平地震作用。

各楼层的水平地震作用按公式（2-1）计算，详细结果见表 2-11 和图 2-7。

$$F_i=\frac{G_iH_i}{\sum_{j=1}^{n}G_jH_j}F_{Ek}(1-\delta_n)(i=1,2\cdots\cdots n) \tag{2-1}$$

各楼层的水平地震作用及层间剪力的计算 **表 2-11**

层号	H_i (m)	G_i (kN)	G_iH_i (kN·m)	$\frac{G_iH_i}{\sum_{j=1}^{n}G_jH_j}$	F_i (kN)	V_{EKi} (kN)	$\sum_{j=i}^{n}G_j$ (kN)	$\lambda\sum_{j=1}^{n}G_j$ (kN)
5	24.00	11504.68	276112.32	0.29	1267.20	1267.20	11504.68	184.07
4	19.80	10994.12	217683.65	0.23	999.05	2266.25	22498.80	359.98
3	16.00	10980.97	175695.57	0.19	806.35	3072.60	33479.78	535.68
2	12.20	11018.01	134419.73	0.14	616.91	3689.51	44497.79	711.96
1	8.40	10880.22	91393.89	0.10	419.45	4108.96	55378.01	886.05
−1	4.20	11727.44	49255.27	0.05	226.05	4335.01	67105.46	1073.69

查《抗震规范》λ 取 0.016，则结构任一楼层的水平地震剪力都符合要求：$V_{EKi}>\lambda\sum_{j=1}^{n}G_j$ ②。

7）平面框架的地震作用

整体结构的地震作用再按抗侧移刚度按比例分配至单榀框架，计算过程见表 2-12。其中 m 为平面框架在计算楼层处框架柱的根数，n 为整体结构在计算楼层处框架柱的根数。

地震作用下平面框架的计算简图见图 2-8。

3. 侧移验算

横向水平地震作用下框架的侧移验算见表 2-13。

由上表知，最大的弹性层间位移发生在第二层，其值为 1/638<1/550，满足要求。③

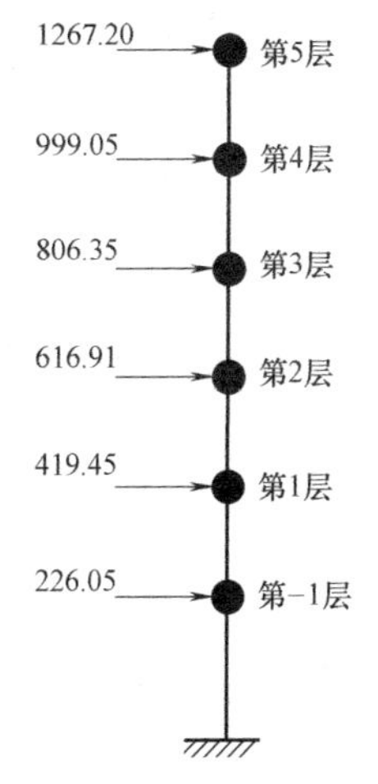

图 2-7 各质点的水平地震作用（kN）

① 参考《建筑抗震设计规范》GB 50011—2010（2016 年版）第 5.1.2 和 5.2.1 的规定：高度不超过 40m、以剪切变形为主且质量和刚度沿高度分布比较均匀的结构，以及近似于单质点体系的结构，可采用底部剪力法等简化方法。

② 参考《建筑抗震设计规范》GB 50011—2010（2016 年版）第 5.2.5 的规定：剪力系数不应小于规定楼层最小地震剪力系数值。

③ 参考《建筑抗震设计规范》GB 50011—2010（2016 年版）第 5.5.1 的规定：各类结构应进行多遇地震作用下的抗震变形验算，其楼层内最大的弹性层间位移应符合规范要求。

平面框架的地震作用计算 **表 2-12**

楼层	z_i (m)	$\sum_{j=1}^{m} D_j$ (×10^7N/m)	$\sum_{j=1}^{n} D_j$ (×10^7N/m)	$F_i^{总}$ (kN)	$F_i = \frac{\sum_{j=1}^{m} D_j}{\sum_{j=1}^{n} D_j} F_i^{总}$ (kN)
5	20.25	6.232	56.08	1267.20	140.82
4	16.05	7.944	71.50	999.05	111.00
3	12.25	7.944	73.20	806.35	87.51
2	8.45	8.796	79.16	616.91	68.55
1	4.65	6.936	62.42	419.45	46.61
−1	0.45	10.012	90.10	226.05	25.12

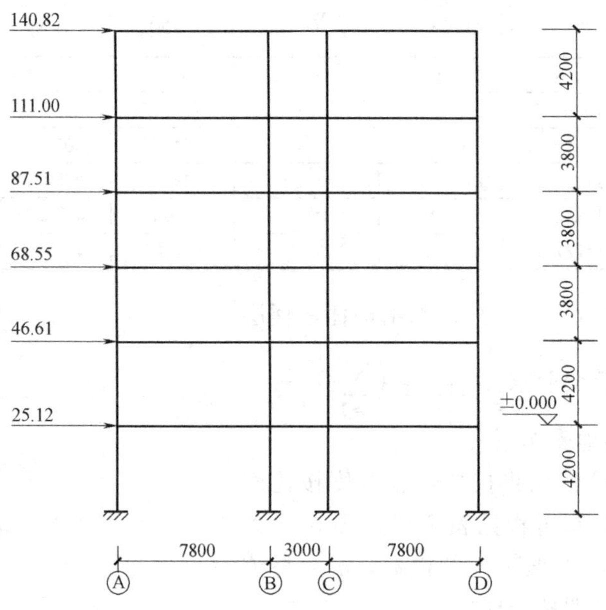

图 2-8 地震作用下框架的计算简图（kN）

侧移验算 **表 2-13**

层号	h_i(m)	V_{EKi}(kN)	ΣD_i(×10^7N/m)	Δu_i(mm)	$\theta_i = \frac{u_i}{h_i}$
5	4.2	1267.20	56.08	2.26	1/1859
4	3.8	2266.25	71.50	3.17	1/1199
3	3.8	3072.60	73.20	4.20	1/905
2	3.8	3689.51	79.16	4.66	1/815
1	4.2	4108.96	62.42	6.58	1/638
−1	4.2	4335.01	90.10	4.81	1/873

2.4 内力计算

将每种荷载单独作用在框架结构上，计算结构的内力。按计算方法主要分成两大类：

竖向荷载作用下结构的内力计算和水平荷载作用下结构的内力计算。可以采用结构力学或适当的简化分析方法进行手工计算，也可以利用结构力学求解器等软件直接进行结构的内力计算。①

2.4.1 恒载作用下结构的内力计算

竖向荷载（恒载、活载）作用下平面框架的内力计算，可采用分层法、二次分配法或力矩分配法等进行手工计算，先把梁上的梯形和三角形荷载转化为等效均布荷载，计算出固端弯矩，再依次计算出弯矩图、剪力图和轴力图。

1. 荷载等效

把梯形和三角形荷载转化为等效均布荷载：

$$\alpha_1=0.5\times\frac{3.9}{7.8}=0.25$$

第 5 层：$g'_{边}=4.23+(1-2\alpha_1^2+\alpha_1^3)\times 28.55=29.66\text{kN/m}$

$$g'_{中}=3.06+\frac{5}{8}\times 21.96=16.79\text{kN/m}$$

第 4 层：$g'_{边}=16.12+(1-2\alpha_1^2+\alpha_1^3)\times 14.16=28.74\text{kN/m}$

$$g'_{中}=3.06+\frac{5}{8}\times 12.75=11.03\text{kN/m}$$

第 3～1 层：$g'_{边}=14.78+(1-2\alpha_1^2+\alpha_1^3)\times 14.16=27.40\text{kN/m}$

$$g'_{中}=3.06+\frac{5}{8}\times 12.75=11.03\text{kN/m}$$

第一1 层：$g'_{边}=16.12+(1-2\alpha_1^2+\alpha_1^3)\times 14.16=28.74\text{kN/m}$

$$g'_{中}=3.06+\frac{5}{8}\times 12.75=11.03\text{kN/m}$$

2. 固端弯矩计算

第 5 层：$M_{BC}=-M_{CB}=-\frac{1}{12}\times g'_{边}\times l_{边}^2=-\frac{1}{12}\times 29.66\times 7.8^2=-150.38\text{kN}\cdot\text{m}$

$$M_{CD}=-M_{DC}=-\frac{1}{3}\times g'_{中}\times l_{中}^2=-\frac{1}{3}\times 16.79\times 3^2=-50.37\text{kN}\cdot\text{m}$$

第 4 层：$M_{BC}=-M_{CB}=-\frac{1}{12}\times g'_{边}\times l_{边}^2=-\frac{1}{12}\times 28.74\times 7.8^2=-145.71\text{kN}\cdot\text{m}$

$$M_{CD}=-M_{DC}=-\frac{1}{3}\times g'_{中}\times l_{中}^2=-\frac{1}{3}\times 11.03\times 3^2=-33.09\text{kN}\cdot\text{m}$$

第 3～1 层：$M_{BC}=-M_{CB}=-\frac{1}{12}\times g'_{边}\times l_{边}^2=-\frac{1}{12}\times 27.4\times 7.8^2=-138.92\text{kN}\cdot\text{m}$

$$M_{CD}=-M_{DC}=-\frac{1}{3}\times g'_{中}\times l_{中}^2=-\frac{1}{3}\times 11.03\times 3^2=-33.09\text{kN}\cdot\text{m}$$

---

① 参考《混凝土结构设计规范》GB 50010—2010 第 5.1.4、5.1.6 和 5.3.3 节的规定：结构分析应满足力学平衡条件和变形协调条件；计算软件应符合要求；混凝土结构弹性分析宜采用结构力学或弹性力学等分析方法。

$$第一1层：M_{BC}=-M_{CB}=-\frac{1}{12}\times g'_{边}\times l^2_{边}=-\frac{1}{12}\times 28.74\times 7.8^2=-145.71\text{kN}\cdot\text{m}$$

$$M_{CD}=-M_{DC}=-\frac{1}{3}\times g'_{中}\times l^2_{中}=-\frac{1}{3}\times 11.03\times 3^2=-33.09\text{kN}\cdot\text{m}$$

3. 弯矩、剪力和轴力的计算

采用二次分配法计算结构的弯矩，再由弯矩依次计算出剪力和轴力。此外还利用结构力学求解器计算出结构的内力，读者可对比手算与电算的结果。最后以电算结果为准，绘制恒载作用下的框架内力图。

2.4.2 活载作用下结构的内力计算

计算方法和过程同恒载。手工计算也采用二次分配法，此外还利用结构力学求解器计算出结构的内力。最后以电算结果为准，绘制恒载作用下的框架内力图。

2.4.3 风荷载作用下结构的内力计算

水平荷载（风载、地震）作用下平面框架的内力计算，可采用反弯点法或D值法等进行手工计算。首先计算楼层总剪力；其次分配楼层总剪力至各柱，得柱剪力；再次计算柱端弯矩，然后计算梁端弯矩，最后依次画出弯矩图、剪力图和轴力图。

采用D值法计算结构的弯矩，再依次计算出剪力和轴力。此外还利用结构力学求解器计算出结构的内力，读者可对比手算与电算的结果。最后以电算结果为准，绘制风载作用下的框架内力图。

2.4.4 地震作用下结构的内力计算

计算方法和过程同风载。手工计算也采用D值法，此外还利用结构力学求解器计算出结构的内力。最后以电算结果为准，绘制恒载作用下的框架内力图。

2.5 内力调整

2.5.1 弯矩调幅

在竖向荷载作用下，考虑框架梁端塑性变形产生的内力重分布，可以对梁端弯矩进行调幅。通常采用乘以调幅系数的方式适当降低梁端负弯矩，同时增加梁跨中正弯矩，以达到改善梁柱节点区配筋过于拥挤，增加框架延性的目的。弯矩调整应符合下列规定①：

1）现浇框架梁端负弯矩的调幅系数 β 不宜大于25%，调幅后弯矩 M' 为：

$$M'_{左}=(1-\beta)M_{左} \tag{2-2}$$

---

① 参考《混凝土结构设计规范》GB 50010—2010 第5.4.1和5.4.3节的规定：混凝土连续梁和连续单向板，可采用塑性内力重分布方法进行分析。重力荷载作用下的框架、框架-剪力墙结构中的现浇梁以及双向板等，经弹性分析求得内力后，可对支座或节点弯矩进行适度调幅，并确定相应的跨中弯矩。钢筋混凝土梁支座或节点边缘截面的负弯矩调幅幅度不宜大于25%；弯矩调整后的梁端截面相对受压区高度不应超过0.35，且不宜小于0.10。钢筋混凝土板的负弯矩调幅幅度不宜大于20%。

$$M'_{右}=(1-\beta)M_{右} \tag{2-3}$$

其中，$M'_{左}$、$M'_{右}$为调幅前的梁左、右端弯矩。

2）调幅后的梁应满足平衡条件，则调幅后跨中弯矩$M'_{中}$可按下式计算：

$$M'_{中}\geqslant M_0+0.5(M'_{左}+M'_{右}) \tag{2-4}$$

其中，M_0 为等代简支梁的跨中弯矩。

调幅后的梁跨中正弯矩应：

$$M'_{中}\geqslant 0.5M_0 \tag{2-5}$$

2.5.2 梁端控制截面处的内力换算

钢筋混凝土框架结构按弹性理论分析，得到的是梁柱节点区中心线处的内力，但实际破坏的部位通常是梁柱节点区边缘的控制截面。控制截面处的内力往往与梁柱轴线处的内力相差较多，尤其是梁端弯矩和剪力，因此宜将轴线处的内力换算成梁端控制截面处的内力。而柱的内力相差较少，也可近似将轴线处的内力值作为柱端控制截面的内力。

控制截面处剪力和弯矩的换算公式如下，具体计算过程略：

$$V'=V-\frac{1}{2}Qb \tag{2-6}$$

$$M'=M-\frac{1}{2}V'b \tag{2-7}$$

2.6 内力组合

建筑结构设计应根据使用过程中在结构上可能同时出现的荷载，按承载能力极限状态和正常使用极限状态分别进行荷载效应组合，并应取各自的最不利的组合进行设计。

2.6.1 控制截面

取各结构构件的控制截面进行内力组合，其中框架梁的控制截面为梁左、右两端及跨中，框架柱的控制截面为柱顶和柱底。内力组合时，风荷载和地震作用需要考虑左、右两个可能的作用方向。

2.6.2 组合类型

内力组合可分为无震组合和有震组合二大类，本设计主要考虑以下组合①：

1）由可变荷载控制下的组合：

1.2×恒载+1.4×活载+1.4×0.6×风载　(2-8)

1.2×恒载+1.4×风载+1.4×0.7×活载　(2-9)

2）由永久荷载控制下的组合：

1.35×恒载+1.4×0.7×活载　(2-10)

---

① 参考《建筑抗震设计规范》GB 50011—2010（2016 年版）第 5.4.1 的规定：结构构件的地震作用效应和其他荷载效应的基本组合，应按规范公式 5.4.1 计算。

3）考虑地震作用组合：

$$1.2\times 重力荷载代表值+1.3\times 地震作用 \tag{2-11}$$

为简化也可近似用下式代替：

$$1.2\times(恒载+0.5\times 活载)+1.3\times 地震作用 \tag{2-12}$$

2.7 截面设计

各标高处的结构平面图见二维码 2-5。

2.7.1 承载能力极限状态设计表达式

二维码 2-5
结构平面图

结构构件应采用下列承载能力极限状态设计表达式[①]：

$$\gamma_0 S\leqslant R(无震组合) \tag{2-13}$$

$$S\leqslant R/\gamma_{RE}(有震组合) \tag{2-14}$$

式中 γ_0——结构重要性系数；

γ_{RE}——承载力抗震调整系数；

S——承载能力极限状态下作用组合的效应设计值；对持久设计状况和短暂设计状况应按作用的基本组合计算；对地震设计状况应按作用的地震组合计算；

R——结构构件抗力设计值。

2.7.2 构件组合内力设计值的调整

1. 梁端截面组合的剪力设计值调整

抗震设计中，框架梁端截面组合的剪力设计值应按下式调整[②]：

$$V=\eta_{vb}(M_b^l+M_b^r)/l_n+V_{Gb} \tag{2-15}$$

式中 V——梁端截面组合的剪力设计值；

l_n——梁的净跨；

V_{Gb}——梁在重力荷载代表值作用下，按简支梁分析的梁端截面剪力设计值，具体计算见表 2-14；

M_b^l、M_b^r——分别为梁左右端反时针或顺时针方向组合的弯矩设计值；

η_{vb}——梁端剪力增大系数，二级框架取 1.2。

1）第五层的 AB 跨梁

① 参考《建筑抗震设计规范》GB 50011—2010（2016 年版）第 5.4.2、6.2.1 节和《混凝土结构设计规范》GB 50010—2010 第 3.3.2 节的规定：对持久设计状况、短暂设计状况和地震设计状况，当用内力的形式表达时，结构构件应采用承载能力极限状态设计表达式。

② 参考《建筑抗震设计规范》GB 50011—2010（2016 年版）第 3.5.4 和 6.2.4 节的规定：3.5.4 结构构件应符合下列要求：（1）砌体结构应按规定设置钢筋混凝土圈梁和构造柱、芯柱，或采用约束砌体、配筋砌体等。（2）混凝土结构构件应控制截面尺寸和受力钢筋、箍筋的设置，防止剪切破坏先于弯曲破坏、混凝土的压溃先于钢筋的屈服、钢筋的锚固粘结破坏先于钢筋破坏。（3）预应力混凝土的构件，应配有足够的非预应力钢筋。（4）钢结构构件的尺寸应合理控制，避免局部失稳或整个构件失稳。（5）多、高层的混凝土楼、屋盖宜优先采用现浇混凝土板。一、二、三级的框架梁和抗震墙的连梁，其梁端截面组合的剪力设计值应按规范公式（6.2.4-1）调整。

$V_{Gb}=0.5\times(g_k+0.5\times q_k)\times l_n=0.5\times(29.64+0.5\times1.74)\times7.25=110.60kN$

顺时针：$(M_b^l+M_b^r)=4.24+168.27=172.51kN\cdot m$

逆时针：$(M_b^l+M_b^r)=156.13-37.26=118.87kN\cdot m$

取大值。

V_{Gb} 的计算 **表 2-14**

层号	AB 跨				BC 跨				CD 跨			
	g (kN/m)	q (kN/m)	l_n (m)	V_{Gb} (kN)	g (kN/m)	q (kN/m)	l_n (m)	V_{Gb} (kN)	g (kN/m)	q (kN/m)	l_n (m)	V_{Gb} (kN)
5	29.64	1.74	7.25	110.60	16.79	0.94	2.45	21.14	29.64	1.74	7.25	110.60
4	28.72	6.94	7.25	116.69	11.03	6.56	2.45	17.53	28.72	6.94	7.25	116.69
3	27.38	6.94	7.25	111.83	11.03	6.56	2.45	17.53	27.38	6.94	7.25	111.83
2	27.38	6.94	7.2	111.06	11.03	6.56	2.4	17.17	27.38	6.94	7.2	111.06
1	27.38	6.94	7.2	111.06	11.03	6.56	2.4	17.17	27.38	6.94	7.2	111.06
−1	28.72	6.94	7.2	115.88	11.03	6.56	2.4	17.17	28.72	6.94	7.2	115.88

$$V=\eta_{vb}(M_b^l+M_b^r)/l_n+V_{Gb}=1.2\times172.51/7.25+110.60=139.15kN\cdot m$$

2）第五层的 BC 跨梁

$V_{Gb}=0.5\times(g_k+0.5\times q_k)\times l_n=0.5\times(16.79+0.5\times0.94)\times2.45=21.14kN$

顺时针：$(M_b^l+M_b^r)=8.43+100.51=108.94kN\cdot m$

逆时针：$(M_b^l+M_b^r)=100.51+8.43=108.94kN\cdot m$

取大值。

$$V=\eta_{vb}(M_b^l+M_b^r)/l_n+V_{Gb}=1.2\times108.94/2.45+21.14=74.50kN\cdot m$$

3）其余的梁

剪力设计值的调整方法同上。

2. 柱端截面组合的弯矩设计值调整

二级框架的梁柱节点处，除框架顶层和柱轴压比小于 0.15 者及框支梁与框支柱的节点外，柱端组合的弯矩设计值应符合下式要求①：

$$\sum M_c=\eta_c\sum M_b \tag{2-16}$$

式中 $\sum M_c$——节点上下柱端截面顺时针或逆时针方向组合的弯矩设计值之和，上下柱端的弯矩设计值可按弹性分析分配；

$\sum M_b$——节点左右梁端截面逆时针或顺时针方向组合的弯矩设计值之和；

η_c——框架柱端弯矩增大系数，二级框架取 1.5。

另外，为了避免框架柱脚过早屈服，二级框架结构的底层柱下端截面组合的弯矩设计值，应乘以增大系数 1.5。

由表 2-15 可知：第一1～4 层柱端截面组合的弯矩设计值应进行调整，第 5 层柱端截面组合的弯矩设计值不需调整。

① 参考《建筑抗震设计规范》GB 50011—2010（2016 年版）第 6.2.2 和 6.2.3 节的规定：一、二、三、四级框架的梁柱节点处，除框架顶层和柱轴压比小于 0.15 者及框支梁与框支柱的节点外，柱端组合的弯矩设计值应符合规范公式（6.2.2-1）要求。一、二、三、四级框架结构的底层，柱下端截面组合的弯矩设计值，应分别乘以增大系数 1.7、1.5、1.3 和 1.2。底层柱纵向钢筋应按上下端的不利情况配置。

柱轴压比计算 **表 2-15**

层次	柱号	截面位置	N (kN)	f_c (MPa)	b (mm)	h (mm)	$\mu_N=\frac{N}{f_cA}$	柱弯矩调整 $\mu_N>0.15$	轴压比限值 $\mu_N<0.75$
五层	A/D	柱顶	409.40	14.3	550	550	0.095	不需调整	满足
		柱底	447.50	14.3	550	550	0.103	不需调整	满足
	B/C	柱顶	449.37	14.3	550	550	0.104	不需调整	满足
		柱底	487.47	14.3	550	550	0.113	不需调整	满足
四层	A/D	柱顶	888.18	14.3	550	550	0.205	需调整	满足
		柱底	922.65	14.3	550	550	0.213	需调整	满足
	B/C	柱顶	945.20	14.3	550	550	0.219	需调整	满足
		柱底	979.67	14.3	550	550	0.226	需调整	满足
三层	A/D	柱顶	1376.02	14.3	550	550	0.318	需调整	满足
		柱底	1410.50	14.3	550	550	0.326	需调整	满足
	B/C	柱顶	1402.87	14.3	550	550	0.324	需调整	满足
		柱底	1437.34	14.3	550	550	0.332	需调整	满足
二层	A/D	柱顶	1880.82	16.7	600	550	0.341	需调整	满足
		柱底	1918.44	16.7	600	550	0.348	需调整	满足
	B/C	柱顶	1829.75	16.7	600	550	0.332	需调整	满足
		柱底	1867.37	16.7	600	550	0.339	需调整	满足
一层	A/D	柱顶	2298.20	16.7	600	550	0.417	需调整	满足
		柱底	2339.78	16.7	600	550	0.425	需调整	满足
	B/C	柱顶	2253.44	16.7	600	550	0.409	需调整	满足
		柱底	2295.02	16.7	600	550	0.416	需调整	满足
地下一层	A/D	柱顶	2726.99	16.7	600	550	0.495	需调整	满足
		柱底	2768.57	16.7	600	550	0.502	需调整	满足
	B/C	柱顶	3897.73	16.7	600	550	0.707	需调整	满足
		柱底	3939.31	16.7	600	550	0.715	需调整	满足

3. 柱端截面组合的剪力设计值调整

抗震设计中，框架柱端截面组合的剪力设计值应按下式调整①：

$$V=\eta_{vc}\frac{M_c^b+M_c^t}{H_n} \tag{2-17}$$

式中 V——柱端截面组合的剪力设计值；

H_n——柱净高；

M_c^t、M_c^b——分别为柱的上下端顺时针或逆时针方向截面组合的弯矩设计值；

η_{vc}——柱端剪力增大系数，二级框架柱取 1.3。

---

① 参考《建筑抗震设计规范》GB 50011—2010（2016 年版）第 6.2.5 节的规定：一、二、三、四级的框架柱和框支柱组合的剪力设计值应按规范公式（6.2.5-1）调整。

2.7.3 框架梁的截面设计

根据内力组合及调整后的最不利内力，进行截面配筋计算与构造。其相关的设计参数如下：

建筑结构安全等级为二级（$\gamma_0=1.0$），框架的抗震等级为二级；

混凝土：梁、板均为C30，第一1～2层的柱为C35，第3～5层的柱为C30、C30（$f_c=14.3\text{N/mm}^2$，$f_t=1.43\text{N/mm}^2$）、C35（$f_c=16.7\text{N/mm}^2$，$f_t=1.57\text{N/mm}^2$）；

混凝土保护层厚度：梁、柱均取20mm，板取15mm；

纵筋：HRB400（$f_y=360\text{N/mm}^2$，$f'_y=360\text{N/mm}^2$）；

箍筋：HRB400（$f_y=360\text{N/mm}^2$）。

1. 框架梁的正截面受弯承载力计算

以第5层AB跨梁为例，说明计算方法和过程，其余梁的计算过程可采用Excel电子表格计算。

对于现浇框架梁，当梁的下部受拉时可按T形截面计算，当梁的上部受拉时可按矩形截面计算。

1）第五层AB跨梁的跨中截面

设计内力：$M=179.91\text{kN}\cdot\text{m}$（无震组合），$\gamma_0=1.0$；$b=300\text{mm}$，$h=650\text{mm}$，$h_0=650-40=610\text{mm}$。

（1）按T形单筋截面梁设计，则 $b'_f=\min\left(\dfrac{l_0}{3},\ b+s_n,\ b+12h'_f\right)$①。

其中，$\dfrac{l_0}{3}=\dfrac{7800}{3}=2600\text{mm}$；

$b+s_n=300+[3900-0.5\times(250+300)]=3925\text{mm}$；

$h'_f/h_0=110/(650-40)=0.18>0.1$，可不考虑 $b+12h'_f$。

所以，$b'_f=2600\text{mm}$。

（2）判断T形梁类型：$\alpha_1 f_c b'_f h'_f\left(h_0-\dfrac{h'_f}{2}\right)=1.0\times14.3\times2600\times110\times\left(610-\dfrac{110}{2}\right)\times10^{-6}=2269.84\text{kN}\cdot\text{m}>179.91\text{kN}\cdot\text{m}$，故属第Ⅰ类T形截面，以 b'_f 代替 b。

$$\alpha_s=\frac{\gamma_0 M}{\alpha_1 f_c b'_f h_0^2}=\frac{1.0\times179.91\times10^6}{1.0\times14.3\times2600\times610^2}=0.013$$

$$\zeta=1-\sqrt{1-2\alpha_s}=0.013<\zeta_b=0.518$$

$$A_s=\frac{\alpha_1 f_c b'_f \zeta h_0}{f_y}=\frac{1.0\times14.3\times2600\times0.013\times610}{360}=824.39\text{mm}^2$$

（3）跨中截面下部实配纵筋：2Φ22+1Φ18，$A_s=1014\text{mm}^2$。

$$\rho=\frac{A_s}{bh_0}\frac{1014}{300\times610}=0.55\%>\rho_{\min}=\left[0.2\%\frac{h}{h_0},\ 0.45\frac{f_t}{f_y}\cdot\frac{h}{h_0}\right]_{\max}=0.2\%\text{，满足。}$$

---

① 参考《混凝土结构设计规范》GB 50010—2010第5.2.4节的规定：对现浇楼盖和装配整体式楼盖，宜考虑楼板作为翼缘对梁刚度和承载力的影响。梁受压区有效翼缘计算宽度可按规范表5.2.4所列情况中的最小值取用；也可采用梁刚度增大系数法近似考虑，刚度增大系数应根据梁有效翼缘尺寸与梁截面尺寸的相对比例确定。

2）第五层 AB 跨梁的左端支座截面

设计内力：$M=-156.13\text{kN}\cdot\text{m}$（有震组合），$\gamma_{RE}=0.75$。

（1）按矩形单筋截面梁设计：

$$h_0=650-40=610\text{mm}$$

$$\alpha_s=\frac{\gamma_{RE}M}{\alpha_1 f_c bh_0^2}=\frac{0.75\times156.13\times10^6}{1.0\times14.3\times300\times610^2}=0.073$$

$$\zeta=1-\sqrt{1-2\alpha_s}=0.076<\zeta_b=0.35$$

$$A_s=\frac{\alpha_1 f_c b\zeta h_0}{f_y}=\frac{1.0\times14.3\times300\times0.076\times610}{360}=552.46\text{mm}^2$$

（2）左端支座截面上部实配纵筋：4Φ18，$A_s=1017\text{mm}^2$。

$\rho=\frac{A_s}{bh_0}\frac{1017}{300\times610}=0.56\%>\rho_{min}=\left[0.2\%\frac{h}{h_0},\ 0.45\frac{f_t}{f_y}\cdot\frac{h}{h_0}\right]_{max}=0.2\%$，且 $\rho<\rho_{max}=2.5\%$，满足要求。

（3）左端支座截面下部实配纵筋：2Φ22+1Φ18，$A_s=1014\text{mm}^2$。

为方便施工，可将框架梁跨中的下部纵筋直接伸入支座。抗震设计时，梁端截面的下部和上部纵筋面积的比值不应小于 0.3。

$\frac{A'_s}{A_s}=\frac{1014}{1017}=0.997>0.3$，满足要求。

3）第五层 AB 跨梁的右端支座截面

设计内力：$M=-168.27\text{kN}\cdot\text{m}$（有震组合），$\gamma_{RE}=0.75$。

（1）按矩形单筋截面梁设计：

$$h_0=650-40=610\text{mm}$$

$$\alpha_s=\frac{\gamma_{RE}M}{\alpha_1 f_c bh_0^2}=\frac{0.75\times168.27\times10^6}{1.0\times14.3\times300\times610^2}=0.079$$

$$\zeta=1-\sqrt{1-2\alpha_s}=0.082<\zeta_b=0.35$$

$$A_s=\frac{\alpha_1 f_c b\zeta h_0}{f_y}=\frac{1.0\times14.3\times300\times0.082\times610}{360}=598.946\text{mm}^2$$

（2）右端支座截面上部实配纵筋：4Φ18，$A_s=1017\text{mm}^2$。

$\rho=\frac{A_s}{bh_0}\frac{1017}{300\times610}=0.56\%>\rho_{min}=\left[0.2\%\frac{h}{h_0},\ 0.45\frac{f_t}{f_y}\cdot\frac{h}{h_0}\right]_{max}=0.2\%$，且 $\rho<\rho_{max}=2.5\%$，满足要求。

（3）左端支座截面下部实配纵筋：2Φ22+1Φ18，$A_s=1014\text{mm}^2$。

为方便施工，可将框架梁跨中的下部纵筋直接伸入支座。抗震设计时，梁端截面的下部和上部纵筋面积的比值不应小于 0.3。

$\frac{A'_s}{A_s}=\frac{1014}{1017}=0.997>0.3$，满足要求。

2. 框架梁的斜截面受剪承载力计算

以第5层AB跨梁为例，说明计算方法和过程，其余梁的计算过程可采用Excel电子表格计算。

设计内力：$V=139.15\text{kN}$（有震组合），$\gamma_{RE}=0.85$。

1）验算截面尺寸①

$$\frac{h'_w}{b}=\frac{610}{300}=2.03<4,\ \frac{l_n}{h}=\frac{7800-550}{650}=11.15>2.5$$

$\dfrac{1}{\gamma_{RE}}(0.20\beta_c f_c bh_0)=\dfrac{1}{0.85}\times0.20\times1.0\times14.3\times300\times610\times10^{-3}=615.74\text{kN}>V$，故截面尺寸满足要求。

2）验算是否需计算配箍

$\dfrac{1}{\gamma_{RE}}(0.6\alpha_{cv}f_t bh_0)=\dfrac{1}{0.85}\times0.6\times0.7\times1.43\times300\times610\times10^{-3}=93.42\text{kN}<V$，故按计算配置箍筋。

3）计算配筋箍

$$\frac{nA_{sv1}}{s}\geqslant\frac{\gamma_{RE}V-0.6\alpha_{CV}f_t bh_0}{f_{yv}h_0}=\frac{0.85\times139.15\times10^3-0.6\times0.7\times1.43\times300\times610}{360\times610}=0.038$$

采用双肢箍Φ8@200，则：

$$\frac{nA_{sv1}}{s}=\frac{2\times50.3}{200}=0.503\text{mm}^2/\text{mm}>0.038\text{mm}^2/\text{mm}$$，满足。

箍筋配筋率：

$$\rho_{sv}=\frac{nA_{sv1}}{bs}=\frac{2\times50.3}{300\times200}=0.17\%>0.28\frac{f_t}{f_{yv}}=0.28\times\frac{1.43}{360}=0.11\%$$，满足。

4）实际配箍

根据相关构造要求，该框架梁非加密区双肢箍Φ8@200，梁端加密区双肢箍Φ8@200，加密区长度1000mm。

梁的结构施工图见二维码2-6。

二维码2-6
梁结构施工图

2.7.4 框架柱的截面设计

根据内力组合及调整后的最不利内力，进行截面配筋计算与构造。其相关的设计参数如下：

建筑结构安全等级为二级（$r_0=1.0$），框架的抗震等级为二级；

混凝土：第一1～2层的柱为C35，第3～5层的柱为C30、C30（$f_c=14.3\text{N/mm}^2$，$f_t=1.43\text{N/mm}^2$）、C35（$f_c=16.7\text{N/mm}^2$，$f_t=1.57\text{N/mm}^2$）；

混凝土保护层厚度：柱取20mm；

纵筋和箍筋：HRB400（$f_y=360\text{N/mm}^2$，$f'_y=360\text{N/mm}^2$）。

① 参考《混凝土结构设计规范》GB 50010—2010第11.3.1和11.3.3～11.3.9条的规定：各构件的截面须严格按照规范进行受压、受弯、受剪等验算。

1. 轴压比验算

该框架各柱的轴压比均小于限值（0.75），均满足要求。①

2. 柱的正截面承载力计算

以第5层A柱为例，说明计算方法和过程。

该柱有六组最不利内力见表2-16。

A柱有六组最不利内力 **表2-16**

层次	柱号	截面位置	内力	$\|M\|_{max}$及相应的N	$\|N\|_{min}$及相应的M	$\|N\|_{max}$及相应的M
五层	A柱	柱顶	M	210.31	−38.89	−142.49
			N	−409.40	−369.20	−442.59
		柱底	M	146.63	44.19	110.97
			N	−447.50	−407.30	−485.45

注：1. 弯矩M以右侧受拉为正，轴力N以拉为正，但$|M|_{max}$和$|M|_{调整}$列的弯矩已取绝对值；

2. 图中灰色填充表格表示无震组合，否则为有震组合。

采用对称配筋，$\zeta_b=0.518$，$\gamma_{RE}=0.75$（且轴压比小于0.15）。

1）$|M|_{max}$及相应的N

设计内力：$|M|_{max}=210.31\text{kN}\cdot\text{m}$，$N=409.40\text{kN}$，有震组合，$\gamma_{RE}|M|_{max}=0.75\times210.31=157.73\text{kN}\cdot\text{m}$，$\gamma_{RE}N=0.75\times409.40=307.05\text{kN}$。

由于在框架柱内力组合表、柱端截面组合的弯矩及剪力设计值调整中，$|M|_{max}$和$|M|_{调整}$列的弯矩已取绝对值，故需查框架柱内力组合表，找出下列弯矩的实际正负号：

$$M_1=146.63\text{kN}\cdot\text{m},M_2=-210.31\text{kN}\cdot\text{m}$$

$$l_0=1.25H=1.25\times4.2=5.25\text{m},\ l_c=4.2\text{m},\ h_0=550-40=510\text{mm}$$

$$i=\sqrt{\frac{550\times550^3}{12\times550\times550}}=158.77\text{mm}$$

当$\left|\frac{M_1}{M_2}\right|=\left|\frac{146.63}{-210.31}\right|=|-0.697|<0.9$且轴压比小于0.9时，如果下式：

$$\frac{l_c}{i}=\frac{4200}{158.7}=26.47<34-12\frac{M_1}{M_2}=34-12\times(-0.697)=42.36$$

则不需考虑轴向压力在挠曲杆件中产生的附加弯矩。

$$e_0=\frac{M}{N}=\frac{210.31\times10^6}{409.40\times10^3}=514\text{mm},e_a=\max\left(\frac{h}{30},20\right)=\max\left(\frac{550}{30},20\right)=20\text{mm}$$

$e_i=e_0+e_a=514+20=534\text{mm}>0.3h=0.3\times550=165\text{mm}$，先按大偏压考虑

$$e=\eta e_i+\frac{h}{2}-a_s=1.0\times534+\frac{550}{2}-40=769\text{mm}$$

由于对称配筋，故$\zeta=\frac{x}{h_0}=\frac{\gamma_{RE}N}{\alpha_1 f_c bh_0}=\frac{307.05\times10^3}{1\times14.3\times550\times510}=0.077<0.518$

① 本参考《混凝土结构设计规范》GB 50010—2010第11.4.16节的规定：一、二、三、四级抗震等级的各类结构的框架柱、框支柱，其轴压比不宜大于规范表11.4.16规定的限值。对V类场地上较高的高层建筑，柱轴压比限值应适当减小。

故属于正常大偏心受压情况，因此：

$$A_s=A'_s=\frac{\gamma_{RE}Ne-\alpha_1 f_c bh_0^2\zeta(1-0.5\zeta)}{f'_y(h_0-a'_s)}$$

$$=\frac{307.05\times10^3\times769-1\times14.3\times550\times510^2\times0.077\times(1-0.5\times0.077)}{360\times(510-40)}$$

$$=500\text{mm}^2$$

2）N_{min} 及相应的 M

设计内力：$N=369.20\text{kN}$，$M=38.89\text{kN}\cdot\text{m}$，有震组合，$\gamma_{RE}M=0.75\times38.89=29.17\text{kN}\cdot\text{m}$，$\gamma_{RE}N=0.75\times369.20=276.90\text{kN}$。

查框架柱内力组合表，找出下列弯矩的实际正负号：

$$M_1=-38.89\text{kN}\cdot\text{m},\ M_2=44.19\text{kN}\cdot\text{m}$$

$$l_0=1.25H=1.25\times4.2=5.25\text{m},\ l_c=4.2\text{m},\ h_0=550-40=510\text{mm}$$

$$i=\sqrt{\frac{550\times550^3}{12\times550\times550}}=158.77\text{mm}$$

当 $\left|\frac{M_1}{M_2}\right|=\left|\frac{-38.89}{44.19}\right|=|-0.88|<0.9$，且轴压比小于 0.9 时，如果下式：

$$\frac{l_c}{i}=\frac{4200}{158.7}=26.47<34-12\frac{M_1}{M_2}=34-12\times(-0.88)=44.56$$

则不需考虑轴向压力在挠曲杆件中产生的附加弯矩。

$$e_0=\frac{M}{N}=\frac{38.89\times10^6}{369.20\times10^3}=105\text{mm},\ e_a=\max\left(\frac{h}{30},\ 20\right)=\max\left(\frac{550}{30},\ 20\right)=20\text{mm}$$

$e_i=e_0+e_a=105+20=125\text{mm}<0.3h=0.3\times550=165\text{mm}$，按小偏压考虑

由于对称配筋，$A_s=A'_s$，$f_y=f'_y$，且：

$$N_b=\alpha_1 f_c bh_0\xi_b=1\times14.3\times550\times510\times0.518\times10^{-3}=2077.78\text{kN}$$

故按构造要求配筋：

$$A_s=A'_s=\rho_{min}bh_0=0.2\%\times550\times510=561\text{mm}^2$$

3）N_{max} 及相应的 M

设计内力：$N=485.45\text{kN}$，$M=110.97\text{kN}\cdot\text{m}$，无震组合。

查框架柱内力组合表，找出下列弯矩的实际正负号：

$$M_1=110.97\text{kN}\cdot\text{m},\ M_2=-14249\text{kN}\cdot\text{m}$$

$$l_0=1.25H=1.25\times4.2=5.25\text{m}^{①}$$

$$l_c=4.2\text{m},\ h_0=550-40=510\text{mm}$$

$$i=\sqrt{\frac{550\times550^3}{12\times550\times550}}=158.77\text{mm}$$

---

① 参考《混凝土结构设计规范》GB 50010—2010 第 6.2.20 节的规定：轴心受压和偏心受压柱的计算长度 l_0 可按规范规定确定。

当$\left|\dfrac{M_1}{M_2}\right|=\left|\dfrac{110.97}{-142.49}\right|=|-0.779|<0.9$ 且轴压比小于 0.9 时，如果下式：

$$\frac{l_c}{i}=\frac{4200}{158.7}=26.47<34-12\frac{M_1}{M_2}=34-12\times(-0.779)=43.35$$

则不需考虑轴向压力在挠曲杆件中产生的附加弯矩。①

$$\frac{l_c}{i}\leqslant 34-12\frac{M_1}{M_2},\ e_0=\frac{M}{N}=\frac{110.97\times10^6}{485.45\times10^3}=229\text{mm}$$

$$e_a=\max\left(\frac{h}{30},\ 20\right)=\max\left(\frac{550}{30},\ 20\right)=20\text{mm}$$

$e_i=e_0+e_a=229+20=249\text{mm}>0.3h=0.3\times550=165\text{mm}$，先按大偏压考虑。

$$e=\eta e_i+\frac{h}{2}-a_s=1.0\times249+\frac{550}{2}-40=484\text{mm}②$$

由于对称配筋，故 $\zeta=\dfrac{x}{h_0}=\dfrac{N}{\alpha_1 f_c bh_0}=\dfrac{485.45\times10^3}{1\times14.3\times550\times510}=0.121<0.518$

故属于正常大偏心受压情况，因此：

$$A_s=A_s'=\frac{Ne-\alpha_1 f_c bh_0^2\zeta(1-0.5\zeta)}{f_y'(h_0-a_s')}$$

$$=\frac{485.45\times10^3\times484-1\times14.3\times550\times510^2\times0.121\times(1-0.5\times0.121)}{360\times(510-40)}$$

$$=14.22\text{mm}^2$$

4）实际配筋

综合上述三种内力组合的配筋计算结果，并考虑相关构造要求。

该柱实际选配全部纵筋为 12Φ18，四边对称配筋，每一侧为 4Φ18，单侧 $A_s=A_s'=1017\text{mm}^2$。

单侧配筋率：$\rho=\dfrac{4\times254.5}{550\times510}=0.36\%>0.2\%$

总配筋率：$\rho=\dfrac{12\times254.5}{550\times510}=1.09\%>0.85\%$

满足要求。③

3. 柱的斜截面承载力计算

以第 5 层 A 柱为例，说明计算方法和过程。

---

① 参考《混凝土结构设计规范》GB 50010—2010 第 6.2.3 节的规定：弯矩作用平面内截面对称的偏心受压构件，当同一主轴方向的杆端弯矩比不大于 0.9 且轴压比不大于 0.9 时，若构件的长细比满足规范公式 6.2.3 的要求，可不考虑轴向压力在该方向挠曲杆件中产生的附加弯矩影响。

② 参考《混凝土结构设计规范》GB 50010—2010 第 6.2.4 和 6.2.5 节的规定：除排架结构柱外，其他偏心受压构件考虑轴向压力在挠曲杆件中产生的二阶效应后控制截面的弯矩设计值，应按规范公式 6.2.4-1 计算。偏心受压构件的正截面承载力计算时，应计入轴向压力在偏心方向存在的附加偏心距 e_0，其值应取 20mm 和偏心方向截面最大尺寸的 1/30 两者中的较大值。

③ 参考《混凝土结构设计规范》GB 50010—2010 第 11.4.12 节的规定：框架柱和框支柱中全部纵向受力钢筋的配筋百分率不应小于表 11.4.12-1 规定的数值，同时，每一侧的配筋百分率不应小于 0.2；对Ⅳ类场地上较高的高层建筑，最小配筋百分率应增加 0.1。

设计内力：$V=130.71\text{kN}$，有震组合，$\gamma_{RE}=0.85$。

1）验算截面尺寸

由于框架柱的反弯点在柱层高范围内，可取剪压比：

$$\lambda=\frac{H_n}{2h_0}=\frac{4200-650}{2\times510}=3.48>3(\text{取}\ \lambda=3)$$

$$\frac{1}{\gamma_{RE}}(0.20\beta_c f_c bh_0)=\frac{1}{0.85}\times0.20\times1.0\times14.3\times550\times510\times10^{-3}=943.8\text{kN}>V$$

故截面尺寸符合要求。[①]

2）考虑地震组合的框架柱轴向压力设计值

$N=409.40\text{kN}<0.3f_cA=0.3\times14.3\times550^2\times10^{-3}=1297.73\text{kN}$，取 $N=409.40\text{kN}$。

3）计算配筋箍

$$\frac{A_{sv}}{s}\geqslant\frac{\gamma_{RE}V-\dfrac{1.05}{\lambda+1}f_t bh_0-0.056N}{f_{yv}h_0}$$

$$=\frac{0.85\times130.71\times10^3-\dfrac{1.05}{3+1}\times1.43\times550\times510-0.056\times409.40\times10^3}{360\times510}<0$$

故按构造配箍。[②]

$$V\leqslant\frac{1}{\gamma_{RE}}\left[\frac{1.05}{1+\lambda}f_t bh_0+f_{yv}\frac{A_{sv1}}{s}h_0+0.056N\right]$$

4）实际配箍

柱端箍筋加密区选配四肢箍Φ8@100，非加密区为四肢箍Φ8@150。

柱端加密区长度：

$$\left\{H_c,\ \frac{H_n}{6},\ 500\right\}_{max}=\left\{550,\ \frac{1}{6}\times(3550-650),\ 500\right\}_{max}=591\text{mm}，取\ 600\text{mm}。$$

查轴压比计算表得：$\mu_N=0.095<0.3$。

查《混凝土规范》得：柱箍筋加密区的最小配箍特征值 $\lambda_v=0.08$[③]。

加密区：$\rho_v=\dfrac{n_1A_{s1}l_1+n_2A_{s2}l_2}{A_{cor}s}=\dfrac{4\times50.3\times510+4\times50.3\times510}{510\times510\times100}=0.79\%\geqslant\dfrac{\lambda_v f_c}{f_{yv}}=\dfrac{0.08\times16.7}{360}=0.37\%$ 且对于二级框架 $\rho_v>0.6\%$，符合要求。

非加密区：$\rho_v=\dfrac{n_1A_{s1}l_1+n_2A_{s2}l_2}{A_{cor}s}=\dfrac{4\times50.3\times510+4\times50.3\times510}{510\times510\times150}=0.53\%\geqslant\dfrac{1}{2}\times$

---

① 参考《混凝土结构设计规范》GB 50010—2010 第 11.4.6 节的规定：考虑地震组合的矩形截面框架柱和框支柱，其受剪截面应符合下列条件：剪跨比大于 2 的框架柱或框支柱和剪跨比不大于 2 的框架柱。

② 参考《混凝土结构设计规范》GB 50010—2010 第 11.4.7 节的规定：考虑地震组合的矩形截面框架柱和框支柱，其斜截面受剪承载力应符合规范公式 11.4.7 的规定。

③ 参考《混凝土结构设计规范》GB 50010—2010 第 11.4.17 节的规定：箍筋加密区箍筋的体积配筋率应符合规范规定。

0.79%=0.395%，且对于二级框架 $s\leqslant 10d=10\times 18=180\mathrm{mm}$，符合要求。

综上所述，该柱的实际配箍满足要求。①

其余柱的手工计算过程略。

柱的平面施工图和配筋图详见二维码 2-7 和二维码 2-8。

二维码 2-7 柱结构施工图

二维码 2-8 柱结构配筋图

2.7.5 框架节点核心区抗震验算

选取框架底层、顶层的端节点和中间节点，分别进行核心区抗震受剪承载力验算。

1. 顶层端节点

1）节点核心区的剪力设计值

$$V_j=\frac{\eta_{jb}\sum M_b}{h_{b0}-a'_s}=\frac{1.35\times(156.13\times 10^3+0)}{610-40}=369.78\mathrm{kN}$$

2）节点核心区的受剪水平截面验算

$$V_j\leqslant\frac{1}{\gamma_{RE}}(0.3\eta_j\beta_c f_c b_j h_j)$$

$$=\frac{1}{0.85}\times(0.3\times 1.0\times 1.0\times 14.3\times 550\times 550)\times 10^{-3}=1526.74\mathrm{kN}$$

符合要求。

3）节点的抗震受剪承载力验算

$$V_i\leqslant\frac{1}{\gamma_{RE}}\left(1.1\eta_j f_t b_j h_j+0.05\eta_j N\frac{b_j}{b_c}+f_{yv}A_{svj}\frac{h_{b0}-a'_s}{s}\right)$$

$$=\frac{1}{0.85}\times\left(1.1\times 1.0\times 1.43\times 550\times 550+0.05\times 1.0\times 0\times 10^3\times\frac{550}{550}+\right.$$

$$\left.360\times 201.2\times\frac{610-40}{100}\right)\times 10^{-3}=1045.52\mathrm{kN}$$

符合要求。

综上所述，此节点核心区抗震受剪承载力验算满足要求。

2. 顶层中间节点

1）节点核心区的剪力设计值

$$V_j=\frac{\eta_{jb}\sum M_b}{h_{b0}-a'_s}=\frac{1.35\times(168.27+8.43)\times 10^3}{610-40}=418.5\mathrm{kN}$$

2）节点核心区的受剪水平截面验算

$$V_j\leqslant\frac{1}{\gamma_{RE}}(0.3\eta_j\beta_c f_c b_j h_j)$$

$$=\frac{1}{0.85}\times(0.3\times 1.5\times 1.0\times 14.3\times 550\times 550)\times 10^{-3}=2290.11\mathrm{kN}$$

① 参考《混凝土结构设计规范》GB 50010—2010 第 11.4.18 节的规定：在箍筋加密区外，箍筋的体积配筋率不宜小于加密区配筋率的一半；对一、二级抗震等级，箍筋间距不应大于 $10d$；对三、四级抗震等级，箍筋间距不应大于 $15d$，此处，d 为纵向钢筋直径。

符合要求。

3）节点的抗震受剪承载力验算

$$V_i \leqslant \frac{1}{\gamma_{RE}}\left(1.1\eta_j f_t b_j h_j + 0.05\eta_j N \frac{b_j}{b_c} + f_{yv} A_{svj} \frac{h_{b0}-a'_s}{s}\right)$$

$$= \frac{1}{0.85} \times \left(1.1 \times 1.5 \times 1.43 \times 550 \times 550 + 0.05 \times 1.0 \times 0 \times 10^3 \times \frac{550}{550} + 360 \times 201.2 \times \frac{610-40}{100}\right) \times 10^{-3} = 1325.42\text{kN}$$

符合要求。

综上所述，此节点核心区抗震受剪承载力验算满足要求。

3. 底层端节点

1）节点核心区的剪力设计值

$$V_j = \frac{\eta_{jb}\sum M_b}{h_{b0}-a'_s}\left(1-\frac{h_{b0}-a'_s}{H_c-h_b}\right) = \frac{1.35 \times (472.05+0) \times 10^3}{610-40} \times \left(1-\frac{610-40}{3500-650}\right)$$

$$= 894.41\text{kN}$$

2）节点核心区的受剪水平截面验算

$$V_j \leqslant \frac{1}{\gamma_{RE}}(0.3\eta_j \beta_c f_c b_j h_j)$$

$$= \frac{1}{0.85} \times (0.3 \times 1.0 \times 1.0 \times 16.7 \times 600 \times 550) \times 10^{-3} = 1945.06\text{kN}$$

符合要求。

3）节点的抗震受剪承载力验算

$$V_i \leqslant \frac{1}{\gamma_{RE}}\left(1.1\eta_j f_t b_j h_j + 0.05\eta_j N \frac{b_j}{b_c} + f_{yv} A_{svj} \frac{h_{b0}-a'_s}{s}\right)$$

$$= \frac{1}{0.85} \times \left(1.1 \times 1.0 \times 1.57 \times 550 \times 600 + 0.05 \times 1.0 \times 1740.20 \times 10^3 \times \frac{550}{550} + 360 \times 201.2 \times \frac{610-40}{100}\right) \times 10^{-3} = 1258.57\text{kN}$$

符合要求。

综上所述，此节点核心区抗震受剪承载力验算满足要求。

4. 底层中间节点

1）节点核心区的剪力设计值

$$V_j = \frac{\eta_{jb}\sum M_b}{h_{b0}-a'_s}\left(1-\frac{h_{b0}-a'_s}{H_c-h_b}\right) = \frac{1.35 \times (433.79+257.42) \times 10^3}{610-40} \times \left(1-\frac{610-40}{3500-575}\right)$$

$$= 1318.06\text{kN}$$

2）节点核心区的受剪水平截面验算

$$V_j \leqslant \frac{1}{\gamma_{RE}}(0.3\eta_j \beta_c f_c b_j h_j)$$

$$= \frac{1}{0.85} \times (0.3 \times 1.5 \times 1.0 \times 16.7 \times 600 \times 550) \times 10^{-3} = 2917.59\text{kN}$$

符合要求。

3）节点的抗震受剪承载力验算

$$V_i \leqslant \frac{1}{\gamma_{RE}}\left(1.1\eta_j f_t b_j h_j + 0.05\eta_j N\frac{b_j}{b_c} + f_{yv}A_{svj}\frac{h_{b0}-a'_s}{s}\right)$$

$$=\frac{1}{0.85}\times\left(1.1\times1.5\times1.57\times550\times600+0.05\times1.5\times2295.02\times10^3\times\frac{550}{550}+\right.$$

$$\left.360\times201.2\times\frac{535-40}{100}\right)\times10^{-3}=1630.04\text{kN}$$

符合要求。

综上所述，此节点核心区抗震受剪承载力验算满足要求。①

其余梁柱节点的抗震受剪承载力验算过程略。

2.8 楼梯设计

2.8.1 设计资料

根据建筑施工图，对第1～2轴线之间的楼梯进行设计。楼梯开间为3.9 m，进深7.8 m，梯段宽1775mm，梯井宽150mm。每层楼梯间均设计为等跑楼梯，其中地下室、底层和顶层的层高为4.2m，其余层的层高为3.8m。

梯段板设计如下：

TB1：楼层高4.2m，每跑13级踏步，12个踏面，梯段水平投影长3240mm；

TB3：楼层高3.8m，每跑12级踏步，11个踏面，梯段水平投影长2970mm。

楼梯做法：磨光花岗石铺面。

混凝土采用C30，钢筋均采用HRB400。

楼梯结构施工及配筋图见二维码2-9。

二维码2-9
楼梯结构施工图

2.8.2 梯段板设计

1. 板厚确定

1）梯段板TB1

梯段板的水平投影净长 $l_n=3240\text{mm}$，竖向投影净高2100mm；

梯段板的倾斜角 $\tan\alpha=2100/3240=0.598$，$\cos\alpha=0.839$；

梯段板的斜向净长 $l'_n=\frac{l_n}{\cos\alpha}=\frac{3240}{0.839}=3861\text{mm}$；

梯段板厚度 $h=\left(\frac{1}{30}\sim\frac{1}{25}\right)l'_n=\left(\frac{1}{30}\sim\frac{1}{25}\right)\times3861=128\sim154\text{mm}$；

故梯段板TB1取 $h=130\text{mm}$。

① 参考《混凝土结构设计规范》GB 50010—2010第11.6.1节的规定：一、二、三级抗震等级的框架应进行节点核心区抗震受剪承载力验算；四级抗震等级的框架节点可不进行计算，但应符合抗震构造措施的要求。框支柱中间层节点的抗震受剪承载力验算方法及抗震构造措施与框架中间层节点相同。

2）梯段板 TB3

梯段板的水平投影净长 $l_n=2970\text{mm}$，竖向投影净高 1900mm；

梯段板的倾斜角 $\tan\alpha=1900/2970=0.640$，$\cos\alpha=0.842$；

梯段板的斜向净长 $l'_n=\dfrac{l_n}{\cos\alpha}=\dfrac{2970}{0.842}=3526\text{mm}$；

梯段板厚度 $h=\left(\dfrac{1}{30}\sim\dfrac{1}{25}\right)l'_n=\left(\dfrac{1}{30}\sim\dfrac{1}{25}\right)\times3526=117\sim141\text{mm}$；

故梯段板 TB3 取 $h=120\text{mm}$。

2. 荷载计算

楼梯可变荷载标准值：$q_k=3.5\text{kN/m}^2$。

梯段板永久荷载标准值：

1）梯段板 TB1

20 厚花岗石铺面灌稀水泥砂浆擦缝	$28\times0.02=0.56\text{kN/m}^2$
30 厚 1∶2 干硬性水泥砂浆结合层	$20\times0.03=0.6\text{kN/m}^2$
130 厚现浇钢筋混凝土楼板	$25\times0.13=3.25\text{kN/m}^2$
20 厚板底抹灰平顶	$17\times0.02=0.34\text{kN/m}^2$
合计	4.75kN/m^2

故，$g+q=1.2g_k+1.4q_k=1.2\times4.75+1.4\times3.5=10.6\text{kN/m}$。

2）梯段板 TB3

20 厚花岗石铺面灌稀水泥砂浆擦缝	$28\times0.02=0.56\text{kN/m}^2$
30 厚 1∶2 干硬性水泥砂浆结合层	$20\times0.03=0.6\text{kN/m}^2$
120 厚现浇钢筋混凝土楼板	$25\times0.12=3.00\text{kN/m}^2$
20 厚板底抹灰平顶	$17\times0.02=0.34\text{kN/m}^2$
合计	4.50kN/m^2

故，$g+q=1.2g_k+1.4q_k=1.2\times4.5+1.4\times3.5=10.3\text{kN/m}$。

3. 计算简图

设计成板式楼梯，取 1m 宽板带作为计算单元，梯段板可视为简支斜梁计算。

4. 截面设计

1）梯段板 TB1

弯矩设计值：$M=\dfrac{1}{10}(g+q)l_n^2=\dfrac{1}{10}\times10.6\times3.24^2=11.13\text{kN}\cdot\text{m}$。

板的有效高度：$h_0=130-20=110\text{mm}$。

$$\alpha_s=\frac{M}{\alpha_1 fbh_0^2}=\frac{11.13\times10^6}{1.0\times14.3\times1000\times110^2}=0.064$$

$$\xi=1-\sqrt{1-2\alpha_s}=0.067$$

$$A_s=\frac{\alpha_1 f_c b\xi h_0}{f_y}=\frac{1\times14.3\times1000\times0.067\times110}{360}=291\text{mm}^2$$

根据以上计算结果和相关构造要求，

板底纵向受力钢筋：选配Φ12@120，$A_s=1055\text{mm}^2$。

板顶纵向受力钢筋：选配Φ12@200，$A_s=678\text{mm}^2$。

横向分布筋：选配Φ8@200。

2）梯段板 TB3

弯矩设计值：$M=\frac{1}{10}(g+q)l_n^2=\frac{1}{10}\times10.3\times2.97^2=9.09\text{kN}\cdot\text{m}$。

板的有效高度：$h_0=120-20=100\text{mm}$。

$$\alpha_s=\frac{M}{\alpha_1 fbh_0^2}=\frac{9.09\times10^6}{1.0\times14.3\times1000\times100^2}=0.0635$$

$$\xi=1-\sqrt{1-2\alpha_s}=0.0657$$

$$A_s=\frac{\alpha_1 f_c b\xi h_0}{f_y}=\frac{1\times14.3\times1000\times0.0657\times100}{360}=261\text{mm}^2$$

根据以上计算结果和相关构造要求：

板底纵向受力钢筋：选配Φ12@150，$A_s=866\text{mm}^2$。

板顶纵向受力钢筋：选配Φ12@200，$A_s=678\text{mm}^2$。

横向分布筋：选配Φ8@200。

2.8.3 平台板设计

平台板的板厚取 $h=120\text{mm}$，平台梁尺寸取 200mm×400mm。

1. 荷载计算

20 厚花岗石铺面灌稀水泥砂浆擦缝	$28\times0.02=0.56\text{kN/m}^2$
30 厚 1∶2 干硬性水泥砂浆结合层	$20\times0.03=0.6\text{kN/m}^2$
120 厚现浇钢筋混凝土楼板	$25\times0.12=3.00\text{kN/m}^2$
20 厚板底抹灰平顶	$17\times0.02=0.34\text{kN/m}^2$
合计	4.50kN/m^2

故，$g+q=1.2g_k+1.4q_k=1.2\times4.50+1.4\times3.5=10.3\text{kN/m}$。

2. 计算简图

平台板为四边支承板，近似地按短跨方向的简支单向板计算，取 1m 宽板带计算。

平台板计算跨度：$l_0=1900-\frac{200}{2}+\frac{200}{2}=1900\text{mm}$。

3. 截面设计

弯矩设计值：$M=\frac{1}{10}(g+q)l_0^2=\frac{1}{10}\times10.3\times1.9^2=3.72\text{kN}\cdot\text{m}$。

板的有效高度：$h_0=120-20=100\text{mm}$。

$$\alpha_s=\frac{M}{\alpha_1 f_c bh_0^2}=\frac{3.72\times10^6}{1.0\times14.3\times1000\times100^2}=0.026$$

$$\zeta=1-\sqrt{1-2\alpha_s}=0.0263$$

$$A_s=\frac{\alpha_1 f_c b\zeta h_0}{f_y}\frac{1\times14.3\times1000\times0.0263\times100}{360}=105\text{mm}^2$$

根据以上计算结果和相关构造要求：

选配短向受力筋：Φ8@100，$A_s=553\text{mm}^2$。

选配长向分布筋：Φ8@200。

2.8.4 平台梁设计

1. 荷载计算

平台板传来荷载	4.5×1.9/2=4.28kN/m
梯段板传来荷载	4.75×3.24/2=7.7kN/m
平台梁自重	0.2×(0.4−0.12)×25=1.4kN/m
梁侧粉刷	0.02×(0.4−0.12)×17×2=0.19kN/m
合计	13.57kN/m

故，$g+q=1.2g_k+1.4q_k=1.2\times13.57+1.4\times3.5=21.184\text{kN/m}$。

2. 计算简图

平台梁的梁端搁置在楼梯间的梯柱上，可视作简支梁计算。

净跨：$l_n=3.625\text{mm}$，计算跨度：$l_0=\min\{1.05l_n, l_c\}=3.8\text{mm}$。

3. 截面设计

弯矩设计值：$M=\frac{1}{8}(g+q)l_0^2=\frac{1}{8}\times21.184\times3.8^2=38.24\text{kN}\cdot\text{m}$。

剪力设计值：$V=\frac{1}{2}\times21.184\times3.8=40.25\text{kN}$。

截面按倒 L 形计算，$b'_f=b+5h'_f=200+5\times120=800\text{mm}$。

有效高度：$h_0=400-35=365\text{mm}$。

$\alpha_1 f_c b'_f h'_f\left(h_0-\frac{h'_f}{2}\right)=1.0\times14.3\times800\times120\times\left(365-\frac{120}{2}\right)\times10^{-6}=418.7\text{kN}\cdot\text{m}>$
$38.24\text{kN}\cdot\text{m}$，

属第一类 T 形截面。

$$\alpha_s=\frac{M}{\alpha_1 f_c b'_f h_0^2}=\frac{38.24\times10^6}{1.0\times14.3\times800\times365^2}=0.025$$

$$\xi=1-\sqrt{1-2\alpha_s}=0.254<0.518$$

$$\gamma_s=0.5\times(1+\sqrt{1-2\alpha_s})=0.987$$

$$A_s=\frac{M}{\gamma_s f_y h_0}=\frac{38.24\times10^6}{0.987\times360\times365}=295\text{mm}^2$$

选配 3Φ18，$A_s=763\text{mm}^2$。

$$V=0.7\beta_h f_t b h_0=0.7\times1\times1.43\times200\times365=73.07\text{kN}>V=40.25\text{kN}$$

按构造配置箍筋，选配两肢箍Φ8@100。最后，依据以上计算结果及相关构造要求，绘制框架结构配筋图和楼梯结构配筋图。

此外，基础施工图见二维码 2-10，桩施工图见二维码 2-11。

二维码 2-10
基础施工图

二维码 2-11
桩施工图

本章小结

本章以一个钢筋混凝土框架结构为例，介绍了结构设计的手算全过程，同时还列出了设计过程中所依据的相关规范条文，便于读者在设计实践中理解并熟悉相关设计规范。

(1) 在手算过程大量借助 Excel 等处理数据，可减少简单重复的运算量，使读者融合设计原理、设计过程及规范应用等。

(2) 为了便于对照结构设计中手算与电算的异同，本章针对第 1 章的工程案例，采用与电算相同的设计参数，读者可以自行比较计算的中间结果和最终结果，以加深对工程结构设计的理解。

(3) 为了便于手工计算，将规则的空间框架简化成平面框架。限于篇幅，本书只选择其中一榀横向框架进行设计，但在实际工程中应该对所有的横向与纵向框架分别进行计算或验算，才能绘制出完整的结构施工图。而电算则是按照空间结构进行分析设计，理论上后者应该更加准确。

思考与练习题

2-1　简述钢筋混凝土框架结构设计的步骤。

2-2　框架梁、柱的截面高度和截面宽度是如何初步选取的？这些估算公式主要是为了满足构件的哪些要求？

2-3　简述竖向荷载作用下框架内力计算的步骤。

2-4　简述水平荷载作用下框架内力计算的步骤。

2-5　如何验算框架结构的侧移？

2-6　弯矩调幅的目的是什么？如何进行弯矩调幅？

2-7　一般情况下，框架梁和框架柱的控制截面分别有哪些？最不利内力组合分别有哪些？

2-8　构件抗震设计时，如何体现强柱弱梁，强剪弱弯，强节点、强锚固的设计原则？

2-9　梁的正截面承载力计算中，如何避免出现少筋梁和超筋梁破坏？

2-10　柱的正截面承载力计算中，大小偏压如何判别？

2-11　梁、柱分别有几种受剪破坏形式？设计中如何避免发生上述破坏？

2-12　梁端、柱端的箍筋为何要进行加密？如何确定梁、柱加密区长度和箍筋用量？

2-13　框架梁侧面的构造钢筋（腰筋）需何时设置？如何设置？有何作用？

2-14　框架梁和柱纵向受力钢筋的最小直径、净距、锚固长度、保护层厚度各有什么规定？

2-15　简述楼梯的设计步骤及各构件的计算简图。梁式楼梯和板式楼梯有何区别？

第3章　钢框架结构设计

本章要点及学习目标

本章要点

(1) 钢结构的内力计算方法；

(2) 钢结构的构件设计方法；

(3) 钢结构的节点设计部分。

学习目标

(1) 掌握钢框架结构的设计流程和原则；

(2) 掌握钢结构的构件截面初选原则；

(3) 掌握钢结构的构件设计方法；

(4) 掌握钢结构的节点设计方法。

本部分以钢框架结构为例，主要介绍了荷载计算、内力计算、内力组合、构件设计等内容及相应依据，展示钢结构特有的部分。由于前面已经详细讲述了建筑方案的设计，荷载的计算和统计，考虑到钢筋混凝土结构和钢结构的荷载计算、内力计算等区别不大，所以本章重点讲述钢结构的构件设计部分。

3.1　设计任务书

室内设计标高±0.000 相当于绝对标高 10.00m，室内外高差 600mm。具体可见总平面图（二维码 3-1）和建筑设计总说明（二维码 3-2）。

二维码 3-1
建筑总平面图

二维码 3-2
建筑设计总说明

3.1.1　地质资料

场地较为平整，天然地坪为绝对高程 10m。自上而下，各土层主要特征描述如下，主要物理力学指标见表 3-1。

① 层：杂填土，平均厚度约 1.6m；

② 层：粉质黏土，场区普遍分布，平均厚度约 4.5m，可塑，分布较均匀；

③ 层：粉土，场区普遍分布，平均厚度约 5.5m，可塑，分布较均匀；

④ 层：粉质黏土，厚度 1.3m，可塑，场地内分布均匀。

地下水最高水位为室外地坪下 3.00m，地下水对混凝土及混凝土中的钢筋无侵蚀性。

地质资料主要物理力学指标 表 3-1

层次	土层描述	厚度 (m)	剪切波速 (m/s)	桩的极限侧阻力标准值	地基承载力特征值 f_{ak}(kPa)
①	杂填土	1.6	135	—	—
②	粉质黏土	4.5	159	27	190
③	粉土	5.5	210	32	220
④	粉质黏土	1.3	323	27	185
⑤	粉质黏土	10.2	366	28	230
⑥	全风化粉砂质泥岩	3.4	432	40	280
⑦	强风化粉砂质泥岩	—	525	60	400

3.1.2 气象资料

(1) 温度：夏季最高 38℃，冬季最低－10℃；

(2) 主导风向：冬季为西北风，基本风压 $\omega_0=0.45\text{kN/m}^2$；

(3) 雨雪量：基本雪压 $S_0=0.35\text{kN/m}^2$。

地面粗糙类别 B 类。

3.1.3 地震资料

该区工程抗震设防烈度分区为 7 度，设计分组为第二组，建筑场地类别为Ⅱ类；场地特征周期为 0.40s，设计基本地震加速度为 0.10g。

3.1.4 主要材料

(1) 混凝土：现浇，强度等级为 C30；

(2) 钢筋：板、梁、柱的受力主筋、箍筋一律采用 HRB400 级钢筋。

(3) 填充墙：室内地面以上填充墙为陶粒混凝土砌块砌体，砌块强度等级为 MU5；砂浆采用强度等级为 M7.5 的水泥混合砂浆。

(4) 室内地面以下填充墙为普通黏土砖砌体，黏土砖强度等级为 MU10，砂浆采用强度等级为 M10 的水泥砂浆。

3.2 建筑设计

3.2.1 工程概况

本工程为中国矿业大学研究生宿舍楼钢框架结构设计，位于江苏省徐州市中国矿业大学南湖校区，建筑总高度为 20.9m，一层层高为 3.5m，二至六层层高都为 3.3m。建筑分为两个区（以抗震缝相连）；采用钢框架结构体系，具体工程信息如下：

工程名称：中国矿业大学研究生宿舍楼钢框架结构计；

建设地点：江苏省徐州市中国矿业大学南湖校区；

建筑规模：占地面积 1180m^2，建筑面积 7081m^2；

建筑层数：地上六层；

建筑高度：20.9m（室外地坪至顶层）；

建筑耐火等级：二级；

建筑安全等级：二级（设计使用年限 50 年）；

建筑结构体系：钢结构框架体系；

抗震设防烈度：7 度；

抗震设防分类：丙类（标准设防类）；

地面粗糙类别：B 类；

场地类别：Ⅱ类；

建筑气候区：暖温带季风气候区。

3.2.2 设计依据

《中国矿业大学研究生宿舍楼钢框架结构设计》相关地勘报告；

《民用建筑设计统一标准》GB 50352—2019；

《民用建筑热工设计规范》GB 50176—2016；

《建筑设计防火规范》GB 50016—2014；

《房屋建筑制图统一标准》GB/T 50001—2017；

《建筑结构制图标准》GB/T 50105—2010；

《公共建筑节能设计标准》GB 50189—2015；

《建筑结构可靠性设计统一标准》GB 50068—2018；

《建筑结构荷载规范》GB 50009—2012；

《建筑抗震设计规范》GB 50011—2010（2016 年版）；

《钢结构设计标准》GB 50017—2017；

《建筑地基基础设计规范》GB 50007—2011；

《混凝土结构设计规范》GB 50010—2010；

《高层民用建筑钢结构技术规程》JGJ 99—2015。

3.2.3 建筑平面设计

本建筑属于宿舍楼设计，为充分利用建筑面积，选择两边为房间、中间为走廊的内廊式建筑形式。在材料上采用 H 型钢梁和 H 型钢柱，为保证建筑美观要对柱子外露部分进行防火装饰材料包装，从而提高整体美感。

具体可见建筑平面图（二维码 3-3）。

二维码 3-3
建筑平面图

1. 建筑划分

以抗震缝为界，整个建筑分为一区和二区。一区底层为架空活动区域。入口大堂和值班室位于建筑一区东面，建筑南面设无障碍坡道。二区底层设学生宿舍 14 间，建筑北面设侧入口，建筑南面分别设有一间配电室和公共卫生间，二区底层设学生宿舍楼 14 间。一区标准层设学生宿舍 13 间，二区标准层设学生宿舍楼 14 间。为方便学生学习，两区交界处设有学生自习室。为了给学生提供舒适的住宿环境，学生宿舍配有独立卫生间、洗浴室以及阳台，可以提供给人们充足的亮度和较广的视野，同时可供人们在休息时可以更好地放松身心；为了满足储藏的需求，在二区南边设置有储藏室。

2. 走廊和楼梯设计

本设计走廊为内廊式，建筑二区走廊的总宽度设计为 2400mm，满足最小净宽的要求，同时满足人流量的需求。①

设置楼梯二部，分别位于建筑一区东侧，建筑二区的北侧，通行宽度为 1640mm，能够满足人流量的需求。依据要求楼梯的坡度和踏步尺寸：民用建筑舒适的坡度范围是 26°～35°，楼梯处于公共建筑中，其踏步高不得高于 180mm，此建筑设计标准层的楼梯的尺寸为踏步宽 280mm，踏步高 150mm，每一跑共有 11 个踏步。楼梯采用现浇混凝土板式结构，楼梯平台板宽度应大于通行宽度，平台梁选用现浇混凝土梁。

3.2.4 建筑立面设计

立面设计凸显建筑的设计风格，并应力求达到与城市主体环境相协调。采用米白色高级外墙涂料，以示宿舍建筑的整体美观感。建筑一区底层共有两个出入口，均设置雨篷，主出入口为轻钢雨篷，次出入口为悬挑板。建筑二区底层共有一个出入口，设置轻钢雨篷。

具体可见建筑立面图（二维码 3-4）。

二维码 3-4
建筑立面图

建筑立面设计是一个由粗到细的过程，主要从以下几点入手：

（1）尺度和比例。立面组成部分的尺度要正确，比例要协调。

（2）节奏和虚实。节奏感可以通过门窗的排列组合、墙面构件的划分表现；虚实对比则通过形体的凹凸光影效果实现。

（3）材料质感和色彩配置。

（4）细部处理。如檐口和入口处理等。

3.2.5 建筑剖面设计

建筑剖面能够充分体现建筑结构的细部情况，梁和柱的剖切尺寸依据结构计算后的尺寸决定。建筑底层的层高定为 3.5m，标准层层高定为 3.3m，可满足吊顶后的室内净高要求。剖面图中选择在有楼梯和门窗的位置处进行剖切，体现楼梯的构造和门窗过梁的构造。不上人屋面女儿墙为满足防水设计要求，高度为砌块高度 0.5m，混凝土压顶 0.1m，共计 0.6m。

具体可见建筑剖面图（二维码 3-5）。

二维码 3-5
建筑剖面图

3.2.6 建筑防火设计

分别对建筑分类、耐火等级、防火间距、防火分区、防烟分区、防

---

① 根据《办公建筑设计标准》JGJ/T 67—2019 中第 4.1.9 条规定：走道的宽度应满足防火疏散要求，对于走道长度大于 40m，且双面布局的走道宽度不小于 1800mm。

火门、防烟楼梯间、安全疏散的概念进行建筑防火设计。①

1. 建筑分类

防火规范规定高层建筑分为一类和二类，对于建筑高度不大于 24m 的民用公共建筑属于单层或多层民用建筑类。

2. 耐火等级

评定一栋建筑的耐火等级依据建筑的墙、梁、柱、楼板等承重构件和疏散楼梯几个重要构件的耐火极限和燃烧性能决定，当有一个低于标准时，整体也会降一级。一般规定钢筋混凝土结构耐火等级为一级，钢结构和钢混结构为二级，本建筑采用钢框架结构，耐火等级为二级。

3. 防火间距

为了防止着火的建筑辐射热在一定时间内引起相邻建筑的燃烧，对于建筑与周围其他建筑之间的间距也应该满足一定尺寸要求。规范规定一、二级与一、二级建筑之间的防火间距不能小于 6m，本宿舍楼其周围建筑与自身的间距都满足最小间距要求。

4. 防火分区

整体建筑采用一些防火构件将空间分隔，可以在一定时间内阻止火灾向其余空间部分的蔓延。规范规定一、二级建筑防火分区最大建筑面积为 $2500m^2$。本设计建筑面积已经超过 $2500m^2$，每两层设置为一个防火分区，每个防火分区以楼板作为分隔。

5. 防烟分区

调查表明火灾因烟气窒息死亡的人数远大于火灾本身引起的死亡，因此建筑中应设置防烟分区，使建筑具有蓄烟的能力。本建筑为多层结构无须设置防烟分区。

6. 防火门

防火要求一些部位的门应设置成防火门。

本建筑的配电间设置为甲级防火门，封闭楼梯间门设置为乙级防火门，管道井门设置为丙级防火门。防火门的开启方向为向疏散方向，位于疏散走道、楼梯间的防火门应能自行关闭。

7. 防火楼梯设置

在楼梯间入口处设有防烟前室，或设有专供排烟用的阳台、凹廊等，且通向前室和楼梯间的门均为乙级防火门的楼梯间称为防烟楼梯间。对于多层民用建筑可不设防烟楼梯间，但超过 5 层的公共建筑应设置封闭楼梯间。本建筑的楼梯间全部设置为封闭楼梯间。

8. 安全疏散

二级民用建筑位于两个安全出口之间的疏散门距离不应大于 40m，位于袋形走道两侧或尽端疏散门距离不应大于 22m，本建筑共设置二部楼梯，其间距均符合规范要求。

---

① 参考《建筑设计防火规范》GB 50016—2014 第 3.8.3 条规定：甲级防火门耐火极限不低于 1.2h，主要安装于防火分区间的防火墙上，建筑物内附设一些特殊房间的门也为甲级防火门，如燃油气锅炉房、变压器室、中间储油等；乙级防火门：耐火极限不低于 0.9h 的门为乙级防火门。防烟楼梯间和通向前室的门，高层建筑封闭楼梯间的门以及消防电梯前室或合用前室的门均应采用乙级防火门；丙级防火门耐火极限不低于 0.6h 的门为丙级防火门，建筑物中管道井、电缆井等竖向井道的检查门和高层民用建筑中垃圾道前室的门均应采用丙级防火门。

3.3 结构设计选型和方案确定

3.3.1 设计资料

具体计算过程与混凝土框架结构相同，这里不再赘述。①

本设计除特殊说明外，材料按照以下选取：

（1）钢材：梁、柱等构件均选用Q345；

（2）现浇钢筋混凝土板、基础混凝土：C35；

（3）受力钢筋：HRB400；箍筋：HRB335；

（4）内外填充墙墙均选用蒸压粉煤灰加气混凝土砌块。

3.3.2 结构方案

1. 结构选型

本工程为宿舍楼建筑，采用钢框架结构形式符合发展趋势，其设计也可以为多高层钢框架结构在集体宿舍楼的应用提供借鉴。

本工程的抗震设防类别为标准设防类，丙类建筑，地震作用和抗震措施均应符合本地区抗震设防的要求。本工程结构体系为钢框架结构，7度设防，高度小于50m，所以为四级框架。②

2. 抗震缝设置

本工程平面为不规则L形，故设计抗震缝将建筑分为两规则区。宿舍楼以抗震缝为界划分为两个区，其中，轴线①～⑤为一区；轴线⑥～⑪为二区。

对于框架结构，当房屋高度不超过15m时，防震缝宽度不应小于100mm；当高度超过15m，6度、7度、8度和9度时分别每增加高度5m、4m、3m和2m，宜加宽20mm③。需要设置防震缝的钢结构房屋，防震缝宽度不应小于相应混凝土结构房屋的1.5倍④。

本工程为钢框架结构，房屋高度20.9m，抗震设防烈度为7度，按照混凝土框架结构，应设缝宽120mm，故本工程设置缝宽：1.5×120＝180mm。

3. 结构布置

结构布置的基本原则是：简单、规则、对称。主体结构拟采用纵、横向框架混合承重方案。主框架梁沿横向布置，框架柱截面形心与纵横向轴线重合。结构平面布置图，见图3-1。

---

① 参考《建筑结构荷载规范》GB 50009—2012第4.1.1条规定：民用建筑结构主要恒荷载、活荷载标准值应按照规范中相关规定采用。

② 参考《建筑抗震设计规范》GB 50011—2010（2016年版）表6.1.2规定进行丙类建筑的抗震等级选取，要求钢结构房屋应根据设防分类、烈度和房屋高度采用不同的抗震等级，并应符合相应的计算和构造措施要求。

③ 参考《建筑抗震设计规范》GB 50011—2010（2016年版）第6.1.4条规定：框架结构（包括设置少量抗震墙的框架结构）房屋的防震缝宽度，当高度不超过15m时不应小于100mm；高度超过15m时，6度、7度、8度和9度分别每增加高度5m、4m、3m和2m，宜加宽20mm。

④ 参考根据《建筑抗震设计规范》GB 50011—2010（2016年版）第8.1.4条规定：钢结构房屋需要设置防震缝时，缝宽应不小于相应钢筋混凝土结构房屋的1.5倍。

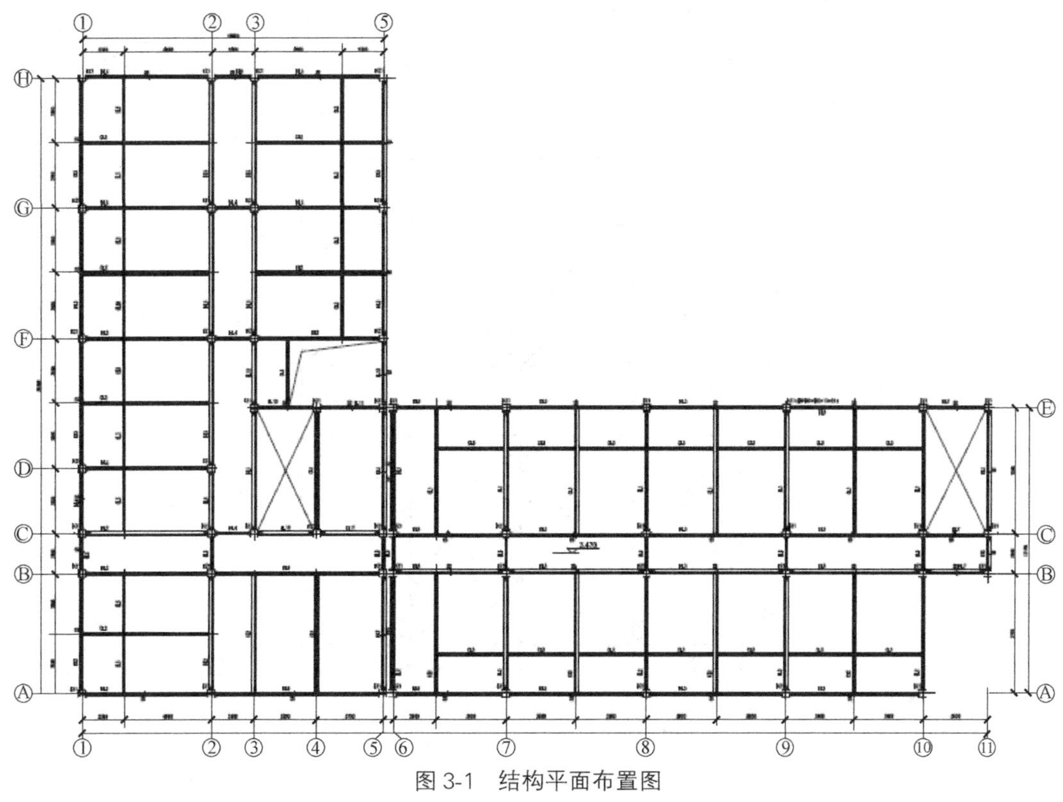

图 3-1　结构平面布置图

3.3.3 计算简图

为方便陈述，将本宿舍楼以抗震缝为界划分为两个区，其中，轴线①～⑤为一区，轴线⑥～⑪为二区。手算设计部分选取二区⑧号轴线作为一榀框架计算单元，计算简图如图 3-2 所示。

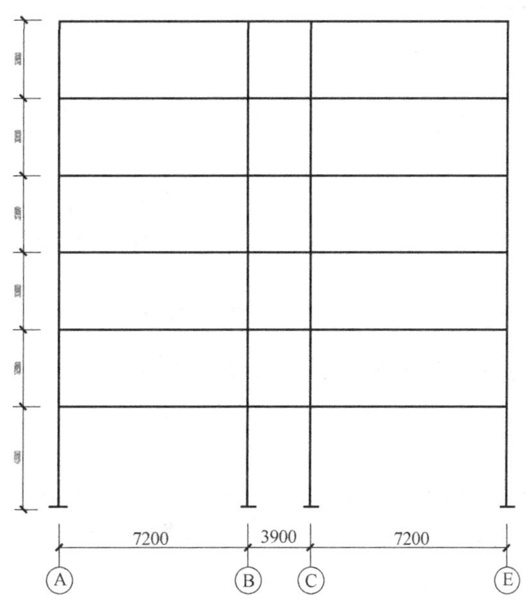

图 3-2　一榀框架简图

二区宿舍楼⑥～⑨号轴线间的竖向荷载传递简图如图 3-3 所示，板将荷传递到次梁上，次梁将承受的荷载传递给主梁；主梁作为次梁的不动支撑点，并将荷载传递给框架柱。本设计采用现浇混凝土板，将板划分为单向板、双向板分别设计。①

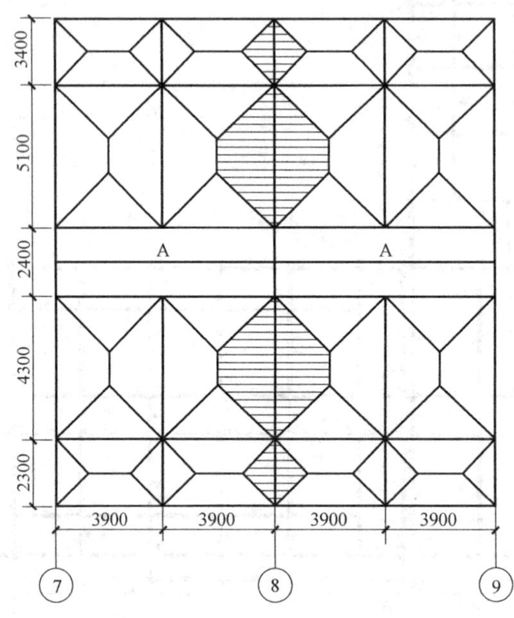

图 3-3 竖向荷载传递示意图

3.4 截面初选

3.4.1 梁截面尺寸估算

1. 主梁截面设计

设计信息：横向框架梁 KL1，跨度 $l_0=7.5$m，钢材选用 Q345。

1）截面高度 h 的确定

主梁允许挠跨比 $[v_T]/l=1:400$，次梁允许挠跨比 $[v_T]/l=1:250$，这时当材料厚度范围在 16～35mm 区间范围内时，按照刚度要求的最小截面高度 h_{min}：②

$$h_{min}=\frac{l_0}{10.9}=\frac{7500}{10.9}=688\text{mm}$$

因为梁柱采用刚性连接，故梁高可以适当减小，梁的高跨比可以适当放松到 1/20～1/15，即取 $h=l/20\sim l/15=375\sim500$mm。考虑到框架梁跨度较大，同时梁间有次梁传

① 依据《混凝土结构设计规范》GB 50010—2010 第 9.1.2 条的规定：现浇混凝土板的尺寸宜符合下列规定，板的跨厚比钢筋混凝土单向板不大于 30，双向板不大于 40。板中受力钢筋的间距，当板厚不大于 150mm 时不宜大于 200mm；当板厚大于 150mm 时不宜大于板厚的 1.5 倍，且不宜大于 250mm。

② 参考《钢结构设计标准》GB 50017—2017 第 3.4.1 条规定：构件设计截面应根据表 3.4.1 的规定分为 A、B、C、D、E 共 5 级，以此为基础进行截面设计。

递的集中荷载，故选择梁高 $h=600\text{mm}$。

2）截面宽度 b 的确定

翼缘板的宽度通常取 $b-h/5\sim h/3$，则 $b=h/5\sim h/3=120\sim200\text{mm}$，取 $b=200\text{mm}$。

3）腹板厚度 t_w 的确定

为了考虑局部稳定和构造等因素的影响，对腹板厚度进行初选时采用经验公式：$t_w=\sqrt{h_w}/3.5$ 或 $t_w=7+0.003h$。

故：$t_w=\dfrac{\sqrt{550}}{3.5}=6.7$ 或 $t_w=7+0.003\times600=8.8$。式中腹板高度近似取 550mm，取 $t_w=11\text{mm}$。

4）翼缘厚度 t 的确定

翼缘板的尺寸要满足局部稳定的要求，受压翼缘板的外伸宽度 $b'/t\leqslant15\sqrt{235/f_y}$（弹性设计）或者 $b'/t\leqslant13\sqrt{235/f_y}$（部分塑性发展），因此得到：

$$t\geqslant\frac{b'}{15\sqrt{235/f_y}}=\frac{200-11}{2\times15\sqrt{235/345}}=7.63\text{mm}$$

或者：

$$t\geqslant\frac{b'}{13\sqrt{235/f_y}}=\frac{200-11}{2\times13\sqrt{235/345}}=8.8\text{mm}$$

因此，取 $t=17\text{mm}$。

综上所述，横向框架梁 KL1 截面选用热轧 H 型钢：HN600×200×11×17。

横向框架梁 KL2、KL4，纵向框架梁 KL3 设计步骤同上，不再赘述。主梁截面特性见表 3-2。

主梁截面特性 **表 3-2**

主梁	截面尺寸	A (cm^2)	Q (kg/m)	I_x (cm^4)	W_x (cm^3)	i_x (cm)	I_y (cm^4)	W_y (cm^3)	i_y (cm)
KL1	HN600×200×11×17	135.2	106	78200	2610	24.1	2280	228	4.11
KL2	HN600×200×11×17	135.2	106	78200	2610	24.1	2280	228	4.11
KL3	HN600×200×11×17	135.2	106	78200	2610	24.1	2280	228	4.11
KL4	HN300×150×6.5×9	47.53	37.3	7350	2610	12.4	508	67.7	3.27

2. 次梁截面设计

设计信息：横向次梁 CL1，跨度 $l_0=7.5\text{m}$，钢材选用 Q345。

1）截面高度 h 的确定

主梁允许挠跨比 $[v_T]/l=1:400$，次梁允许挠跨比 $[v_T]/l=1:250$，这时当材料厚度小于 16mm 时，按照刚度要求的最小截面高度 h_{min}：①

$$h_{min}=\frac{l_0}{16.6}=\frac{7500}{16.6}=452\text{mm}$$

次梁与主梁采用铰接连接，选择梁高 $h=500\text{mm}$。

① 参考《钢结构设计标准》GB 50017—2017 第 3.4.1 条规定：构件设计截面应根据表 3.4.1 的规定分为 A、B、C、D、E 共 5 级，以此为基础进行截面设计。

2）截面宽度 b 的确定

翼缘板的宽度通常取 $b=h/5\sim h/3$，则 $b=h/5\sim h/3=100\sim167\text{mm}$，取 $b=200\text{mm}$。

3）腹板厚度 t_w 的确定

为了考虑局部稳定和构造等因素的影响，对腹板厚度进行初选时采用经验公式：$t_w=\sqrt{h_w}/3.5$ 或 $t_w=7+0.003h$。

故：$t_w=\dfrac{\sqrt{450}}{3.5}=6.06\text{mm}$ 或 $t_w=7+0.003\times600=8.5\text{mm}$。式中腹板高度近似取 450mm，取 $t_w=10\text{mm}$。

4）翼缘厚度 t 的确定

翼缘板的尺寸要满足局部稳定的要求，受压翼缘板的外伸宽度 $b'/t\leqslant15\sqrt{235/f_y}$（弹性设计）或者 $b'/t\leqslant13\sqrt{235/f_y}$（部分塑性发展），因此得到：

$$t\geqslant\frac{b'}{15\sqrt{235/f_y}}=\frac{200-10}{2\times15\sqrt{235/345}}=7.7\text{mm}$$

或者：

$$t\geqslant\frac{b'}{13\sqrt{235/f_y}}=\frac{200-10}{2\times13\sqrt{235/345}}=8.9\text{mm}$$

因此，取 $t=16\text{mm}$。

综上所述，横向次梁 CL1 截面选用热轧 H 型钢：HN600×200×10×16。

横向次梁 CL2，纵向次梁 CL3 设计步骤同上，不再赘述。次梁截面特性见表 3-3。

次梁截面特性 **表 3-3**

次梁	截面尺寸	A (cm^2)	Q (kg/m)	I_x (cm^4)	W_x (cm^3)	i_x (cm)	I_y (cm^4)	W_y (cm^3)	i_y (cm)
CL1	HN500×200×10×16	114.2	89.6	47800	1910	20.5	2140	214	4.33
CL2	HN500×200×10×16	114.2	89.6	47800	1910	20.5	2140	214	4.33
CL3	HN300×150×6.5×9	47.53	37.3	7350	490	12.4	508	67.7	3.27

3.4.2 柱截面尺寸估算

1. 底层柱轴力估算

以二区宿舍楼柱中负荷面积较大的⑧-Ⓒ轴估算柱的负荷面积：

$$A=7.8\times(2.4/2+7.5/2)=38.61\text{m}^2$$

屋盖自重标准值 $g_k=5.065\text{kN/m}^2$（参见恒载统计之不上人屋面），估算过程中取现浇混凝土楼板 120 厚，故顶层屋面产生的轴力为：

$$N=(1.2\times5.065+1.4\times0.5)\times38.61=261.699\text{kN}$$

二～六层宿舍楼面产生的轴力为：

$$N=1.2\times3.90\times38.61+1.4\times(2.0\times2.4/2\times7.8+2\times7.5/2\times7.8)=288.803\text{kN}$$

二～六层宿舍内隔墙产生的轴力：

$$N=1.2\times2.1\times(3.3-0.12-0.5)\times7.5/2+1.2\times2.1\times(3.3-0.12-0.5)\times7.8=78.004\text{kN}$$

综上所述，底层柱轴力为：

$$N=261.699+(288.03+78.004)\times 5=2095.734\text{kN}$$

2. 尺寸估算

框架柱实际为压弯构件，在截面初估时按照轴心受压柱进行计算，为了考虑弯矩的影响，将轴力 N 乘以 1.2 的放大系数。因为荷载较大，选用 Q345 钢材，截面板件厚度较厚，有可能超过 16mm，因此，取 $f=295\text{N/mm}^2$。本工程抗震设防烈度 7 度，抗震等级为四级，框架柱的长细比抗震等级四级时不应大于 $120\sqrt{235/f_y}$，因此长细比 $\lambda\leqslant 120\sqrt{235/345}=99$。① 假定长细比 $\lambda=60\sim80$，b 类截面，框架柱轴心受压稳定系数取 φ 大致在 0.567～0.734，因此有：

$$A\geqslant\frac{1.2N}{\varphi f}=\frac{1.2\times 2095.734\times 10^3}{(0.734\sim 0.567)\times 295}=11614.5\sim 14800.4\text{kN}$$

基于以上估算，本设计一般层框架柱均采用 H 型钢柱：HW400×400×13×21，截面面积为 $A=219.5\text{cm}^2$。另外结合建筑设计，底层层高 4.3m，一般层层高 3.3m，考虑到结构竖向不规则，为满足底层抗剪承载力需要，本设计采用变截面柱，底层柱采用焊接 H 型钢柱 H400×400×20×32，$A=323\text{cm}^2$。框架柱截面特性见表 3-4。

框架柱截面特性 **表 3-4**

框架柱	截面尺寸	A (cm^2)	Q (kg/m)	I_x (cm^4)	W_x (cm^3)	i_x (cm)	I_y (cm^4)	W_y (cm^3)	i_y (cm)
一般层	HN400×400×13×21	219.5	172	66900	3340	17.5	22400	1120	10.1
底层	HN400×400×20×32	323	254	93212	4661	17.0	34156	1708	10.3

3. 截面验算

截面确定后，对截面进行初步验算。

1）强度验算

$$\sigma=\frac{N}{A}=\frac{12\times 2006.272\times 10^3}{323\times 10\times 10^2}=74.536\text{N/mm}^2<f=295\text{N/mm}^2$$

满足要求。

对于一般层显然亦满足。

2）刚度验算

刚度验算即长细比验算。

对于底层柱：

$$\lambda_x=\frac{l_{0x}}{i_{0x}}=\frac{4300}{170}=25.294<[\lambda]=120\sqrt{235/f_y}=99$$

$$\lambda_y=\frac{l_{0y}}{i_{0y}}=\frac{4300}{103}=41.748<[\lambda]=120\sqrt{235/f_y}=99$$

满足要求。

对于一般层：

---

① 参考《建筑抗震设计规范》GB 50011—2010（2016 年版）第 8.3.1 条规定：框架柱的长细比，一级不应大于 $60\sqrt{235/f_{ay}}$，二级不应大于 $80\sqrt{235/f_{ay}}$，三级不应大于 $100\sqrt{235/f_{ay}}$，四级时不应大于 $120\sqrt{235/f_{ay}}$。

$$\lambda_x=\frac{l_{0x}}{i_{0x}}=\frac{3300}{175}=18.857<[\lambda]=120\sqrt{235/f_y}=99$$

$$\lambda_y=\frac{l_{0y}}{i_{0y}}=\frac{3300}{101}=32.673<[\lambda]=120\sqrt{235/f_y}=99$$

满足要求。

3）整体稳定验算

对于底层柱：

焊接 H 型钢，对 x 轴为 b 类截面，对 y 轴为 c 类截面。

得到对 x、y 轴的稳定系数分别为：$\varphi_x=0.933$、$\varphi_y=0.854$。①

故取 $\varphi=\min\{\varphi_x,\varphi_y\}=0.854$，则有：

$$\frac{N}{\varphi A}=\frac{1.2\times 20006.272\times 10^3}{0.854\times 32300}=87.279\text{N/mm}^2<f=295\text{N/mm}^2$$

满足要求。

对于一般层显然亦满足。

4）局部稳定验算

对于底层柱：

翼缘自由外伸宽厚比：

$$\frac{b}{t}=\frac{400-20}{2\times 32}=5.938<(10+0.1\lambda)\sqrt{\frac{235}{f_y}}=11.699$$

腹板高厚比：

$$\frac{h_0}{t_w}=\frac{400-2\times 32}{20}=16.8<(25+0.5\lambda)\sqrt{\frac{235}{f_y}}=37.861$$

满足要求。

对于其他层柱，均采用热轧 H 型钢，局部稳定可以得到保证，故不再验算。

3.4.3 板厚估算

本设计楼盖采用现浇钢筋混凝土结构，主次梁把楼盖分为双向板和单向板。板的跨厚比，钢筋混凝土单向板不大于 30，双向板不大于 40。②

则板厚应满足：

单向板：$h\geqslant\frac{l}{30}$，双向板：$h\geqslant\frac{l}{40}$

其中 l 为板的计算跨度，对双向板为短边计算跨度，故取现浇混凝土板厚 $h=120$mm。

二维码 3-6
平面布置图

具体各标高处平面布置图见二维码 3-6。

① 分别查《钢结构设计标准》GB 50017—2017 附表 C-2、C-3，获取轴心受压构件的稳定系数。

② 根据《混凝土结构设计规范》GB 50010—2010 第 9.1.2 条规定：对于板的跨厚比，钢筋混凝土单向板不大于 30，双向板不大于 40。

3.5 荷载统计与内力计算

3.5.1 荷载计算单元

二区宿舍楼⑥～⑨号轴线间的竖向荷载传递简图如图 3-3 所示，板将荷传递到次梁上，次梁将承受的荷载传递给主梁；主梁作为次梁的不动支撑点，并将荷载传递给框架柱。本设计采用现浇混凝土板，将板划分为单向板、双向板分别设计。①

具体计算过程可参考第 2 章混凝土结构部分，详细过程略。

为了简化内力计算过程，本设计采用弯矩二次分配法计算竖向荷载（恒载和满布活荷载）作用下一榀框架内力；本设计采用 D 值法计算水平荷载（风荷载和地震作用）作用下一榀框架内力。

3.5.2 竖向恒荷载作用下的内力计算

1. 梁柱弯矩分配系数计算

一般层柱：$i_{c1}=4.176\times10^{10}$ kN·m；

底层柱：$i_{c2}=4.466\times10^{10}$ kN·m；

框架梁 KL-1：$i_{b1}=3.222\times10^{10}$ kN·m；

框架梁 KL-1：$i_{b2}=3.222\times10^{10}$ kN·m；

框架梁 KL-1：$i_{b4}=9.464\times10^{9}$ kN·m。

利用弯矩二次分配法时，当远端为固定时，等截面直杆劲度系数与传递系数分别为：$S=4i$、$C=0.5$。

顶层、中间层、底层的节点分配系数计算过程略。

2. 梁固端弯矩计算

根据前面论述，边跨主梁上荷载由四部分组成：

（1）次梁传给主梁的集中力；

（2）阳台双向板传来的三角形荷载；

（3）宿舍双向板传来的梯形荷载；

（4）梁、墙自重：均布荷载。

故主梁荷载形式比较复杂，无法运用常规方法进行简化等效运算。本设计提供的近似算法②，计算思路如下：

---

① 依据《混凝土结构设计规范》GB 50010—2010 第 9.1.1 条的规定：两对边支承的板应按单向板计算，四边支承的板应按下列规定计算。当长边与短边长度之比小于或等于 2.0 时，应按双向板计算。当长边与短边长度之比大于 2.0，但小于 3.0 时，宜按双向板计算；当按沿短边方向受力的单向板计算时，应沿长边方向布置足够数量的构造钢筋。

② 参考文献《在三角形荷载、梯形荷载以及集中荷载作用下梁内力简化计算》（李思华）第 1 部分梁的内力计算，均布荷载常为作用于楼板上的主要荷载，经过次梁和楼板而传到主梁上的荷载，因情况不同而为集中荷载、三角形荷载或梯形荷载。这些荷载简图虽然和均布荷载形式不同，但这些荷载是由均布荷载演变而来的，它们与均布荷载密切相连，具有内在的同一性，可以恢复于均布荷载的形式而计算之。

梁板的平面布置如图 3-4（a）所示。分析易知，作用于板上的荷载，一部分经过板直接传递到主梁 a、b 两段，另一部分则由板传递到次梁，又经次梁传递到主梁上，其荷载传递情况如图 3-4（b）所示。板为两跨连续板，荷载简图如图 3-4（c）所示。主梁的荷载简图如图 3-4（d）所示。

图 3-4（c）和图 3-4（d）相叠合就成了图 3-4（e），将图 3-4（c）和图 3-4（d）在支座 A、B 处的弯矩和剪力分别以 ΔM_{ab}、ΔM_{ba}、M_{ab}、M_{ba} 表示，图 3-4（e）中梁的荷载用 q 表示。故容易得到：

$$M_{\mathrm{ab}}=-\frac{1}{12}ql_2^2-\Delta M_{\mathrm{ab}}$$

$$M_{\mathrm{ba}}=-\frac{1}{12}ql_2^2-\Delta M_{\mathrm{ba}}$$

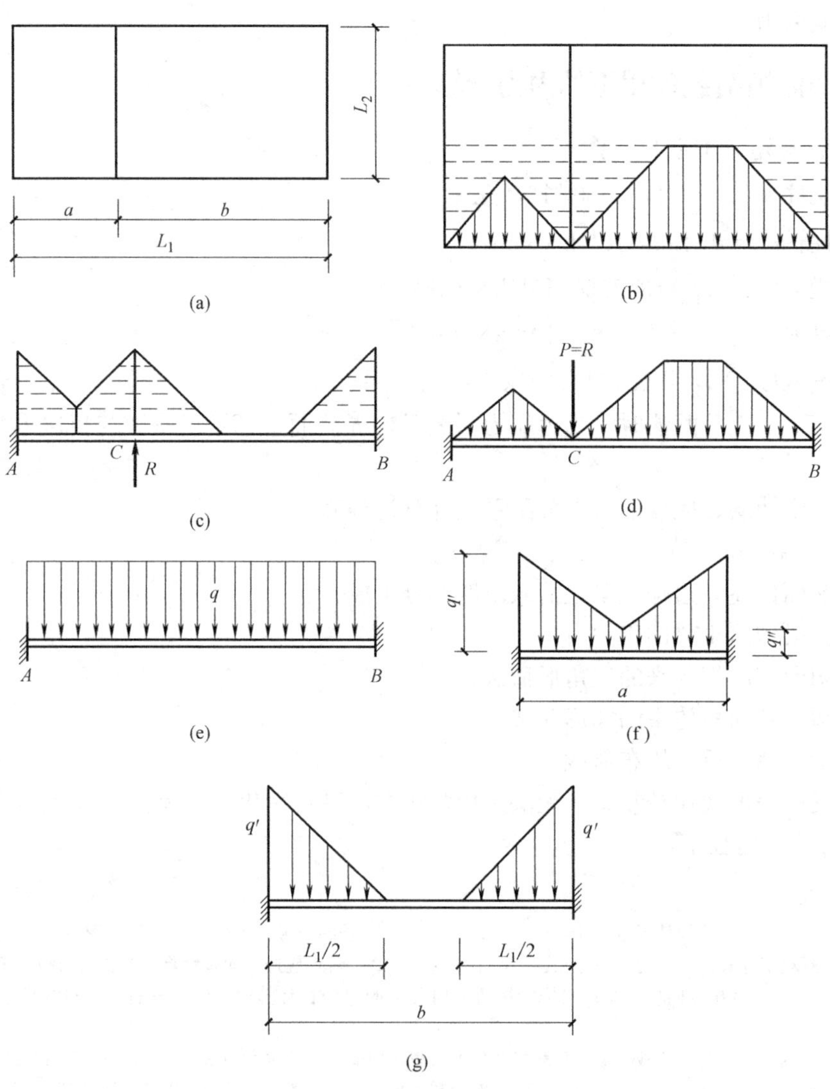

图 3-4　梁固端弯矩简化计算方法

当图 3-4（a）中，$a=b$ 时，那么图 3-4（c）中 A、B 处的弯矩就等于对应单跨板的固端弯矩。此时，ΔM_{ab}、ΔM_{ba} 均采用 a 跨板或者 b 跨板的弯矩，算得的 M_{ab}、M_{ba} 也是精确的。但是当 $a\neq b$ 时（如本设计中），由于 ΔM_{ab}、ΔM_{ba} 的值远小于 $ql_2^2/12$，故此时 ΔM_{ab}、ΔM_{ba} 继续采用 a 跨板或者 b 跨板的弯矩，由此求得的 ΔM_{ab}、ΔM_{ba} 虽是近似结果，但其误差在 5%以内，可以用于设计。

文献同样给出了如图 3-4（f）的 a 跨板、如图 3-4（g）的 b 跨板的计算公式如下：

$$\Delta M_{na}=\frac{1}{24}q_1a^2l_1-\frac{5}{192}a^3q_1$$

$$\Delta M_{na}=0.016q_1l_1^3$$

式中，q_1 为作用于楼板上的均布荷载。

以上公式的使用条件为：$l_2/l_1\geqslant1.5$ 时，$a/l_2\geqslant0.2$、$b/l_2\leqslant0.8$。由计算简图可以知道，⑧号轴线两块边跨板相关几何参数为：

AB 轴线间：$l_1=3.9\text{m}$，$l_2=7.2\text{m}$，$a=2.3\text{m}$，满足上述条件；

CE 轴线间：$l_1=3.9\text{m}$，$l_2=7.5\text{m}$，$a=2.4\text{m}$，满足上述条件。

故可以将以上简化计算方法运用于本设计。具体计算过程中，⑧号轴线两侧对称，叠加计算即可。

1）顶层固端弯矩求解

由图 2-5-5 所示手算恒载作用下的计算简图，将梁上荷载分为三部分叠加计算：①梁自重均布荷载；②三角形、梯形组合荷载；③集中荷载。

（1）AB 跨

① 梁自重均布荷载

$$M_{A1}=\frac{1}{12}q_{均}\ l^2=\frac{1}{12}\times1.143\times7.2^2=4.938\text{kN}\cdot\text{m}(-)$$

$$M_{B1}=\frac{1}{12}q_{均}\ l^2=\frac{1}{12}\times1.143\times7.2^2=4.938\text{kN}\cdot\text{m}(+)$$

② 三角形、梯形组合荷载

对梁两边产生的效应进行叠加。

$$q=0.5\times3.9\times5.065=9.877\text{kN/m}$$

$$M'_{B2}=\frac{q}{12}l^2=42.669\text{kN}\cdot\text{m}(+)$$

$$M'_{A2}=\frac{q}{12}l^2=42.669\text{kN}\cdot\text{m}(-)$$

$$\Delta M'_{A2}=\frac{1}{24}q_1a^2l_1-\frac{5}{192}a^3q_1=\frac{5.065\times3.9\times2.3^2}{24}-\frac{5\times5.065\times2.3^2}{192}=2.749\text{kN}\cdot\text{m}$$

$$\Delta M'_{B2}=0.016q_1l_1^3=0.016\times5.065\times3.9^3=4.807\text{kN}\cdot\text{m}$$

则有：

$$M_{A2}=2(M'_{A2}-\Delta M'_{A2})=79.84\text{kN}\cdot\text{m}(-)$$

$$M_{B2}=2(M'_{B2}-\Delta M'_{B2})=75.724\text{kN}\cdot\text{m}(+)$$

③ 集中荷载

计算简图如图 3-5 所示，计算梁在集中荷载作用下的固端弯矩。[①]

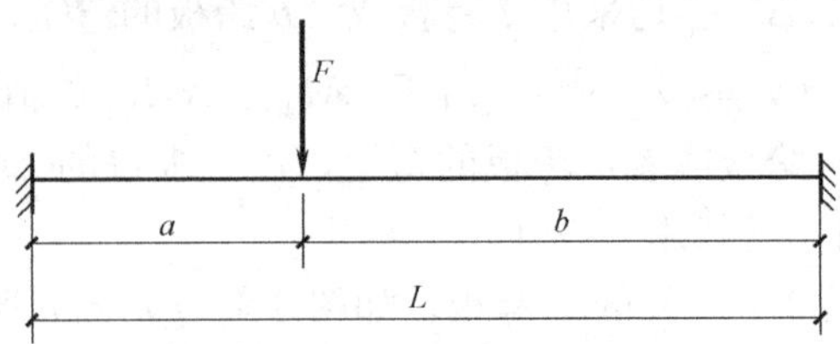

图 3-5 集中荷载作用简图

$$M_A = -\frac{pab^2}{l^2}$$

$$M_B = \frac{pba^2}{l^2}$$

则求得：

$$M_{A3} = \frac{pab^2}{l^2} = \frac{36.846 \times 2.3 \times 4.9^2}{7.2^2} = 39.251\text{kN}\cdot\text{m}(-)$$

$$M_{B3} = \frac{pba^2}{l^2} = \frac{36.846 \times 4.9 \times 2.3^2}{7.2^2} = 18.424\text{kN}\cdot\text{m}(+)$$

综上，对 AB 跨：

$$M_A = M_{A1} + M_{A2} + M_{A3} = 4.938 + 79.84 + 39.251 = 124.029\text{kN}\cdot\text{m}(-)$$

$$M_B = M_{B1} + M_{B2} + M_{B3} = 4.938 + 75.724 + 18.424 = 99.086\text{kN}\cdot\text{m}(+)$$

（2）BC 跨

BC 梁段只有均布荷载，计算得到：

$$M_B = \frac{1}{12} q_{均} l^2 = 0.193\text{kN}\cdot\text{m}(-)$$

$$M_C = \frac{1}{12} q_{均} l^2 = 0.193\text{kN}\cdot\text{m}(+)$$

（3）CE 跨

①梁自重均布荷载

$$M_{C1} = \frac{1}{12} q_{均} l^2 = \frac{1}{12} \times 1.143 \times 7.5^2 = 5.358\text{kN}\cdot\text{m}(-)$$

$$M_{E1} = \frac{1}{12} q_{均} l^2 = \frac{1}{12} \times 1.143 \times 7.5^2 = 5.358\text{kN}\cdot\text{m}(+)$$

② 三角形、梯形组合荷载

对梁两边产生的效应进行叠加。

$$q = 0.5 \times 3.9 \times 5.065 = 9.877\text{kN/m}$$

---

① 查阅《建筑结构静力计算手册》（第二版）第 2 章单跨梁的支座反力 R、剪力 V 及弯矩 M 的求法。反力 R 可根据作用于结构上所有的力及支座反力的平衡条件求得；任意截面的剪力 V 即为此截面任一边所有外力（包括反力）平行于该截面的分力的代数和；任意截面的弯矩 M 即为此截面任一边所有外力（包括反力）对该截面形心轴的力矩的代数和。

$$M'_{C2}=\frac{q}{12}l^2=46.298\text{kN}\cdot\text{m}(-)$$

$$M'_{E2}=\frac{q}{12}l^2=46.298\text{kN}\cdot\text{m}(+)$$

$$\Delta M'_{E2}=\frac{1}{24}q_1a^2l_1-\frac{5}{192}a^3q_1=\frac{5.065\times3.9\times2.4^2}{24}-\frac{5\times5.065\times2.4^2}{192}=2.917\text{kN}\cdot\text{m}$$

则有：

$$M_{C2}=2(M'_{C2}-\Delta M'_{C2})=82.982\text{kN}\cdot\text{m}(-)$$
$$M_{E2}=2(M'_{E2}-\Delta M'_{E2})=86.762\text{kN}\cdot\text{m}(+)$$

③ 集中荷载

计算梁在集中荷载作用下的固端弯矩。

$$M_{C3}=\frac{pab^2}{l^2}=\frac{37.238\times5.1\times2.4^2}{7.5^2}=19.447\text{kN}\cdot\text{m}(-)$$

$$M_{E3}=\frac{pba^2}{l^2}=\frac{37.238\times5.1^2\times2.4}{7.2^2}=41.325\text{kN}\cdot\text{m}(+)$$

对 CE 跨：

$$M_C=M_{C1}+M_{C2}+M_{C3}=107.787\text{kN}\cdot\text{m}(-)$$
$$M_E=M_{E1}+M_{E2}+M_{E3}=133.445\text{kN}\cdot\text{m}(+)$$

2）中间一般层和底层

由图 3-6 所示手算恒载作用下的计算简图，将梁上荷载分为三部分叠加计算：①梁自重均布荷载；②三角形、梯形组合荷载；③集中荷载。但此时应注意，由于阳台的做法和宿舍内楼面做法不同，故此时，楼板荷载要分区计算。

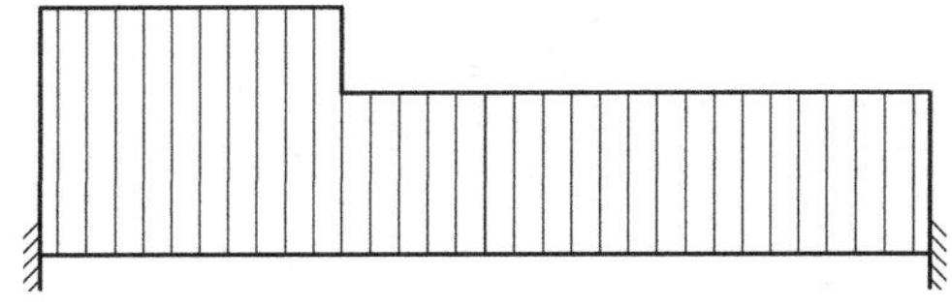

图 3-6　计算简图更正

(1) AB 跨

① 梁自重均布荷载

$$M_{A1}=\frac{1}{12}q_{均}\,l^2=\frac{1}{12}\times6.561\times7.2^2=28.344\text{kN}\cdot\text{m}(-)$$

$$M_{B1}=\frac{1}{12}q_{均}\,l^2=\frac{1}{12}\times6.561\times7.2^2=28.344\text{kN}\cdot\text{m}(+)$$

② 三角形、梯形组合荷载

对梁两边产生的效应进行叠加。

$$q_A=0.5\times3.9\times4.77=9.302\text{kN/m}$$
$$q_B=0.5\times3.9\times3.9=7.605\text{kN/m}$$

计算图 3-7 梁两端弯矩时，简化计算公式如下：

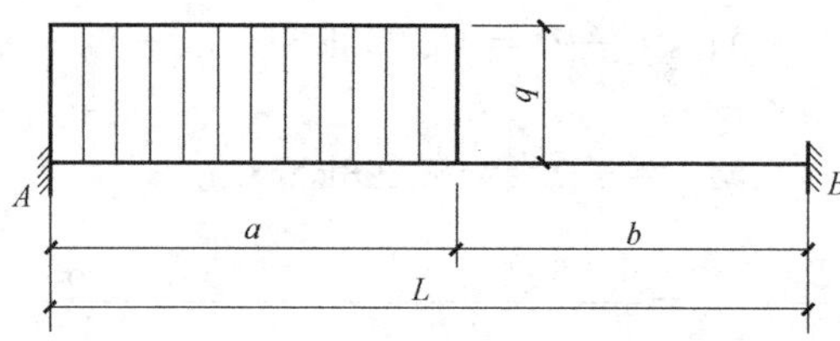

图 3-7　荷载简化计算简图

$$M_A=-\frac{qa^2}{12}(6-8a+3a^2)$$

$$M_B=-\frac{qa^3}{12}(4-3a)$$

运用叠加法得到：

$$M'_{A2}=35.659\text{kN}\cdot\text{m}(-)$$

$$M'_{B2}=33.580\text{kN}\cdot\text{m}(+)$$

$$\Delta M'_{A2}=\frac{1}{24}q_1a^2l_1-\frac{5}{192}a^3q_1=\frac{4.77\times3.9\times2.3^2}{24}-\frac{5\times4.77\times2.3^2}{192}=2.589\text{kN}\cdot\text{m}$$

$$\Delta M'_{B2}=0.016q_1l_1^3=0.016\times3.9\times3.9^3=3.702\text{kN}\cdot\text{m}$$

则有：

$$M_{A2}=2(M'_{A2}-\Delta M'_{A2})=66.14\text{kN}\cdot\text{m}(-)$$

$$M_{B2}=2(M'_{B2}-\Delta M'_{B2})=59.756\text{kN}\cdot\text{m}(+)$$

③ 集中荷载

计算梁在集中荷载作用下的固端弯矩。

$$M_{A3}=\frac{pab^2}{l^2}=\frac{47.945\times2.3\times4.9^2}{7.2^2}=51.074\text{kN}\cdot\text{m}(-)$$

$$M_{B3}=\frac{pba^2}{l^2}=\frac{47.945\times4.9\times2.3^2}{7.2^2}=23.973\text{kN}\cdot\text{m}(+)$$

对 AB 跨：

$$M_A=M_{A1}+M_{A2}+M_{A3}=145.558\text{kN}\cdot\text{m}(-)$$

$$M_B=M_{B1}+M_{B2}+M_{B3}=23.973\text{kN}\cdot\text{m}(+)$$

（2）BC 跨

BC 梁段只有均布荷载，计算得到：

$$M_B=\frac{1}{12}q_{均}\,l^2=0.193\text{kN}\cdot\text{m}(-)$$

$$M_C=\frac{1}{12}q_{均}\,l^2=0.193\text{kN}\cdot\text{m}(+)$$

（3）CE 跨

① 梁自重均布荷载

$$M_{C1}=\frac{1}{12}q_{均}\,l^2=\frac{1}{12}\times6.561\times7.5^2=30.755\text{kN}\cdot\text{m}(-)$$

$$M_{B1}=\frac{1}{12}q_{均}\,l^2=\frac{1}{12}\times6.561\times7.5^2=30.755\text{kN}\cdot\text{m}(+)$$

② 三角形、梯形组合荷载

对梁两边产生的效应进行叠加。

$$q_E=0.5\times3.9\times4.77=9.302\text{kN/m}$$

$$q_C=0.5\times3.9\times3.9=7.605\text{kN/m}$$

计算梁两端弯矩时，运用叠加法得到：

$$M'_{C2}=36.441\text{kN}\cdot\text{m}(-)$$

$$M'_{E2}=38.701\text{kN}\cdot\text{m}(+)$$

$$\Delta M'_{C2}=0.016q_1l_1^3=0.016\times3.9\times3.9^3=3.702\text{kN}\cdot\text{m}$$

$$\Delta M'_{E2}=\frac{1}{24}q_1a^2l_1-\frac{5}{192}a^3q_1=\frac{4.77\times3.9\times2.4^2}{24}-\frac{5\times4.77\times2.4^2}{192}=2.748\text{kN}\cdot\text{m}$$

则有：

$$M_{C2}=2(M'_{C2}-\Delta M'_{C2})=65.478\text{kN}\cdot\text{m}(-)$$

$$M_{E2}=2(M'_{E2}-\Delta M'_{E2})=71.906\text{kN}\cdot\text{m}(+)$$

③ 集中荷载

计算梁在集中荷载作用下的固端弯矩。

$$M_{C3}=\frac{pab^2}{l^2}=\frac{48.315\times5.1\times2.4^2}{7.5^2}=25.232\text{kN}\cdot\text{m}(-)$$

$$M_{B3}=\frac{pba^2}{l^2}=\frac{48.315\times2.4\times5.1^2}{7.2^2}=53.618\text{kN}\cdot\text{m}(+)$$

对 CE 跨：

$$M_C=M_{C1}+M_{C2}+M_{C3}=121.465\text{kN}\cdot\text{m}(-)$$

$$M_E=M_{E1}+M_{E2}+M_{E3}=156.279\text{kN}\cdot\text{m}(+)$$

3. 弯矩二次分配过程

计算时，对各节点不平衡弯矩首先进行第一次分配，然后向远端传递，固端传递系数为 0.5；之后再将传递后引起的不平衡弯矩进行第二次分配；最后把各个节点的弯矩叠加就是最后弯矩。

恒荷载作用下的弯矩二次分配法计算过程略，可参考第 2 章的相关计算过程。

4. 梁跨中弯矩、梁端剪力计算

框架梁受力比较复杂，AB、CE 跨所受荷载也有集中力，且集中力相对较大，剪力突变，但经计算发现，集中力作用位置处弯矩小于梁跨中弯矩，故本设计仅计算梁跨中弯矩。但是需要说明的是，框架梁柱弯矩图中框架梁下部的跨中弯矩为框架梁中间位置的弯矩，并非是跨间最大弯矩。但因最大弯矩的位置与梁跨中部非常接近，故最大弯矩值与跨中弯矩值相差不大，为简化计算，直接取跨中截面为控制截面。

梁端剪力由两部分组成：荷载引起的剪力和固端弯矩引起的剪力。

经过弯矩二次分配法计算后，两端固接的框架梁两端的弯矩就已知，此时超静定框架梁就可以静定求解。计算跨中弯矩和梁段剪力时结合采用面积法。

1）对 AB 跨

根据图 3-8 计算简图，运用面积法，分别对梁段取矩得到：

$\sum M_B=0$；

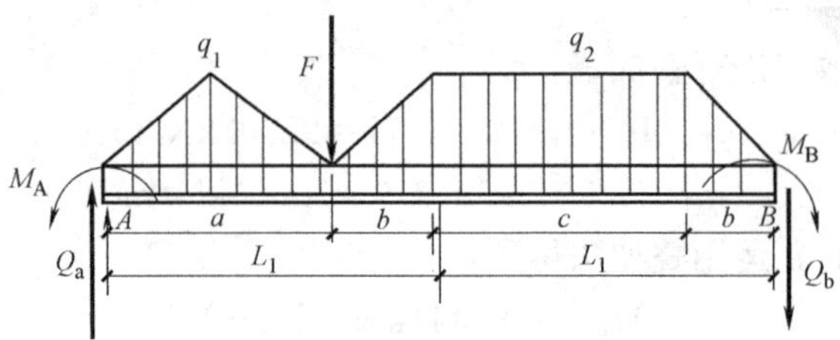

图 3-8 荷载简图（一）

$Q_{AB}=\frac{1}{l}[M_{AB}-M_{BA}+S_{\Delta 1}(c+2b+0.5a)+S_{\Delta 2}(2b+c)+S_{矩}(0.5c+b)+F(2b+c)+0.5q_{均}l^2]$（↑）；

$\sum M_A=0$；

$Q_{BA}=\frac{1}{l}[M_{BA}-M_{AB}+S_{\Delta 1}\times 0.5a+S_{\Delta 2}(2a+2b+c)+S_{矩}(a+0.5c+b)+F\times a+0.5q_{均}l^2]$（↑）；

求得梁端剪力后，取图 3-9 所示隔离体求解跨中弯矩。

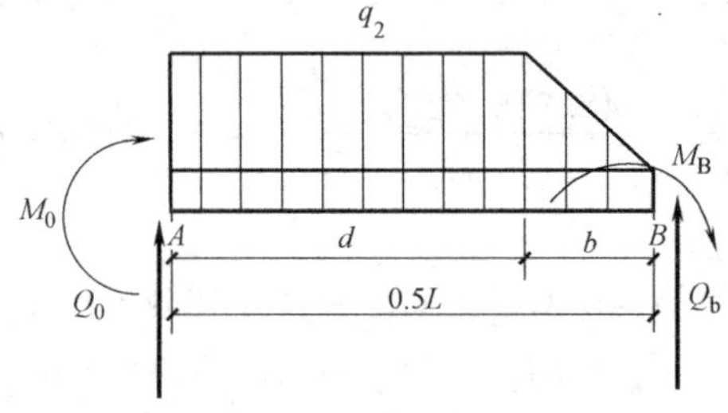

图 3-9 荷载简图（二）

对跨中位置取矩，得到：

$\sum M_0=0$；

$M_0=Q_{BA}\times 0.5l-M_{BA}-S_{矩}\times 0.5d-S_{\Delta}\times(d+b/3)-q_{均}l^2/8$。

2）对 BC 跨

承受荷载只有梁自重均布荷载，所以有：

$$M_0=\frac{1}{2}(-M_{BC}+M_{CB})-\frac{1}{8}ql^2$$

$$Q_{BC}=\frac{M_{BC}-M_{CB}}{l}+\frac{q_{均}l^2}{2}(\uparrow)$$

$$Q_{CB}=\frac{M_{CB}-M_{BC}}{l}+\frac{q_{均}l^2}{2}(\uparrow)$$

3）对 CE 跨

与 AB 跨只有柱距等几何参数不一致，计算推导过程一致，不再赘述。

通过上述推导的公式对各层梁跨中弯矩以及梁端剪力进行计算，计算结果如表 3-5、表 3-6 所示。

梁端及跨中弯矩（kN·m） 表 3-5

层号	AB跨			BC跨			CE跨		
	A端	跨中	B左端	B右端	跨中	C左端	C右端	跨中	E端
6	−91.44	43.806	85.87	−6.18	−6.626	7.65	−94.05	47.191	99.59
5	−133.36	42.661	110.26	−2.44	−2.521	3.18	−119.81	46.900	141.95
4	−129.03	44.875	108.90	−2.82	−2.936	3.63	−118.30	49.324	139.42
3	−129.03	44.875	108.90	−2.82	−2.936	3.63	−118.30	49.324	139.42
2	−128.86	45.031	108.81	−2.84	−2.961	3.66	−118.19	49.501	139.23
1	−122.53	51.049	105.11	−3.79	−4.036	4.86	−114.23	55.891	132.54

恒载作用下的梁端剪力（kN） 表 3-6

层号	AB跨		BC跨		CE跨	
	V_{AB}	V_{BA}	V_{BC}	V_{CB}	V_{CE}	V_{EC}
6	61.052	−55.696	0.130	−1.095	58.635	−63.637
5	84.662	−67.440	0.174	−0.791	70.933	−88.240
4	84.527	−67.574	0.145	−0.820	71.069	−88.104
3	84.527	−67.574	0.145	−0.820	71.069	−88.104
2	84.516	−67.586	0.141	−0.824	71.079	−88.093
1	84.150	−67.951	0.037	−0.928	71.443	−87.729

5. 柱端剪力

柱端剪力由上下两端弯矩引起，计算简图如图 3-10 所示。

根据计算简图可知：

$$\sum M_D=0, M_C+M_D+V_C h=0$$

$$V_C=-\frac{M_C+M_D}{h}$$

$$\sum M_C=0, M_C+M_D+V_D h=0$$

$$V_C=-\frac{M_C+M_D}{h}$$

6. 柱的轴力计算

柱的轴力计算简图如图 3-11 所示。

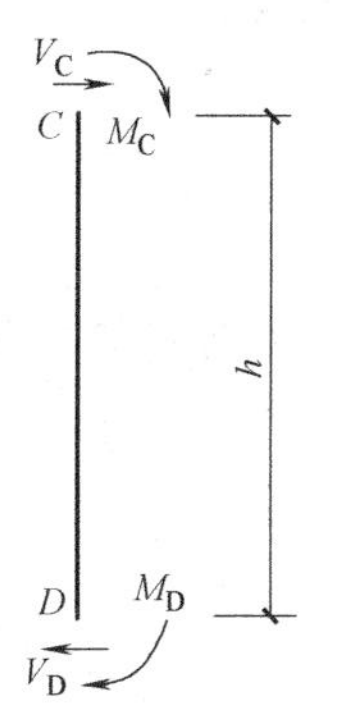

图 3-10 柱端剪力计算简图

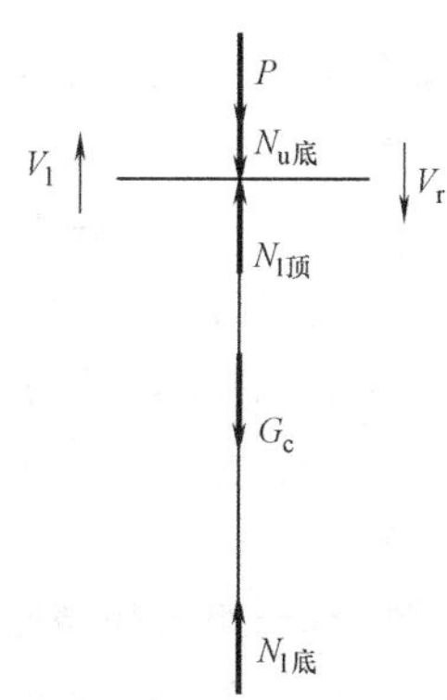

图 3-11 柱的轴力计算简图

框架柱的轴力包括框架节点集中力、框架柱自重以及框架梁两端的剪力。所以，柱顶和柱底的计算公式分别为：

$$N_{l顶}=N_{u底}+P-V_l+V_r$$

$$N_{l底}=N_{l顶}+G_c$$

式中　$N_{u底}$——上层柱传来的轴力；

P——纵梁传至柱顶的集中力；

V_l+V_r——左右两边边框架梁传来的剪力；

G_c——柱自重。

柱自重计算：

$$一般层:G_c=1.854\times3.3=6.118\text{kN}$$

$$底层:G_c=2.738\times4.3=11.773\text{kN}$$

由上可得各柱在恒荷载作用下的轴力，具体计算过程不再赘述。

3.5.3　竖向活荷载作用下的内力计算

竖向活荷载可能共同作用于整个框架上，也可能单独地作用于框架结构的某层、某一跨或某几跨。结构的内力计算与活荷载的空间分布情况有很大的关系，所以需要考虑活载的最不利布置。考虑活荷载最不利布置的方法有：

（1）分跨计算组合法；

（2）最不利荷载位置法；

（3）分层组合法；

（4）满布荷载法。

在一般民用及公共高层建筑中竖向活载不会很大（活荷载 2～3kN/m^2），与恒荷载及水平荷载产生的内力相比，竖向活荷载产生的内力所占的比重很小。另外，因为地震作用仅与竖向重力荷载有关，所以当与地震作用组合时，在计算竖向荷载作用下的内力时，可以不考虑活载的不利布置，按满布活载计算。因此本设计不考虑活荷载的不利布置，只用满布活载一种情况计算内力，这样可以大大减小计算工作量。但求得的梁的跨中弯矩却比最不利荷载位置法的计算结果要小，因此对梁跨中弯矩应乘以 1.1～1.2 的增大系数来修正其影响。

竖向活载的内力计算方法与前面竖向恒载内力计算方法相同。

1. 梁固端弯矩计算

计算公式同 2.7.1 节，只不过梁上均布荷载取 0，BC 跨不承受活载。

1）顶层固端弯矩求解

根据手算活载作用下的计算简图，将梁上荷载分为两部分叠加计算：①三角形、梯形组合荷载；②集中荷载。

（1）AB 跨

① 三角形、梯形组合荷载

对梁两边产生的效应进行叠加。

$$q=0.5\times1.95=0.975\text{kN/m}$$

$$M'_{A1}=\frac{q}{12}l^2=4.212\text{kN}\cdot\text{m}(-)$$

$$M'_{B1}=\frac{q}{12}l^2=4.212\text{kN}\cdot\text{m}(+)$$

$$\Delta M'_{A1}=\frac{1}{24}q_1a^2l_1-\frac{5}{192}a^3q_1=0.271\text{kN}\cdot\text{m}$$

$$\Delta M'_{B2}=0.016q_1l_1^3=0.016\times0.5\times3.9^3=0.475\text{kN}\cdot\text{m}$$

则有：

$$M_{A1}=2(M'_{A1}-\Delta M'_{A1})=7.882\text{kN}\cdot\text{m}(-)$$

$$M_{B1}=2(M'_{B1}-\Delta M'_{B1})=7.474\text{kN}\cdot\text{m}(-)$$

② 集中荷载

计算梁在集中荷载作用下的固端弯矩。[①]

$$M_{A2}=\frac{pab^2}{l^2}=\frac{3.483\times2.3\times4.9^2}{7.2^2}=3.710\text{kN}\cdot\text{m}(-)$$

$$M_{B2}=\frac{pab^2}{l^2}=\frac{3.483\times4.9\times2.3^2}{7.2^2}=1.742\text{kN}\cdot\text{m}(+)$$

对 AB 跨：

$$M_A=M_{A1}+M_{A2}=11.592\text{kN}\cdot\text{m}(-)$$

$$M_B=M_{B1}+M_{B2}=9.216\text{kN}\cdot\text{m}(+)$$

(2) CE 跨

① 三角形、梯形组合荷载

对梁两边产生的效应进行叠加。

$$q=0.5\times3.9\times0.5=0.975\text{kN/m}$$

$$M_{C1}=\frac{q}{12}l^2=4.570\text{kN}\cdot\text{m}(-)$$

$$M_{E1}=\frac{q}{12}l^2=4.570\text{kN}\cdot\text{m}(+)$$

$$\Delta M_{C1}=0.016q_1l_1{}^3=0.016\times0.5\times3.9^3=0.475\text{kN}\cdot\text{m}$$

$$\Delta M_{E1}=\frac{1}{24}q_1a^2l_1-\frac{5}{192}a^3q_1=0.288\text{kN}\cdot\text{m}$$

则有：

$$M_{C1}=2(M_{C1}-\Delta M_{C1})=8.190\text{kN}\cdot\text{m}(-)$$

$$M_{E1}=2(M_{E1}-\Delta M_{E1})=8.564\text{kN}\cdot\text{m}(+)$$

② 集中荷载

计算梁在集中荷载作用下的固端弯矩。

$$M_{C2}=\frac{pab^2}{l^2}=\frac{3.521\times5.1\times2.4^2}{7.5^2}=1.839\text{kN}\cdot\text{m}(-)$$

---

① 查阅《建筑结构静力计算手册》(第二版) 第 2 章单跨梁的支座反力 R、剪力 V 及弯矩 M 的求法。任意截面的弯矩 M 即为此截面任一边所有外力（包括反力）对该截面形心轴的力矩的代数和，使截面上部受压、下部受拉者为正。

$$M_{E2}=\frac{pba^2}{l^2}=\frac{3.521\times5.1^2\times2.4}{7.5^2}=3.907\text{kN}\cdot\text{m}(+)$$

对 CE 跨：

$$M_C=M_{C1}+M_{C2}=10.029\text{kN}\cdot\text{m}(-)$$
$$M_E=M_{E1}+M_{E2}=12.471\text{kN}\cdot\text{m}(+)$$

2）中间一般层和底层

根据手算恒载作用下的计算简图，将梁上荷载分为两部分叠加计算：①三角形、梯形组合荷载；②集中荷载。

但此时应注意，由于阳台的活荷载标准值和宿舍活荷载标准值不同，故此时，楼板活荷载也要类似于恒载分区计算。

（1）AB 跨

① 三角形、梯形组合载

对梁两边产生的效应进行叠加。

$$q_A=0.5\times3.9\times2.5=4.857\text{kN/m}$$

$$q_B=0.5\times3.9\times2.5=3.9\text{kN/m}$$

计算梁两端弯矩时，简化计算公式如下：

$$M_A=-\frac{qa^2}{12}(6-8a+3a^2)$$

$$M_B=-\frac{qa^3}{12}(4-3a)$$

运用叠加法得到：

$$M_{A1}=18.460\text{kN}\cdot\text{m}(-)$$
$$M_{B1}=17.266\text{kN}\cdot\text{m}(+)$$

$$\Delta M_{A1}=\frac{1}{24}q_1a^2l_1-\frac{5}{192}a^3q_1=\frac{2.5\times3.9\times2.3^2}{24}-\frac{5\times2.5\times2.3^2}{192}=1.357\text{kN}\cdot\text{m}$$

$$\Delta M_{B1}=0.016q_1l_1^3=0.016\times2\times3.9^3=1.898\text{kN}\cdot\text{m}$$

则有：

$$M_{A1}=2(M_{A1}-\Delta M_{A1})=34.206\text{kN}\cdot\text{m}(-)$$
$$M_{B1}=2(M_{B1}-\Delta M_{B1})=30.736\text{kN}\cdot\text{m}(+)$$

② 集中荷载

计算梁在集中荷载作用下的固端弯矩。

$$M_{A3}=\frac{pab^2}{l^2}=16.523\text{kN}\cdot\text{m}(-)$$

$$M_{B2}=\frac{pba^2}{l^2}=7.758\text{kN}\cdot\text{m}(+)$$

对 AB 跨：

$$M_A = M_{A1} + M_{A2} = 50.729\text{kN}\cdot\text{m}(-)$$
$$M_B = M_{B1} + M_{B2} = 38.494\text{kN}\cdot\text{m}(+)$$

(2) CE 跨

① 三角形、梯形组合荷载

对梁两边产生的效应进行叠加。

$$q_E = 0.5\times3.9\times2.5 = 4.875\text{kN/m}$$
$$q_C = 0.5\times3.9\times2 = 3.9\text{kN/m}$$

计算梁两端弯矩时，运用叠加法得到：

$$M_{C1} = 18.737\text{kN}\cdot\text{m}(-)$$
$$M_{E1} = 20.335\text{kN}\cdot\text{m}(+)$$
$$\Delta M_{C1} = 0.016q_1 l_1^3 = 0.016\times2\times3.9^3 = 1.898\text{kN}\cdot\text{m}$$
$$\Delta M_{E1} = \frac{1}{24}q_1 a^2 l_1 - \frac{5}{192}a^3 q_1 = 1.44\text{kN}\cdot\text{m}$$

则有：

$$M_{C1} = 2(M_{C1} - \Delta M_{C1}) = 33.678\text{kN}\cdot\text{m}(-)$$
$$M_{E1} = 2(M_{E1} - \Delta M_{E1}) = 37.79\text{kN}\cdot\text{m}(+)$$

② 集中荷载

计算梁在集中荷载作用下的固端弯矩。

$$M_{C2} = \frac{pab^2}{l^2} = 8.202\text{kN}\cdot\text{m}(-)$$
$$M_{E2} = \frac{pba^2}{l^2} = 11.154\text{kN}\cdot\text{m}(+)$$

对 CE 跨：

$$M_C = M_{C1} + M_{C2} = 41.88\text{kN}\cdot\text{m}(-)$$
$$M_E = M_{E1} + M_{E2} = 48.944\text{kN}\cdot\text{m}(+)$$

2. 弯矩二次分配计算

方法同恒荷载。

3. 梁跨中弯矩、梁端剪力计算

框架梁受力比较复杂，AB、CE 跨所受荷载也有集中力，且集中力相对较大，剪力突变，但经计算发现，集中力作用位置处弯矩小于梁跨中弯矩，故本设计仅计算梁跨中弯矩。但是需要说明的是，框架梁柱弯矩图中框架梁下部的跨中弯矩为框架梁中间位置的弯矩，并非是跨间最大弯矩。但因最大弯矩的位置与梁跨中部非常接近，故最大弯矩值与跨中弯矩值相差不大，为简化计算，直接取跨中截面为控制截面。但求得的梁的跨中弯矩却比最不利荷载位置法的计算结果要小，因此对梁跨中弯矩应乘以 1.1～1.2 的增大系数来修正其影响。本设计取修正系数为 1.2（由于 BC 跨无荷载，弯矩图为直线，故不考虑修正）。

梁端剪力由两部分组成：荷载引起的剪力和固端弯矩引起的剪力。

计算过程、公式均和恒荷载作用时一致，仅考虑框架梁在活荷载作用下，梁上不承受均布荷载。梁跨中弯矩、梁端剪力计算结果详见表 3-7 和表 3-8。

梁端及跨中弯矩（kN·m）　　表 3-7

层数	AB跨			BC跨			CE跨		
	A端	跨中	B左端	B右端	跨中	C左端	C右端	跨中	E端
6	−11.36	1.178	9.57	−0.12	−0.160	0.20	−10.47	−1.573	11.86
5	−43.29	10.186	36.46	−1.19	−1.320	1.45	−39.19	−14.189	42.58
4	−44.90	8.664	37.39	−0.92	−1.040	1.16	−40.19	−12.742	43.99
3	−44.90	8.664	37.39	−0.92	−1.040	1.16	−40.19	−12.742	43.99
2	−45.12	8.460	37.51	−0.89	−1.005	1.12	−40.31	−12.544	44.20
1	−41.50	11.794	35.57	−1.18	−1.660	1.84	−38.20	−15.850	40.80

活荷载作用下的梁端剪力（kN）　　表 3-8

层数	AB跨		BC跨		CE跨	
	A端	B左端	B右端	C左端	C右端	E端
6	5.688	−4.870	−0.033	−0.033	5.266	−5.877
5	24.891	−20.242	−0.108	−0.108	21.942	−25.533
4	24.986	−20.148	−0.100	−0.100	21.887	−25.588
3	24.986	−20.148	−0.100	−0.100	21.887	−25.588
2	25.000	−20.134	−0.096	−0.096	21.875	−25.600
1	24.766	−20.368	−0.150	−0.150	22.047	−25.428

4. 柱端剪力计算

柱端剪力是由上下两端弯矩引起，通过计算得到在活荷载作用下的柱端剪力。

5. 柱的轴力计算

计算公式同恒荷载（活荷载时不存在柱自重荷载），得到各轴柱在活载作用下的轴力，详见表 3-9。

活载作用下柱的轴力计算（kN）　　表 3-9

层号	轴号	V_l	V_r	p	$N_{l顶}$	$N_{l底}$
6	A		5.688	8.677	14.365	14.365
	B	−4.870	−0.033	13.527	18.364	18.364
	C	−0.033	5.226	13.826	19.085	19.085
	E	−5.877		9.000	14.877	14.877
5	A		24.891	40.299	79.555	79.555
	B	−20.242	−0.108	54.577	93075	93.075
	C	−0.108	21.942	55.794	96.929	96.929
	E	−25.533		41.811	82.221	82.221
4	A		24.986	40.299	144.84	144.84
	B	−20.148	−0.100	54.577	167.70	167.70
	C	−0.100	21.887	55.794	174.71	174.71
	E	−25.588		41.811	149.62	149.62
3	A		24.986	40.299	210.125	210.125
	B	−20.148	−0.100	54.577	242.325	242.325
	C	−0.100	21.887	55.794	252.491	252.491
	E	−25.600		41.811	217.031	217.031
2	A		25.000	40.299	275.424	275.424
	B	−20.134	−0.096	54.577	316.94	316.94
	C	−0.096	21.875	55.794	330.256	330.256
	E	−25.600		41.811	284.442	284.442

续表

层号	轴号	V_l	V_r	p	$N_{1顶}$	$N_{1底}$
1	A		24.776	40.299	340.489	340.489
	B	−20.368	−0.150	54.57	391.75	391.735
	C	−0.150	22.047	55.794	408.247	408.247
	E	−25.428		41.811	351.681	351.681

综上所述，根据弯矩分配和跨中弯矩计算获得手算活荷载作用下的弯矩图，根据梁端剪力和柱端剪力计算表得到在活荷载作用下的剪力图，根据柱轴力计算表得到在活荷载作用下柱的手算轴力图。

3.5.4 横向框架在风荷载作用下的内力计算

横向框架在水平风荷载作用下的内力计算采用改进的反弯点法，即“D 值法”。计算时首先按照各个柱的侧移刚度（即 D 值）在所在层总侧移刚度所占的比例，将框架各楼层的层间总剪力 V_j 分配给各个柱，就可求得各个柱的层间剪力 V_{ij}（表示第 j 层第 i 柱的层间剪力）。依据各个柱的层间剪力 V_{ij} 以及修正后的柱反弯点高度 y，就可以确定柱端弯矩；再根据节点平衡条件确定梁端弯矩之和（等于柱端弯矩之和），然后按照节点左右两边梁的线刚度比例分配梁端弯矩，即可求得各梁端弯矩；再根据梁的平衡条件求出梁端剪力，柱的轴力则为其上各层节点左右梁端剪力的代数和。

1. 柱反弯点高度的确定

反弯点高度比按照下式计算：

$$y=y_0+y_1+y_2+y_3$$

式中 y_0——标准反弯点高比，水平风荷载作用下的荷载近似呈均布分布；①

y_1——因上下层梁的刚度比变化的修正值，本设计中，柱的上下横梁线刚度相同，故不考虑修正，取 $y_1=0$；对于底层柱，不考虑 y_1 的修正，即取 $y_1=0$；

y_2、y_3——分别为因上、下层层高变化的修正值②；对顶层柱，不考虑修正值 y_2，即取 $y_2=0$；对底层柱，不考虑 y_3 的修正，即取 $y_3=0$。

2. 柱端剪力和弯矩计算

柱端剪力按下式计算：

$$V_{ij}=\frac{D_{ij}}{\sum D}V_j$$

式中 V_{ij}——第 j 层第 i 柱的层间剪力；

V_j——第 j 层总剪力标准值；

$\sum D$——第 j 层所有柱的侧移刚度之和；

D_{ij}——第 j 层第 i 柱的侧移刚度之和。

柱端弯矩按下式计算：

① 查阅《混凝土结构》（中国建筑工业出版社，中册，第七版）附表 10-1 确定 y_0，据标准框架总层数 n，计算柱所在层数 m，梁、柱线刚度比 k，以及水平荷载形式由有关表格查得的反弯点高度与计算柱高度的比值。

② 查阅《混凝土结构》（中国建筑工业出版社，中册，第七版）附表 10-4 确定，根据标准框架总层数 n，计算柱所在层数 m，梁、柱线刚度比 k，以及水平荷载形式由有关表格查得的反弯点高度与计算柱高度的比值。

$$M_{C上}=V_{ij}(1-y)h$$
$$M_{C下}=V_{ij}yh$$

由以上公式计算得到柱端剪力和柱端弯矩。

3. 梁端弯矩、剪力计算

计算思路：根据节点平衡条件确定梁端弯矩之和（等于柱端弯矩之和），然后按照节点左右两边梁的线刚度比例分配梁端弯矩，即可求得各梁端弯矩；再根据梁的平衡条件求出梁端剪力。

1）梁端弯矩计算

边柱：

$$M_{b总ij}=M_{c下j+1}+M_{c上j}$$

中柱：

$$M_{b左ij}=\frac{k_b^{右}}{k_b^{左}+k_b^{右}}(M_{c下j+1}+M_{c上j})$$
$$M_{b右ij}=\frac{k_b^{右}}{k_b^{左}+k_b^{右}}(M_{c下j+1}+M_{c上j})$$

式中 $M_{b左ij}$、$M_{b右ij}$——表示第 j 层第 i 节点左端梁的弯矩和右端梁的弯矩；

$k_b^{左}$、$k_b^{右}$——表示第 j 层第 i 节点左端梁的线刚度和右端梁的线刚度；

$M_{c下j+1}$、$M_{c上j}$——表示第 j 层第 i 节点上层柱的下端弯矩和下层柱的上端弯矩。

2）梁端剪力计算

梁端剪力按照下式计算：

$$V_b=(M_b^{左}+M_b^{右})/l$$

4. 柱的轴力计算

由梁柱节点的平衡条件计算地震作用下的柱轴力，运用公式：

$$N_i=\sum_{k=i}^{n}(V_b^{左}-V_b^{右})$$

综上所述，由以上计算可得在水平风荷载作用（手算左风）下的弯矩图、剪力图和轴力图，计算方法可参考第 2 章的相关计算过程，结果略。

3.5.5 横向框架在水平地震作用下的内力计算

横向框架在水平地震作用下的内力计算方法与水平风荷载的内力计算方法相同。

1. 柱反弯点高度的确定

反弯点高度比按照下式计算：

$$y=y_0+y_1+y_2+y_3$$

式中 y_0——标准反弯点高比，水平地震作用下的荷载近似倒三角形分布；

y_1——因上下层梁的刚度比变化的修正值，本设计中，柱的上下横梁线刚度相同，故不考虑修正，取 $y_1=0$；对于底层柱，不考虑 y_1 的修正，即取 $y_1=0$；

y_2、y_3——因上、下层层高变化的修正值；对顶层柱，不考虑修正值 y_2，即取 $y_2=0$；对底层柱，不考虑 y_3 的修正，即取 $y_3=0$。

2. 柱端剪力和弯矩计算

柱端剪力按下式计算：

$$V_{ij}=\frac{D_{ij}}{\sum D}V_j$$

式中 V_{ij}——第 j 层第 i 柱的层间剪力；

V_j——第 j 层总剪力标准值；

$\sum D$——第 j 层所有柱的侧移刚度之和；

D_{ij}——第 j 层第 i 柱的侧移刚度之和。

柱端弯矩按下式计算：

$$M_{C上}=V_{ij}(1-y)h$$
$$M_{C下}=V_{ij}yh$$

3. 梁端弯矩、剪力计算

计算思路：根据节点平衡条件确定梁端弯矩之和（等于柱端弯矩之和），然后按照节点左右两边梁的线刚度比例分配梁端弯矩，即可求得各梁端弯矩；再根据梁的平衡条件求出梁端剪力。

1）梁端弯矩计算

边柱：

$$M_{b总ij}=M_{c下j+1}+M_{c上j}$$

中柱：

$$M_{b左ij}=\frac{k_b^{左}}{k_b^{左}+k_b^{右}}(M_{c下j+1}+M_{c上j})$$

$$M_{b右ij}=\frac{k_b^{右}}{k_b^{左}+k_b^{右}}(M_{c下j+1}+M_{c上j})$$

式中 $M_{b左ij}$、$M_{b右ij}$——表示第 j 层第 i 节点左端梁的弯矩和右端梁的弯矩；

$k_b^{左}$、$k_b^{右}$——表示第 j 层第 i 节点左端梁的线刚度和右端梁的线刚度；

$M_{c下j+1}$、$M_{c上j}$——表示第 j 层第 i 节点上层柱的下端弯矩和下层柱的上端弯矩。

2）梁端剪力计算

梁端剪力按照下式计算：

$$V_b=(M_b^{左}+M_b^{右})/l$$

4. 柱的轴力计算

由梁柱节点的平衡条件计算地震作用下的柱轴力，运用公式：

$$N_i=\sum_{k=i}^{n}(V_b^{左}-V_b^{右})$$

3.5.6 PK电算结果与手算结果对比分析

前期对结构进行三维整体建模，共建立 2 个模型，即整体模型和宿舍楼二区分散模型，整体模型设置多塔，并在抗震缝处定义遮挡，以精确考虑风荷载的影响。考虑到目前程序的实际能力，单独塔的周期比、位移比等指标以分散模型为主。基础设计时以整体模型为主。对整体模型与分散模型分别经过 SATWE 分析设计模块验算，结果表明结构具有合理性，无超限信息。

运用二维结构计算软件 PK 程序，导出手算的⑧号轴线一榀框架，进行结构计算，获得⑧号轴线一榀框架的内力值，与手算结果进行比较，对比分析如下：

1. 计算简图对比

恒荷载与活荷载的手算与电算结果整体吻合较好，但框架梁中间集中力差距较大，其余部位相差不大；风荷载手算结果与电算结构存在差距。

2. 内力值对比

（1）恒载内力：框架梁手算与电算的弯矩值结果整体吻合较好，差距比较小，大部分内力值误差在 5%以内，以 AB 跨为例，框架梁右端误差较左端大，中间跨误差较边跨大；跨度中点处弯矩值与电算弯矩图的跨中弯矩，有一定差距，个别数据误差接近 20%；剪力值误差较弯矩值误差大，部分数据超出 10%。框架柱的内力值（包括弯矩、剪力、轴力）对比发现整体吻合较好，中间跨 BC 柱误差较大，部分数据超出 10%。

（2）活载内力：对比情况与恒载内力总体一致，但手算活载内力均维持在活载电算包络图内。

（3）风荷载误差较大，个别数据误差超出 10%，手算结果基本都大于电算结果；水平地震作用下，整体吻合较好，大部分内力值的误差保持在 10%以内，个别超出 10%。

3. 误差分析

（1）对结构整体建模，软件计算时考虑了模型的整体空间作用，手算时仅考虑一榀框架独立存在的受力情况，没有考虑临近结构对它的影响，所以计算存在一定误差。

（2）由内力计算部分所述，框架梁荷载形式比较复杂，采用近似算法，故也使计算结果存在误差。经过对手算与电算的结果进行对比，同时也证明近似算法的误差满足工程设计要求。

（3）计算风荷载时，各层风压高度变化系数取值规则存在差异：手算时高度从室外地坪算起，电算高度从基础顶面算起，导致计算结果存在差异。另外，手算时考虑了女儿墙高度上的风荷载，电算时直接忽略，也导致风荷载内力存在差距。

（4）PKPM 计算地震作用时采用的是振型分解法，而手算时选用的是底部剪力法，由于计算方法的差异，也导致计算结果存在差异。

3.6 内力组合

3.6.1 荷载效应组合

根据建筑结构的功能要求，对于承载力极限状态，应该考虑荷载效应的基本组合，按照下式进行结构设计。

$$\gamma_0 S_d \leqslant R_d$$

式中 γ_0——结构重要性系数；

S_d——荷载效应组合的设计值；

R_d——结构构件抗力的设计值。

1. 非抗震组合时

荷载基本组合设计值从以下荷载组合值中选用最不利的。①

1）对于可变荷载控制的组合

$$S_{\mathrm{d}}=\sum_{j=1}^{m}\gamma_{\mathrm{G}j}S_{\mathrm{G}j\mathrm{k}}+\gamma_{\mathrm{Q1}}\gamma_{\mathrm{L1}}S_{\mathrm{Q1k}}+\sum_{i=2}^{n}\gamma_{\mathrm{Q}_i}\gamma_{\mathrm{L}i}\psi_{ci}S_{\mathrm{Q}i\mathrm{k}}$$

当恒荷载效应对结构不利时，分项系数取值 1.2，对结构有利时取值 1.0；活载、风载的分项系数均取值 1.4；活载的组合系数取值 0.7，风载的组合系数取值 0.6。②

由《建筑结构荷载规范》GB 50009—2012 表 3.2.5 知：当设计使用年限为 50 年时，设计使用年限的调整系数 L 取为 1.0。

2）对于永久荷载控制的组合

$$S_{\mathrm{d}}=\sum_{j=1}^{m}\gamma_{\mathrm{G}j}S_{\mathrm{G}j\mathrm{k}}+\sum_{i=1}^{n}\gamma_{\mathrm{Q}_i}\gamma_{\mathrm{L}i}\psi_{ci}S_{\mathrm{Q}i\mathrm{k}}$$

当恒荷载效应对结构不利时，分项系数取值 1.35，对结构有利时取值 1.0。活载、风载的分项系数均取值 1.4；活载的组合系数取值 0.7，风载的组合系数取值 0.6。当设计使用年限为 50 年时，计使用年限的调整系数 L 取为 1.0。

3）对于荷载的标准组合

$$S_{\mathrm{d}}=\sum_{j=1}^{m}S_{\mathrm{G}j\mathrm{k}}+S_{\mathrm{Q1k}}+\sum_{i=2}^{n}\psi_{ci}S_{\mathrm{Q}i\mathrm{k}}$$

2. 抗震组合时

运用下式进行组合：

$$S_{\mathrm{Ed}}=\gamma_{\mathrm{G}}\times(S_{\mathrm{Gk}}+0.5S_{\mathrm{Qk}})+\gamma_{\mathrm{E}}\times S_{\mathrm{Ehk}}$$

其中，当恒荷载效应对结构不利时，分项系数取值为 1.2，考虑地震作用对结构不利时，分项系数取值 1.3。

3.6.2 内力组合

⑧号轴线一榀框架的梁柱均为固结形式，根据内力计算数据，并参考 PKPM 电算的内力包络图，可以知道，框架梁两端弯矩和剪力均大于跨中弯矩和剪力，H 型钢梁的上下梁端抗弯和抗剪承载力一致，所以不对梁跨中的内力进行组合，仅对梁端内力进行组合。

本设计结构类型为钢框架，所以梁端弯矩不进行调幅。

1. 框架梁的内力组合

框架梁的内力组合主要考虑以下四种情况。③

---

① 根据《建筑结构荷载规范》GB 50009—2012 第 3.2.3 条规定，荷载基本组合的效应设计值 S_{d} 应从荷载组合值中取用最不利的效应设计值确定，分别考虑可变荷载和永久荷载控制的效应设计值。

② 参考《建筑结构荷载规范》GB 50009—2012 第 3.2.4 条规定，永久荷载的分项系数应符合下列规定：当永久荷载效应对结构不利时，对由可变荷载效应控制的组合应取 1.2，对由永久荷载效应控制的组合应取 1.35，当永久荷载效应对结构有利时，不应大于 1.0。

③ 依据《高层民用建筑钢结构技术规程》JGJ 99—2015 第 3.8.3 条规定，第 1 性能水准的结构，应满足弹性设计要求，第 3 性能水准的结构应进行弹塑性计算分析。

情况 1（由恒荷载控制）：$1.35S_{Gk}+1.4\times0.7S_{Qk}$；
情况 2（由活荷载控制）：$1.2S_{Gk}+1.4\times(S_{Qk}+0.6S_{wk})$；
情况 3（由风荷载控制）：$1.2S_{Gk}+1.4\times(0.7S_{Qk}+S_{wk})$；
情况 4（由地震作用控制）：$1.2(S_{Gk+}0.5S_{Qk})+1.3S_{Ek}$。

2. 框架柱的内力组合

框架柱的内力组合主要考虑以下四种情况。

情况 1（由恒荷载控制）：$1.35S_{Gk}+1.4\times0.7S_{Qk}$；
情况 2（由活荷载控制）：$1.2S_{Gk}+1.4\times(S_{Qk}+0.6S_{wk})$；
情况 3（由风荷载控制）：$1.2S_{Gk}+1.4\times(0.7S_{Qk}+S_{wk})$；
情况 4（由地震作用控制）：$1.2(S_{Gk+}0.5S_{Qk})+1.3S_{Ek}$。

第 5 层框架柱、底层框架柱的内力组合表略，参考第 2 章。

3.7 截面设计

3.7.1 梁截面验算

设计信息：选用等级为 Q345 钢材，当 $t\leqslant16$mm 时，$f=310\text{N/mm}^2$，$f_v=180\text{N/mm}^2$；当 $16<t\leqslant35$mm 时，$f=295\text{N/mm}^2$，$f_v=170\text{N/mm}^2$。本设计各层框架边梁均采用 HN600×200×11×17，各层框架中跨梁均采用 HN300×150×6.5×9。

根据框架梁内力包络图可知，底层梁内力较大，故仅对底层梁进行验算，且支座位置处弯矩绝对值均大于梁跨中弯矩绝对值，故验算框架梁时取支座处内力值作为内力组合。

对于框架主梁，由于两端为固定支座，支座截面承受负弯矩，所以混凝土楼板受拉，限制了组合楼板的优势，也使得组合梁验算变得繁琐，故本设计对于框架主梁不进行组合梁设计，按照普通钢梁进行设计计算。而两端简支的次梁可以按照组合梁进行设计，以达到节约钢材的目的。

1. 底层框架梁 KL-1 截面验算

对于框架主梁应分别考虑抗震和不抗震组合。

对于抗震组合要考虑承载力抗震调整系数γ_{RE}，钢在进行强度验算时，γ_{RE} 取值 0.75，稳定验算时，取 0.80。①

取截面塑性发展系数 $\gamma_x=1.05$，在进行抗震验算时，考虑动力荷载作用，取 $\gamma_x=1.0$。

选择承受较大内力的底层框架梁 KL-1（HN600×200×11×17）进行验算，截面特性：$I_x=78200\text{cm}^4$，$W_x=2610\text{cm}^3$。

由内力组合表选择两组最不利组合如下：

非抗震时：$M=-280.87\text{kN}\cdot\text{m}$，$V=191.94\text{kN}$；

抗震时：$M=-372.72\text{kN}\cdot\text{m}$，$V=207.12\text{kN}$。

① 参考《建筑抗震设计规范》GB 50011—2010（2016 年版）第 5.4.2 条规定，承载力抗震调整系数除另有规定外，应按表中规定采用。

1）抗弯强度验算

非抗震时：

$$\frac{M_x}{\gamma_x W_{nx}}=\frac{280.87\times10^6}{1.05\times0.9\times2610\times10^3}=113.876\text{N/mm}^2<f=295\text{N/mm}^2$$

故满足要求。

有震时：

$$\frac{M_x}{\gamma_x W_{nx}}=\frac{372.72\times10^6}{1.0\times0.9\times2610\times10^3}=115.672\text{N/mm}^2<\frac{f}{\gamma_{RE}}=\frac{295}{0.75}=393\text{N/mm}^2$$

故满足要求。

计算式中系数 0.9 为考虑螺栓对梁截面的削弱作用。

2）抗剪强度验算

梁支座截面性轴以上（下）毛截面对中和轴的面积矩为：

$$S=17\times200\times\left(283+\frac{17}{2}\right)+283\times11\times\frac{283}{2}=1431589.5\text{mm}^3$$

非震时：

$$\frac{VS}{It_w}=\frac{19194\times10^3\times1431589.5}{78200\times10^4\times11}=31.944\text{N/mm}^2<f_v=170\text{N/mm}^2$$

故满足要求。

3）折算应力验算

验算腹板计算高度边缘处的折算应力。

$$S_{Ax}=17\times200\times\left(300-\frac{17}{2}\right)=991100\text{mm}^3$$

非震时：

$$\sigma=\frac{M_x h_1}{I_x}=\frac{280.87\times10^6\times283}{78200\times10^4}=101.645\text{N/mm}^2<f=295\text{N/mm}^2$$

$$\tau=\frac{VS_{Ax}}{It_w}=\frac{191.94\times10^3\times991100}{78200\times10^4\times11}=22.115\text{N/mm}^2<f_v=170\text{N/mm}^2$$

$$\sigma_z=\sqrt{\sigma^2+3\tau^2}=\sqrt{101.645^2+3\times22.115^2}=108.623\text{N/mm}^2$$
$$<\beta_1 f=1.1\times295=324.50\text{N/mm}^2$$

故满足要求。

抗震组合：

$$\sigma=\frac{M_x h_1}{I_x}=\frac{372.72\times10^6\times283}{78200\times10^4}=134.9\text{N/mm}^2<\frac{f}{\gamma_{RE}}=\frac{295}{0.75}=393\text{N/mm}^2$$

$$\tau=\frac{VS_{Ax}}{It_w}=\frac{207.12\times10^3\times991100}{78200\times10^4\times11}=23.9\text{N/mm}^2<\frac{f_v}{\gamma_{RE}}=\frac{170}{0.75}=227\text{N/mm}^2$$

$$\sigma_z=\sqrt{\sigma^2+3\tau^2}=\sqrt{134.9^2+3\times23.9^2}=141.076\text{N/mm}^2$$
$$<\beta_1 f/0.75=1.1\times295/0.75=432.667\text{N/mm}^2$$

故满足要求。

4）刚度验算

验算梁的刚度就是验算梁的挠度。

由于钢梁所受荷载形式比较复杂，故把荷载分解，进行叠加计算最终挠度值。本设计采用近似简化：承受多个集中荷载的梁，其挠度值与最大弯矩相同的均布荷载作用下的挠度值接近。

本设计近似将钢梁上所有荷载转化为均布荷载，且荷载均按偏安全取值，取 $q_{\mathrm{Gk}}=24.767\mathrm{kN/m}$，$q_{\mathrm{Qk}}=73667\mathrm{kN/m}$。

故梁跨中最大挠度值：

$$\nu=\frac{5}{384}\frac{ql^4}{EI_x}=\frac{5}{384}\times\frac{(24.767+7.667)\times7500^4}{2.06\times10^5\times78200\times10^4}=8.295\mathrm{mm}$$

梁的允许挠度值取 $[\nu]=l/400$。①

故有：

$$\nu=8.295\mathrm{mm}<\frac{l}{400}=\frac{7500}{400}=18.75\mathrm{mm}$$

满足要求。

5）整体稳定验算

（1）施工阶段：架设的临时支撑能保证不发生整体失稳。

（2）使用阶段：当框架梁与其上现浇钢筋混凝土楼板可靠连接，可以阻止梁受压翼缘的侧向位移。故认为梁的整体稳定可以得到保证，不必验算。②

6）局部稳定验算

本设计框架梁全部采用轧制 H 型钢，梁腹板和翼缘的宽厚比均较小，局部稳定能得到保证，不需要验算。

2. 底层框架梁 KL-4 截面验算

选择截面较小的底层框架梁 KL-4（HN300×150×6.5×9）进行验算，截面特性：$I_x=7350\mathrm{cm}^4$，$W_x=490\mathrm{cm}^4$。

由内力组合表选择两组最不利组合如下：

非抗震时：$M=-27.30\mathrm{kN\cdot m}$，$V=19.54\mathrm{kN}$；

抗震时：$M=-56.09\mathrm{kN\cdot m}$，$V=43.65\mathrm{kN}$。

1）抗弯强度验算

非抗震时：

$$\frac{M_x}{\gamma_{\mathrm{x}}W_{nx}}=\frac{27.30\times10^6}{1.05\times0.9\times490\times10^3}=58.957\mathrm{N/mm^2}<f=310\mathrm{N/mm^2}$$

故满足要求。

抗震时：

---

① 参考由《钢结构设计标准》GB 50017—2017 附录 A，受弯构件的最大挠度应按荷载效应的标准组合并考虑荷载长期作用影响进行计算，其计算值不应超过表中规定的挠度限值。

② 根据《钢结构设计标准》GB 50017—2017 第 4.2.1 条规定，有刚性铺板密铺在梁的受压翼缘上并与其牢固相连接，能阻止梁受压翼缘侧向位移（截面扭转），可不进行整体稳定验算。

$$\frac{M_x}{\gamma_x W_{nx}}=\frac{56.09\times10^6}{1.0\times0.9\times490\times10^3}=114.469\text{N/mm}^2<\frac{f}{\gamma_{RE}}=\frac{310}{0.75}=413\text{N/mm}^2$$

故满足要求。

计算式中系数 0.9 为考虑螺栓对梁截面的削弱作用。

2）抗剪强度验算

梁支座截面性轴以上（下）毛截面对中和轴的面积矩为：

$$S=9\times150\times\left(150-\frac{9}{2}\right)+141\times6.5\times\frac{141}{2}=261038.25\text{mm}^3$$

非抗震时：

$$\frac{VS}{IT_w}=\frac{19.54\times10^3\times261038.25}{7350\times10^4\times6.5}=10.676\text{N/mm}^2<f_v=180\text{N/mm}^2$$

故满足要求。

抗震时：

$$\frac{VS}{IT_w}=\frac{43.65\times10^3\times261038.25}{7350\times10^4\times6.5}=23.850\text{N/mm}^2<\frac{f_v}{\gamma_{RE}}=\frac{180}{0.75}=240\text{N/mm}^2$$

3）折算应力验算

验算腹板计算高度边缘处的折算应力。

$$S_{Ax}=9\times150\times\left(150-\frac{9}{2}\right)=196425\text{mm}^3$$

非抗震时：

$$\sigma=\frac{M_x h_1}{I_x}=\frac{27.30\times10^6\times141}{7350\times10^4}=52.371\text{N/mm}^2$$

$$\tau=\frac{VS_{Ax}}{It_w}=\frac{19.54\times10^3\times196425}{7350\times10^4\times6.5}=8.034\text{N/mm}^2$$

$$\sigma_z=\sqrt{\sigma^2+3\tau^2}=\sqrt{52.371^2+3\times8.034^2}=54.188\text{N/mm}^2$$

$$<\beta_1 f/0.75=1.1\times310/0.75=454.667\text{N/mm}^2$$

故满足要求。

4）刚度验算

验算梁的刚度就是验算梁的挠度。

由前面章节荷载计算得到：$q_{Gk}=0.402\text{kN/m}$。

故梁跨中最大挠度值：

$$\nu=\frac{5ql^4}{384EI_x}=\frac{5}{384}\times\frac{(0.402+0)\times2400^4}{2.06\times10^5\times7350\times10^4}=0.011\text{mm}$$

梁的允许挠度值取 $[\nu]=l/400$，故有：①

$$\nu=0.011\text{mm}<\frac{l}{400}=\frac{2400}{400}=6\text{mm}$$

① 由《钢结构设计标准》GB 50017—2017 附录 A，受弯构件的最大挠度应按荷载效应的标准组合并考虑荷载长期作用影响进行计算，其计算值不应超过规定的挠度限值。

满足要求。

5）整体稳定验算

（1）施工阶段：架设的临时支撑能保证不发生整体失稳。

（2）使用阶段：当框架梁与其上现浇钢筋混凝土楼板可靠连接，可以阻止梁受压翼缘的侧向位移。故认为梁的整体稳定可以得到保证，不必验算。①

6）局部稳定验算

本设计框架梁全部采用轧制 H 型钢，梁腹板和翼缘的宽厚比均较小，局部稳定能得到保证，不需要验算。具体梁结构施工图见二维码 3-7。

二维码 3-7
梁结构施工图

3.7.2 柱截面验算

本设计采用钢材等级为 Q345，当 16mm＜$t\leqslant$35mm 时，$f=295\text{N/mm}^2$，$f_v=170\text{N/mm}^2$。

底层柱均采用焊接组合 H 型钢：H400×400×20×32。

一般层柱均采用 H 型钢：HW400×400×13×21。

对一榀框架结构进行分析，可知底层柱所受轴力最大，而二层柱截面小于底层柱截面，故分别取底层，一般层各一根柱，以最不利内力组合进行验算。

同样选取两组不利组合分别考虑抗震和非抗震组合，抗震组合应考虑承载力抗震调整系数，根据规定，柱强度验算时取值 0.75，稳定验算时取值 0.80。

取截面塑性发展系数 x，在进行抗震验算时，考虑动力荷载作用，取 x 为 1.0。

柱截面特性见表 3-10。

框架柱截面特性 表 3-10

框架柱	截面尺寸	A (mm^2)	q (kN/m)	I_x (mm^4)	W_x (mm^3)	i_x (mm)	I_y (mm^4)	W_y (mm^3)	i_y (mm)
一般层	HW400×400×13×21	219.5	172	66900	3340	17.5	22400	1120	10.1
底层	H400×400×20×32	323	254	93212	4661	17.0	34156	1708	10.3

1. 底层柱验算

底层柱选择负荷面积较大的 C 轴柱进行验算。由内力组合表中选取两组最不利组合：

非震时：$M=-79.52\text{kN}\cdot\text{m}$、$N=2349.77\text{kN}$、$V=-39.36\text{kN}$；

有震时：$M=-228.64\text{kN}\cdot\text{m}$、$N=2044.76\text{kN}$、$V=-90.29\text{kN}$。

1）强度验算

非震时：

$$\frac{N}{A}+\frac{M}{\gamma_x W_x}=\frac{2349.77\times10^3}{323.2\times10^2}+\frac{79.25\times10^6}{1.05\times4660.6\times10^3}=88.898\text{N/mm}^2<f=295\text{N/mm}^2$$

故满足要求。

有震时：

① 根据《钢结构设计标准》GB 50017—2017 第 4.2.1 条规定，有刚性铺板密铺在梁的受压翼缘上并与其牢固相连接，能阻止梁受压翼缘侧向位移（截面扭转），可不进行整体稳定验算。

$$\frac{N}{A}+\frac{M}{\gamma_{x}W_{x}}=\frac{2044.76\times10^{3}}{323.2\times10^{2}}+\frac{228.64\times10^{6}}{1\times4660.6\times10^{3}}=112.324\text{N/mm}^{2}<\frac{f}{\gamma_{RE}}=\frac{295}{0.75}$$

故满足要求。

2）刚度验算

多层钢框架结构是有侧移结构，因此按照有侧移框架柱确定柱的计算长度。K_1 和 K_2 分别为相交于柱上端、柱下端的横梁线刚度之和与柱线刚度之和的比值。则有$K_1=\sum i_b/\sum i_c=(3.222+0.9464)/(4.466+4.176)=0.482$；$K_2=10$（考虑柱与基础刚接）。

得到 $\mu=1.309$。① 故平面内柱的计算长度为：$l_x=\mu l_0=1.309\times4300=5628.7\text{mm}$。

平面外柱的计算长度为：$l_y=4300\text{mm}$。

长细比计算：

$\lambda_x=\frac{l_x}{i_x}=\frac{5628.7}{170}=33.110$，b 类截面；

$\lambda_y=\frac{l_y}{i_y}=\frac{4300}{103}=41.748$，c 类截面。

分别查《钢结构设计标准》GB 50017—2017，得到：

$$\varphi_x=0.899$$

$$\varphi_y=0.771$$

四级框架柱长细比不应大于 $120\sqrt{\frac{235}{f_y}}$。②

因此，构件最大长细比：

$$\lambda_{max}=\max\{\lambda_x,\lambda_y\}=41.748<[\lambda]=120\sqrt{\frac{235}{345}}=99.039$$

故满足要求。

3）整体稳定验算

（1）平面内稳定验算

因本设计框架柱为分析内力没有考虑二阶效应的无支撑框架和弱支撑框架柱，故取 $\beta_{mx}=1.0$。

欧拉临界力应力值：

$$N'_{Ex}=\frac{\pi^2EA}{1.1\lambda_x^2}=\frac{3.14^2\times2.06\times10^5\times323.2\times10^2}{1.1\times33.110^2}=54436\text{kN}$$

非抗震时：

$$\frac{N}{\varphi_xA}+\frac{\beta_{mx}M}{\gamma_xW_x\left(1-\frac{0.8N}{N'_{Ex}}\right)}$$

① 查《钢结构设计标准》GB 50017—2017，应先计算出构件的长细比，矩形截面的长细比有两个互相垂直方向的，一般情况取最不利的一个，用长细比来查表，得到系数值。

② 根据《建筑抗震设计规范》GB 50011—2010（2016 年版）第 8.3.1 条规定，框架柱的长细比关系到钢结构的整体稳定。研究表明，钢结构高度加大时，轴力加大，竖向地震对框架柱的影响很大。本条规定与 2001 规范相比，高于 50m 时，7、8 度有所放松；低于 50m 时，8、9 度有所加严。

$$=\frac{2349.77\times10^3}{0.899\times323.2\times10^2}+\frac{1.0\times79.25\times10^6}{1.05\times4660.6\times10^3\times(1-0.8\times2349.77/54436)}$$

$$=97.645\text{N/mm}^2<f=295\text{N/mm}^2$$

故满足要求。

抗震时：

$$\frac{N}{\varphi_x A}+\frac{\beta_{\text{mx}}M}{\gamma_X W_X\left(1-\frac{0.8N}{N'_{\text{E}x}}\right)}$$

$$=\frac{2044.76\times10^3}{0.899\times323.2\times10^2}+\frac{1.0\times228.64\times10^6}{1.05\times4660.6\times10^3\times\left(1-0.8\times\frac{2349.77}{54436}\right)}$$

$$=120.952\text{N/mm}^2<\frac{f}{\gamma_{\text{RE}}}=\frac{295}{0.8}=369\text{N/mm}^2$$

故满足要求。

（2）平面外稳定验算

因本设计框架柱为分析内力没有考虑二阶效应的无支撑框架和弱支撑框架柱，故取 $\beta_{\text{tx}}=1.0$，截面调整系数 $\eta=1.0$。

整体稳定系数近似按照下式计算。①

$$\varphi_{\text{b}}=1.07-\frac{\lambda_y^2}{44000}\times\frac{f_y}{235}=1.07-\frac{41.784^2}{44000}\times\frac{345}{235}=1.012$$

非抗震时：

$$\frac{N}{\varphi_y A}+\eta\frac{\beta_{\text{tx}}M}{\varphi_{\text{b}}W_{1x}}=\frac{2049.77\times10^3}{0.771\times323.2\times10^2}+1.0\times\frac{1.0\times79.25\times10^6}{1.012\times4660.6\times10^3}$$

$$=111.010\text{N/mm}^2<f=295\text{N/mm}^2$$

故满足要求。

抗震时：

$$\frac{N}{\varphi_y A}+\eta\frac{\beta_{\text{tx}}M}{\varphi_{\text{b}}W_{1x}}=\frac{2044.76\times10^3}{0.771\times323.2\times10^2}+1.0\times\frac{1.0\times228.64\times10^6}{1.012\times4660.6\times10^3}$$

$$=130.534\text{N/mm}^2<\frac{f}{\gamma_{\text{RE}}}=\frac{295}{0.8}=369\text{N/mm}^2$$

故满足要求。

4）局部稳定验算

（1）非抗震时

① 受压翼缘

$$\frac{b}{t}=\frac{400-20}{2\times32}=5.938\leqslant13\sqrt{\frac{235}{f_{\text{y}}}}=10.729$$

故满足要求。

---

① 按照《钢结构设计标准》GB 50017—2017 附录 B.5，先确定构件的所属类别，通过计算出换算长细比进行查表。

② 腹板

腹板计算高度边缘最大的压应力：

$$\sigma_{\max}=\frac{N}{A}+\frac{M}{W_x}=\frac{2349.77\times10^3}{32300}+\frac{79.25\times10^6}{4660\times10^3}=86.987\text{N/mm}^2$$

腹板计算高度另一边缘相应应力：

$$\sigma_{\min}=\frac{N}{A}-\frac{M}{W_x}=\frac{2349.77\times10^3}{32300}-\frac{79.25\times10^6}{4660\times10^3}=58.420\text{N/mm}^2$$

应力梯度：

$$\alpha_0=\frac{\sigma_{\max}-\sigma_{\min}}{\sigma_{\max}}=\frac{86.987-58.420}{86.987}=0.328<1.6$$

故有：

$$(1.6\alpha_0+0.5\lambda+25)\sqrt{\frac{235}{345}}=(1.6\times0.328+0.5\times33.110+25)\times\sqrt{\frac{235}{345}}=38.63$$

$$\frac{h_0}{t_w}=\frac{336}{20}=16.8<38.63$$

故满足要求。

（2）有震时

进行如下验算如下。①

① 受压翼缘

$$\frac{b}{t}=\frac{400-20}{2\times32}=5.938\leqslant13\sqrt{\frac{235}{f_y}}=10.729$$

故满足要求。

② 腹板

$$\frac{h_0}{t_w}=\frac{336}{20}=16.8<52\sqrt{\frac{235}{f_y}}=42.917$$

故满足要求。

2. 一般层柱验算

考虑一般层柱中第二层柱轴力最大，故仅验算第二层，结合内力组合情况，选择负荷面积较大的C轴柱进行验算。由内力组合表中选取两组最不利组合：

非抗震时：$M=-89.34\text{kN}\cdot\text{m}$、$N=1931.25\text{kN}$、$V=-56.32\text{kN}$

抗震时：$M=-176.28\text{kN}\cdot\text{m}$、$N=1681.48\text{kN}$、$V=-107.56\text{kN}$

1）强度验算

非震时：

$$\frac{N}{A}+\frac{M}{\gamma_x W_x}=\frac{1931.25\times10^3}{323.2\times10^2}+\frac{89.34\times10^6}{1.05\times3440\times10^3}=113.459\text{N/mm}^2<f=295\text{N/mm}^2$$

有震时：

① 根据《建筑抗震设计规范》GB 50011—2010（2016年版）第8.3.2条规定，框架梁、柱板件宽厚比的规定，是以结构符合强柱弱梁为前提，考虑柱仅在后期出现少量塑性不需要很高的转动能力。

$$\frac{N}{A}+\frac{M}{\gamma_x W_x}=\frac{1681.48\times10^3}{219.5\times10^2}+\frac{176.28\times10^6}{1\times3340\times10^3}=129.383\text{N/mm}^2<\frac{f}{\gamma_{RE}}=\frac{295}{0.75}=393\text{N/mm}^2$$

故满足要求。

2）刚度验算

多层钢框架结构是有侧移结构，因此按照有侧移框架柱确定柱的计算长度。

K_1 和 K_2 分别为相交于柱上端、柱下端的横梁线刚度之和与柱线刚度之和的比值。

则有$K_1=\sum i_b/\sum i_c=(3.222+0.9464)/(2\times4.176)=0.499$；$K_2=\sum\frac{i_b}{\sum i_c}=(3.222+0.9464)/(4.176+4.466)=0.482$。

得到$\mu=1.602$。①故平面内柱的计算长度为：$l_x=\mu l_0=1.309\times4300=5628.7$mm。

平面外柱的计算长度为：$l_y=4300$mm。

长细比计算：

$\lambda_x=\frac{l_x}{i_x}=\frac{5286.6}{175}=30.209$，b类截面；

$\lambda_y=\frac{l_y}{i_y}=\frac{3300}{101}=32.673$，b类截面。

分别查《钢结构设计标准》GB 50017—2017 附表 C-2，得到：

$$\varphi_x=0.912$$
$$\varphi_y=0.901$$

四级框架柱长细比不应大于 $120\sqrt{\frac{235}{f_y}}$。

因此，构件最大长细比：

$$\lambda_{max}=\max\{\lambda_x,\lambda_y\}=32.673<[\lambda]=120\sqrt{\frac{235}{345}}=99.039$$

故满足要求。

3）整体稳定验算

（1）平面内稳定验算

因本设计框架柱为分析内力没有考虑二阶效应的无支撑框架和弱支撑框架柱，故取$\beta_{mx}=1.0$。

欧拉临界力应力值：

$$N'_{Ex}=\frac{\pi^2EA}{1.1\lambda_x^2}=\frac{3.14^2\times2.06\times10^5\times219.5\times10^2}{1.1\times30.209^2}=44412\text{kN}$$

非抗震时：

$$\frac{N}{\varphi_x A}+\frac{\beta_{mx}M}{\gamma_x W_x\left(1-\frac{0.8N}{N'_{Ex}}\right)}$$
$$=\frac{1931.25\times10^3}{0.912\times219.5\times10^2}+\frac{1.0\times89.34\times10^6}{1.05\times3340\times10^3\times(1-0.8\times1931.25/44412)}$$

$=122.867\text{N/mm}^2<f=295\text{N/mm}^2$

故满足要求。

抗震时：

$$\frac{N}{\varphi_x A}+\frac{\beta_{mx}M}{\gamma_x W_x\left(1-\frac{0.8N}{N'_{Ex}}\right)}$$

$$=\frac{1681.48\times10^3}{0.901\times219.5\times10^2}+\frac{1.0\times176.28\times10^6}{1.05\times3340\times10^3\times(1-0.8\times1681.48/44412)}$$

$$=139.449\text{N/mm}^2<\frac{f}{\gamma_{RE}}=\frac{295}{0.8}=369\text{N/mm}^2$$

故满足要求。

(2) 平面外稳定验算

因本设计框架柱为分析内力没有考虑二阶效应的无支撑框架和弱支撑框架柱，故取 $\beta_{mx}=1.0$，截面调整系数 $\eta=1.0$。

整体稳定系数近似按照下式计算。①

$$\varphi_b=1.07-\frac{\lambda_y^2}{44000}\times\frac{f_y}{235}=1.07-\frac{32.673^2}{44000}\times\frac{345}{235}=1.034$$

非抗震时：

$$\frac{N}{\varphi_y A}+\eta\frac{\beta_{mx}M}{\varphi_b W_x}=\frac{1931.25\times10^3}{0.901\times219.5\times10^2}+1.0\times\frac{1.0\times89.34\times10^6}{1.034\times3340\times10^3}$$
$$=111.010\text{N/mm}^2<f=295\text{N/mm}^2$$

故满足要求。

抗震时：

$$\frac{N}{\varphi_y A}+\eta\frac{\beta_{mx}M}{\varphi_b W_x}=\frac{1681.48\times10^3}{0.901\times219.5\times10^2}+1.0\times\frac{1.0\times176.28\times10^6}{1.034\times3340\times10^3}$$
$$=136.065\text{N/mm}^2<\frac{f}{\gamma_{RE}}=\frac{295}{0.8}=369\text{N/mm}^2$$

故满足要求。

4) 局部稳定验算

(1) 非震时

① 受压翼缘

$$\frac{b}{t}=\frac{400-13}{2\times21}=9.214\leqslant13\sqrt{\frac{235}{f_y}}=10.729$$

故满足要求。

② 腹板

腹板计算高度边缘最大的压应力：

① 按照《钢结构设计标准》GB 50017—2017 附录 B.5，先确定构件的所属类别，通过计算出换算长细比进行查表。

$$\sigma_{\max}=\frac{N}{A}+\frac{M}{W_x}=\frac{1931.25\times10^3}{21950}+\frac{89.34\times10^6}{3340\times10^3}=111.888\text{N/mm}^2$$

腹板计算高度另一边缘相应应力：

$$\sigma_{\min}=\frac{N}{A}-\frac{M}{W_x}=\frac{1931.25\times10^3}{21950}-\frac{89.34\times10^6}{3340\times10^3}=64.080\text{N/mm}^2$$

应力梯度：

$$\alpha_0=\frac{\sigma_{\max}-\sigma_{\min}}{\sigma_{\max}}=\frac{111.888-64.080}{111.888}=0.427<1.6$$

故有：

$$(1.6\alpha_0+0.5\lambda+25)\sqrt{\frac{235}{345}}=(1.6\times0.427+0.5\times30.290+25)\times\sqrt{\frac{235}{345}}=38.74$$

$$\frac{h_0}{t_w}=\frac{336}{20}=27.538<38.63$$

故满足要求。

(2) 有震时

进行如下验算如下。①

① 受压翼缘

$$\frac{b}{t}=\frac{400-13}{2\times21}=9.214\leqslant13\sqrt{\frac{235}{f_y}}=10.729$$

故满足要求。

② 腹板

$$\frac{h_0}{t_w}=\frac{358}{13}=27.538<52\sqrt{\frac{235}{f_y}}=42.917$$

故满足要求。

具体柱结构施工图见二维码 3-8。

二维码 3-8
柱结构施工图

3.7.3 强柱弱梁验算②

钢框架要满足抗震设防的要求，梁柱节点要满足强柱弱梁的要求，也就是满足下式的要求：

$$\sum W_{pc}(f_{yc}N/A_c)<\eta\sum W_{pb}f_{yb}$$

若满足柱轴压比不大于 0.4 时，可不进行上述强柱弱梁验算。根据前面的内力分析，柱轴力最大值在底层 C 轴柱：$N_{\max}=2412.31\text{kN}$。

故轴压比为：

$$\frac{N}{fA_c}=\frac{2412.31\times10^3}{295\times32320}=0.253<0.4$$

所以不必进行强柱弱梁验算。

---

① 根据《建筑抗震设计规范》GB 50011—2010（2016 年版）第 8.3.2 条规定，框架梁、柱板件宽厚比的规定，是以结构符合强柱弱梁为前提，考虑柱仅在后期出现少量塑性不需要很高的转动能力。

② 根据《建筑抗震设计规范》GB 50011—2010（2016 年版）第 8.2.5 条规定，轴压比较小时可不验算强柱弱梁，条文所要求的是按 2 倍的小震地震作用的地震组合得出的内力设计值，而不是取小震地震组合轴向力的 2 倍。

3.8 节点设计

3.8.1 梁柱节点设计

设计信息：选择底层A轴处梁柱节点进行设计，柱的截面类型为H400×400×20×32；梁的截面类型为HN600×200×11×17。

梁翼缘与柱壁采用完全焊透的坡口对接焊缝连接，Q345钢材采用E50型焊条，二级焊缝，对接焊缝材料的性能均与母材一致。当16mm$<t\leqslant$35mm时，$f_c^w=295\text{N/mm}^2$，$f_t^w=295\text{N/mm}^2$，$f_v^w=170\text{N/mm}^2$，钢梁腹板采用10.9级高强度螺栓摩擦型连接，螺栓杆直径$d=20$mm，连接处构件接触面喷砂处理，接触面抗滑移系数$\mu=0.5$，高强螺栓预拉力设计值为155.00kN，极限抗剪强度取$f_u^{bh}=1040\text{N/mm}^2$，孔径$d_0=22$mm。腹板连接板与柱采用角焊缝连接，$f_f^w=200\text{N/mm}^2$。

1. 连接处承载能力计算

1）梁端翼缘对接焊缝连接

采用精确设计方法：梁的翼缘和腹板一起承担弯矩，而梁腹板承担全部剪力。

根据内力组合表选取不利组合为：$M=-222.18\text{kN}\cdot\text{m}$，$V=184.44\text{kN}\cdot\text{m}$。

梁的截面惯性矩为：$I_x=78200\text{cm}^4$。

计算腹板惯性矩：$I_w=\dfrac{11\times566^3}{12}=16621\text{cm}^4$。

计算翼缘惯性矩：$I_f=78200-16621=61579\text{cm}^4$。

计算梁腹板承担弯矩：$M_w=\dfrac{I_w}{I}M=47.223\text{kN}\cdot\text{m}$。

计算梁翼缘承担弯矩：$M_f=\dfrac{I_f}{I}M=174.957\text{kN}\cdot\text{m}$。

故有：

$$M_0=h_{0b}b_{Fb}t_{Fb}f_t^w=200\times17\times(600-17)\times295=585\text{kN}\cdot\text{m}>N_f$$

故满足要求。

2）梁腹板与连接板采用螺栓连接

本设计选用10.9级的摩擦型高强度螺栓单剪形式连接。计算单个摩擦型高强螺栓抗剪承载力的设计值：

$$N_v^b=0.9n_f\mu P=0.9\times1\times0.50\times155=69.75\text{kN}$$

（1）计算腹板所需螺栓个数n

$$n=\frac{V}{0.9N_v^b}=\frac{184.44\times2\times10^3}{0.9\times69.75\times10^3}=5.876$$

考虑到现场的施工环境、施工顺序等因素，计算时为了考虑螺栓预拉应力的损失，故上式乘以0.9的折减系数。

本设计取高强螺栓个数$n=8$，双排布置。

（2）螺栓布置要求

螺栓中心至连接板边缘最小容许距离：

$$b>2d_0=2\times22=44\text{mm}$$

故取列边距 $b>40$mm，行边距 $b=80$mm，满足要求。螺栓中心的最小容许距离：

$$s>3d_0=66\text{mm},\text{且 } s<8d_0=176\text{mm}$$

故本设计螺栓列间距取 $s=70$mm，行间距取 $s=110$mm，满足要求。

(3) 螺栓强度验算

计算单个螺栓所受的剪力：

$$N_{\text{v}}=\frac{V}{n}=23.255\text{kN}$$

则螺栓承受的扭矩：

$$T=M_{\text{w}}-Ve=38.001\text{kN}\cdot\text{m}$$

计算扭矩作用下受力最大螺栓承受剪力：

$$N_{1x}^{\text{T}}=\frac{Ty_1}{\sum x_i^2+\sum y_i^2}=\frac{38.001\times165\times10^{-3}}{8\times0.035^2+4\times(0.055^2+0.165^2)}=47.937\text{kN}$$

$$N_{1y}^{\text{T}}=\frac{Tx_1}{\sum x_i^2+\sum y_i^2}=\frac{38.001\times35\times10^{-3}}{8\times0.035^2+4\times(0.055^2+0.165^2)}=10.168\text{kN}$$

$$N_1^{\text{T}}=\sqrt{N_{1x}^{\text{T}^2}+(N_{1y}^{\text{T}}+N_{\text{V}})^2}=58.324\text{kN}<N_{\text{v}}^{\text{b}}=69.75\text{kN}$$

3) 连接板尺寸

(1) 确定尺寸

连接板高度为：$h=3\times110+80\times2=490$

连接板宽度：$b=40\times2+70+15=165$mm（梁边到柱边的距离取 15mm）。

采用单连接板连接，连接板厚度近似按下式确定：

$$t=\frac{t_{\text{w}}h_1}{h_2}+(2\sim4)\text{mm}=\frac{11\times(600-2\times17)}{490}+(2\sim4)\text{mm}=14.706\sim16.706\text{mm}$$

故取板厚 $t=16$mm。

(2) 验算连接板抗剪强度

连接板净截面最大剪应力为：

$$t=\frac{V}{A_{\text{n}}}=\frac{184.44\times10^3}{(490-8\times22)\times16}=36.712\text{N/mm}^2<f_{\text{v}}=180\text{N/mm}^2$$

故满足要求。

4) 梁连接板与柱之间采用双面角焊缝

(1) 焊脚尺寸的确定

$$h_{\text{f}}=\frac{V}{2\times0.7\times l_{\text{w}}f_{\text{t}}^{\text{w}}}=\frac{184.44\times10^3}{2\times0.7\times490\times200}=1.344\text{mm}$$

$$h_{\text{f,min}}=1.5\sqrt{t_{\max}}=8.485\text{mm}$$

$$h_{\text{f,max}}=1.2t_{\min}=13.2\text{mm}$$

所以取 $h_{\text{f}}=9$mm。

(2) 焊缝强度验算

$$\sigma_f^m=\frac{V}{h_e\sum l_w}=\frac{202.49\times10^3}{0.7\times9\times2\times490}=29.867\text{N/mm}^2$$

$$\sqrt{\left(\frac{\sigma_f^m}{\beta}\right)^2+(\tau_f^v)^2}=95.780\text{N/mm}^2<f_t^w=200\text{N/mm}^2$$

故满足要求。

2. 极限承载力验算

梁柱刚性连接的极限承载力应按下式验算①：

$$M_u^j\geqslant\eta_j M_p$$

$$V_u^j\geqslant1.2(2M_p/l_n)+V_{Gb}$$

式中 M_u^j、V_u^j——分别为连接的极限受弯、受剪承载力；

M_p——梁的塑性受弯承载力；

V_{Gb}——梁在重力荷载代表值作用下，按简支梁计算的梁端截面剪力设计值；

j——连接系数；

l_n——梁的净跨。

梁极限受弯承载力验算：

$$M_p=f_yW_{pb}=345\times\left[200\times17\times(600-17)+\frac{1}{4}(600-2\times17)^2\times11\right]=987.797\text{kN}\cdot\text{m}$$

Q345 钢材极限抗拉强度取为：$f_u=470\text{N/mm}$，单个 M20 高强度螺栓有效截面面积 $A_e=245\text{mm}^2$。

$$M_{u1}=A_f(h-t_f)f_u=200\times17\times(600-17)\times470=931.634\text{kN}\cdot\text{m}$$

$$M_{u2}=\sum0.75n_fA_ef_u^{th}y_i=0.75\times1\times245\times1040\times(4\times55+4\times165)=168.168\text{kN}\cdot\text{m}$$

$$M_u=M_{u1}+M_{u2}=931.634+168.168=1099.802\text{kN}\cdot\text{m}$$

$$M_{pf}+\eta_{jw}M_{pw}=1.30\times345\times\left(200\times17\times2\times\frac{600-17}{2}\right)+1.35\times\left[(600-2\times17)\times11\times\frac{600-34}{4}\right]=890.206\text{kN}\cdot\text{m}$$

所以，$M_u=1099.802\text{kN}\cdot\text{m}>890.206\text{kN}\cdot\text{m}$。

注意：上式中，考虑到螺栓连接中部分螺栓的破坏出现在螺栓杆而不是螺纹处，使螺栓连接的最大抗剪承载力整体有所提高，所以式中 0.58 用 0.75 代替。

η_{jf}、η_{jw} 可查阅确定。②

验算梁极限受剪承载力腹板承担全部剪力。

梁腹板净截面面积极限抗剪承载力为：

$$V_{u1}=A_{nw}^bf_u/\sqrt{3}=(566-4\times22)\times11\times470\div\sqrt{3}=1426.783\text{kN}$$

---

① 根据《建筑抗震设计规范》GB 50011—2010（2016 年版）第 8.2.8 条规定，构件的连接需符合强连接弱构件的原则。

② 参考《建筑抗震设计规范》GB 50011—2010（2016 年版）第 8.2.8 条规定，螺栓是指高强度螺栓，极限承载力计算时按承压型连接考虑。

连接板净截面面积极限抗剪承载力为：

$$V_{u2}=A_{nw}^{pl}f_{u}/\sqrt{3}=(496-4\times22)\times16\times470\div\sqrt{3}=1771.403\text{kN}$$

螺栓拼接的极限抗剪承载力为：

$$V_{u3}=0.75\times n_{f}nA_{e}^{bh}f_{u}^{bh}=0.75\times1\times8\times245\times1040=1528.800\text{kN}$$

$$V_{u4}=nd\sum tf_{cu}^{b}=8\times20\times11\times1.5\times470=240.800\text{kN}$$

式中，f_{cu}^{b} 为螺栓连接板极限承压强度，取 $1.5f_{u}$。

$$V_{u}^{j}=\min(V_{u1},V_{u2},V_{u3},V_{u4})=1240.800\text{kN}$$

恒荷载作用下按照简支梁计算得到剪力：$V_{恒}=81.731\text{kN}$。

活荷载作用下按照简支梁计算得到剪力：$V_{活}=23.943\text{kN}$。

$V_{GB}=V_{恒}+0.5V_{活}=81.731+0.5\times23.943=93.703\text{kN}$。

$1.2(\sum M_{p}/l_{n}+V_{Gb})=1.2\times[987.797/(7.2-0.4)]+93.703=268.020\text{kN}$。

则$V_{u}^{j}=1240.800\text{kN}>1.2(2M_{p}/l_{n})+V_{Gb}=268.020\text{kN}$，满足要求。

3. 节点域承载力验算

1）节点域局部稳定验算

为防止节点域的框架柱腹板在受剪时发生局部失稳，节点域内框架柱腹板的厚度应满足 $t_{w}\geqslant(h_{b1}+h_{c1})/90$ 的要求，则有：

一般层柱：$t_{w}=13\text{mm}\geqslant(h_{b1}+h_{c1})/90=(600-17+400-21)/90=10.689\text{mm}$

底层柱：$t_{w}=20\text{mm}\geqslant(h_{b1}+h_{c1})/90=(600-17+400-32)/90=10.567\text{mm}$

故满足要求。

2）节点域抗剪强度验算

节点域体积：

$$V_{p}=h_{b1}h_{c1}t_{w}=(600-17)\times(400-32)\times20=4290880\text{mm}^{3}$$

$$\tau=\frac{M_{b1}+M_{b2}}{V_{p}}=\frac{222.18\times10^{6}+0}{4290880}=51.780\text{N/mm}^{2}<\frac{4}{3}\frac{f_{v}}{\gamma_{RE}}=302\text{N/mm}^{2}$$

故满足要求。

3）节点域屈服承载力验算

计算梁全塑性受弯承载力：

$$M_{p}=f_{y}w_{pb}=345\times\left[200\times17\times(600-17)+\frac{1}{4}(600-2\times17)^{2}\times11\right]=987.797\text{kN}\cdot\text{m}$$

本设计为钢框架结构，取折减系数 $\psi=0.6$。则有：

$$\frac{\psi(M_{pb1}+M_{pb2})}{V_{p}}=\frac{0.6\times987.797\times10^{6}}{4290880}=138.25\text{N/mm}^{2}<\frac{4}{3}f_{v}=\frac{4}{3}\times170$$

$$=226.67\text{N/mm}^{2}$$

故满足要求。

梁柱节点详图见图 3-12。

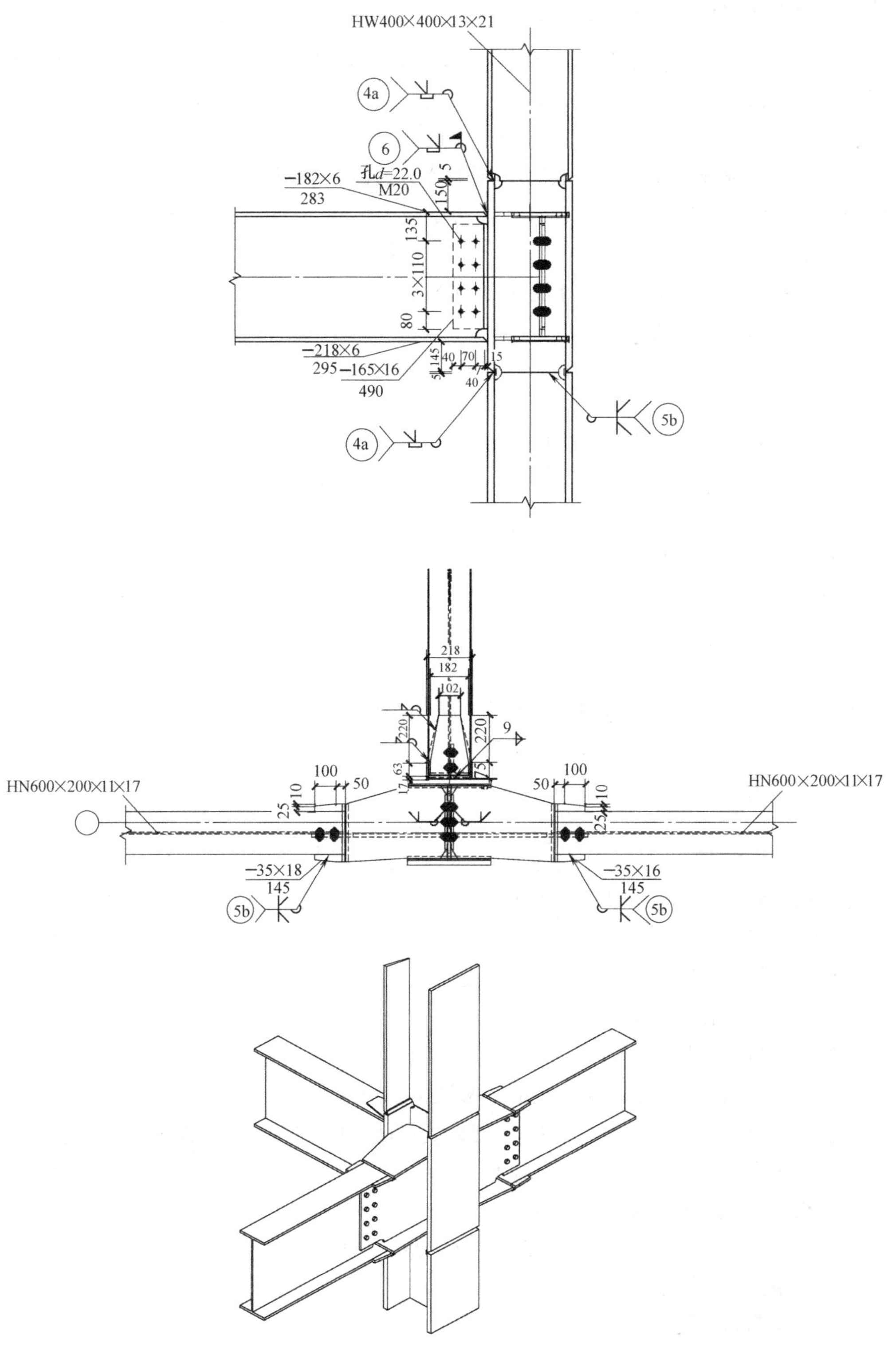
HW400×400×13×21
4a
6
孔d=22.0
M20
−182×6
283
150
5
135
3×110
80
−218×6
295
−165×16
490
145
40
70
15
40
5b
4a
218
182
102
220
220
9
63
17
75
100
50
10
25
HN600×200×11×17
HN600×200×11×17
−35×18
145
5b
−35×16
145
5b

图 3-12 梁柱节点详图

3.8.2 主次梁节点设计

本设计主次梁通过铰接连接。偏于安全考虑，计算螺栓或者焊缝时，应考虑因为偏心而产生的附加扭矩。但是对于铰接连接的设计，剪力起控制作用，所以设计时主要考虑剪力的影响。

设计信息：选择 AB 跨主梁 KL2 与跨度为 3.9m 的次梁 CL3 的连接节点进行设计。主梁截面尺寸为 HN600×200×11×17，次梁截面尺寸为 HN300×150×6.5×9，采用 E50 型焊条，二级焊缝，$f_f^w=200\text{N/mm}^2$。螺栓采用 10.9 级的 M20 摩擦型高强螺栓连接，喷砂处理摩擦面，预拉力设计值为 155kN，抗滑移系数 $\mu=0.5$。

根据前面章节的荷载计算：

$$V_{恒}=47.945/2=23.973\text{kN}$$

$$V_{活}=15.511/2=7.756\text{kN}$$

恒载控制时，次梁所受的剪力设计值：

$$V=1.35\times23.973+1.4\times0.7\times7.756=39.964\text{kN}$$

活载控制时，次梁所受的剪力设计值：

$$V=1.2\times23.973+1.4\times7.756=39.626\text{kN}$$

综上所述，次梁承受的剪力设计值取 $V=39.964\text{kN}$。抗震设计，偏安全地次梁端剪力取端部剪力的 1.3 倍，$V=51.953\text{kN}$。

1. 梁腹板与连接板采用螺栓连接

单剪形式连接的单个摩擦型高强度螺栓抗剪承载力设计值为：

$$N_v^b=0.9n_f\mu P=0.9\times1\times1\times0.5\times155=69.75\text{kN}$$

腹板所需螺栓数目：

$$n=\frac{V}{N_v^b}=\frac{51.953\times10^3}{69.75\times10^3}=0.745$$

故选取腹板所需高强度螺栓个数为：$n=2$，按单排布置。

2. 螺栓布置

螺栓距次梁外伸腹板上下端部应该满足：

$c\geqslant1.5d_0=33\text{mm}$，故取 $c=65\text{mm}$。

螺栓间距应该满足：

$s\geqslant3d_0=66\text{mm}$，$s\leqslant8d_0=176\text{mm}$，故取 $s=70\text{mm}$。

螺栓中心至构件边缘（顺内力方向）最小容许距离为 $2d=40\text{mm}$，取 40mm，则次梁外伸腹板上下端部到次梁翼缘外侧的距离为 $s=50\text{mm}$。

由此得到，次梁外伸腹板的高度为：

$$h_2=70+(65\times2)=200\text{mm}$$

3. 主梁加劲肋厚度的确定

按照次梁腹板厚度：

$$t=6.5\text{mm}$$

按主梁翼缘外伸长度：

$$t \geqslant \frac{b_s}{15} = \frac{200-11}{2\times15} = 6.3\text{mm}$$

按螺栓间距：

$$t \geqslant \frac{70}{12} = 5.8\text{mm}$$

综上所述，主梁加劲肋厚度取 $t=10\text{mm}$。

4. 验算螺栓的承载力

单个螺栓承受的剪力：

$$N_v = \frac{V}{n} = \frac{51.593}{2} = 25.977$$

计算得到螺栓承受的扭矩：

$$T = Ve = 51.593\times60\times10^{-3} = 3.117\text{kN}\cdot\text{m}$$

扭矩作用下受力最大螺栓承受的剪力为：

$$N_{1x}^{T} = \frac{Ty_1}{\sum y_i^2} = 44.529\text{kN}$$

$$N_{1T} = \sqrt{N_{1x}^{T\ 2} + N_v^{\ 2}} = 51.552\text{kN} \leqslant N_v^b = 69.750\text{kN}$$

故满足要求。

5. 主梁加劲肋连接焊缝的设计

1）与主梁腹板连接处焊脚尺寸

$$h_{f,\min} = 1.5\sqrt{t_{\max}} = 4.975\text{mm}$$

$$h_{f,\max} = 1.2t_{\min} = 12\text{mm}$$

故取 $h_f=5\text{mm}$。

与主梁翼缘连接处焊脚尺寸：

$$h_{f,\min} = 1.5\sqrt{t_{\max}} = 6.185\text{mm}$$

$$h_{f,\max} = 1.2t_{\min} = 12\text{mm}$$

故取 $h_f=7\text{mm}$。

2）焊缝强度验算

考虑主梁加劲肋切角高度为 45mm。取焊缝的计算长度：

$$l_w = h-2t_f-2b-2h_f = 600-2\times17-2\times45-2\times5 = 466\text{mm}$$

$$\tau_f^v = \frac{V}{2\times0.7h_f\sum l_w} = \frac{51.593\times10^3}{2\times0.7\times5\times466} = 15.816\text{N/mm}^2 < f_f^w = 200\text{N/mm}^2$$

故满足要求。

6. 次梁外伸腹板强度验算

$$A_n = t_w(h_2-nd) = 6.5\times(200-2\times22) = 1014\text{mm}^2$$

$$I_w = \frac{t_w(h_2-nd)^3}{12} = \frac{6.5\times(200-2\times22)^3}{12} = 2056392\text{mm}^4$$

$$W_n = \frac{2I_w}{h_2} = \frac{2\times2056392}{200} = 20563.92\text{mm}^3$$

$$\tau=\frac{V}{A_n}=\frac{51.953\times10^3}{1014}=51.236\text{N/mm}^2$$

$$\sigma=\frac{M}{W_n}=151.577\text{N/mm}^2$$

故有：

$$\sqrt{\sigma^2+3\tau^2}=175.644\text{N/mm}^2$$

主次梁节点连接详图见图 3-13。

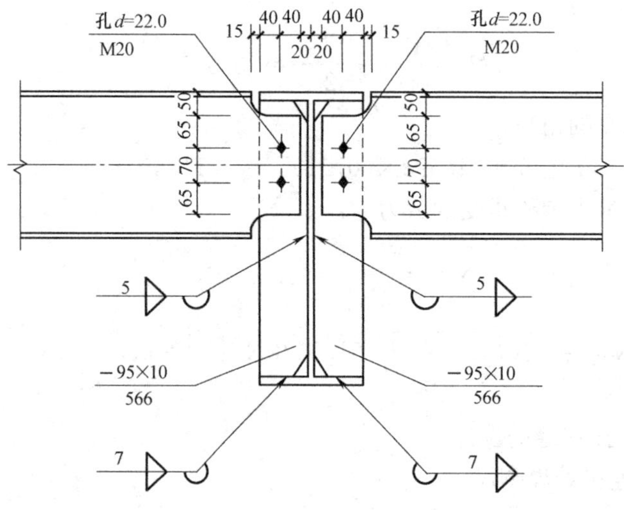

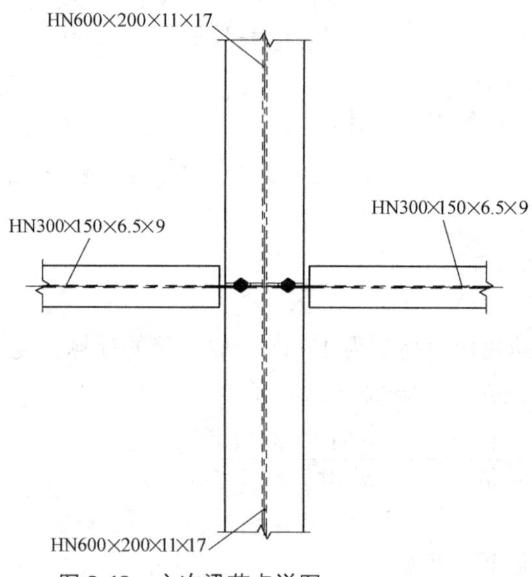

图 3-13 主次梁节点详图

3.8.3 次梁与次梁连接节点设计

设计信息：选择次梁 CL2 与次梁 CL3 的连接节点进行设计。次梁 CL2 的截面尺寸为 HN500×200×10×16，次梁 CL3 的截面尺寸 N300×150×6.5×9，螺栓采用 E50 型焊条，二级焊缝，$f_f^w=200\text{N/mm}^2$。用 10.9 级的 M20 摩擦型高强螺栓连接，喷砂处理摩擦面，预拉力设计值为 155kN，抗滑移系数 $\mu=0.5$。

根据荷载对称性，剪力设计值仍取 $V=51.953\text{kN}$。

1. 梁腹板与连接板采用螺栓连接

单剪形式连接的单个摩擦型高强螺栓抗剪承载力设计值为：

$$N_v^b=0.9n_f\mu P=0.9\times1\times1\times0.5\times155=69.75\text{kN}$$

腹板所需螺栓数目：$n=\dfrac{V}{N_v^b}=\dfrac{51.953\times10^3}{69.75\times10^3}=0.745$

故选取腹板所需高强螺栓个数为：$n=2$，按单排布置。

2. 螺栓布置

螺栓距次梁外伸腹板上下端部应该满足：

$$c\geqslant1.5d_0=33\text{mm}$$

故取 $c=66\text{mm}$。

螺栓间距应该满足：

$$s\geqslant3d_0=66\text{mm};s\leqslant8d_0=176\text{mm}$$

故取 $s=70\text{mm}$。

螺栓中心至构件边缘（顺内力方向）最小容许距离为 $2d_0=44\text{mm}$，取 44mm，则次梁外伸腹板上下端部到次梁翼缘外侧的距离为：

$$a=\frac{300-66\times2-70}{2}=49\text{mm}$$

由此得到，次梁外伸腹板的高度为：

$$h_2=70+(66\times2)=202\text{mm}$$

3. 主梁加劲肋厚度的确定

按照次梁 CL3 腹板厚度：

$$t\geqslant t_w=6.5\text{mm}$$

按次梁 CL2 翼缘外伸长度：

$$t\geqslant\frac{b_s}{15}=\frac{200-10}{2\times15}=6.333\text{mm}$$

按螺栓间距：

$$t\geqslant\frac{70}{12}=5.8\text{mm}$$

综上所述，次梁 CL2 加劲肋厚度取 $t=10\text{mm}$。

4. 验算螺栓的承载力

单个螺栓承受的剪力：

$$N_v=\frac{V}{n}=\frac{51.593}{2}=25.977$$

计算得到螺栓承受的扭矩：

$$T=Ve=51.593\times60\times10^{-3}=3.117\text{kN}\cdot\text{m}$$

扭矩作用下受力最大螺栓承受的剪力为：

$$N_{1x}^{\mathrm{T}}=\frac{Ty_1}{\sum y_i^2}=44.529\text{kN}$$

$$N_{1\mathrm{T}}=\sqrt{{N_{1x}^{\mathrm{T}}}^2+{N_{\mathrm{v}}}^2}=51.552\text{kN}\leqslant N_{\mathrm{v}}^{\mathrm{b}}=69.750\text{kN}$$

故满足要求。

5. 次梁 CL2 加劲肋连接焊缝的设计

1）与次梁 CL2 腹板连接处焊脚尺寸

$$h_{\mathrm{f,min}}=1.5\sqrt{t_{\max}}=4.743\text{mm}$$

$$h_{\mathrm{f,max}}=1.2t_{\min}=12\text{mm}$$

故取 $h_{\mathrm{f}}=5\text{mm}$。

与次梁 CL2 翼缘连接处焊脚尺寸：

$$h_{\mathrm{f,min}}=1.5\sqrt{t_{\max}}=6\text{mm}$$

$$h_{\mathrm{f,max}}=1.2t_{\min}=12\text{mm}$$

故取 $h_{\mathrm{f}}=6\text{mm}$。

2）焊缝强度验算

考虑次梁 CL2 加劲肋切角高度为 45mm。

取焊缝的计算长度：

$$l_{\mathrm{w}}=h-2t_{\mathrm{f}}-2b-2h_{\mathrm{f}}=500-2\times16-2\times45-2\times5=368\text{mm}$$

$$\tau_{\mathrm{f}}^{\mathrm{v}}=\frac{V}{2\times0.7h_{\mathrm{f}}\sum l_{\mathrm{w}}}=\frac{51.593\times10^3}{2\times0.7\times5\times368}=20.168\text{N/mm}^2<f_{\mathrm{f}}^{\mathrm{w}}=200\text{N/mm}^2$$

故满足要求。

6. 次梁 CL3 外伸腹板强度验算

$$A_{\mathrm{n}}=t_{\mathrm{w}}(h_2-nd)=6.5\times(202-2\times22)=1027\text{mm}^2$$

$$I_{\mathrm{w}}=\frac{t_{\mathrm{w}}(h_2-nd)^3}{12}=\frac{6.5\times(202-2\times22)^3}{12}=2136502.333\text{mm}^4$$

$$W_{\mathrm{n}}=\frac{I_{\mathrm{w}}}{h_2/2}=\frac{2\times2136502.333}{202/2}=21153.488\text{mm}^3$$

$$\tau=\frac{V}{A_{\mathrm{n}}}=\frac{51.953\times10^3}{1027}=50.587\text{N/mm}^2$$

$$\sigma=\frac{M}{W_{\mathrm{n}}}=147.352\text{N/mm}^2$$

故有：$\sqrt{\sigma^2+3\tau^2}=171.434\text{N/mm}^2\leqslant\beta f=1.1\times310=341\text{N/mm}^2$

故满足要求。

次梁 CL2 与次梁 CL3 节点连接详图见图 3-14。

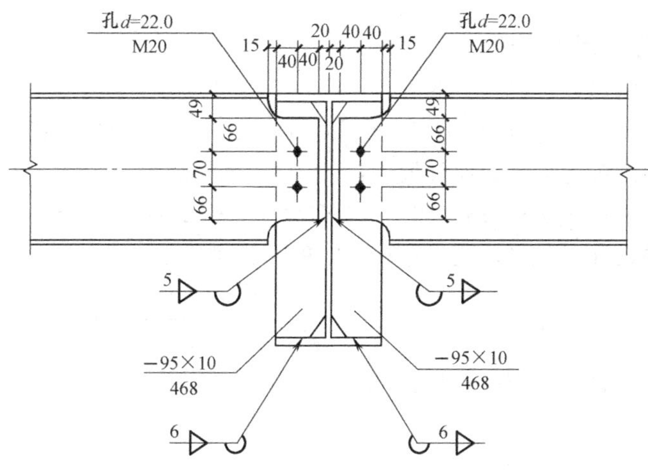

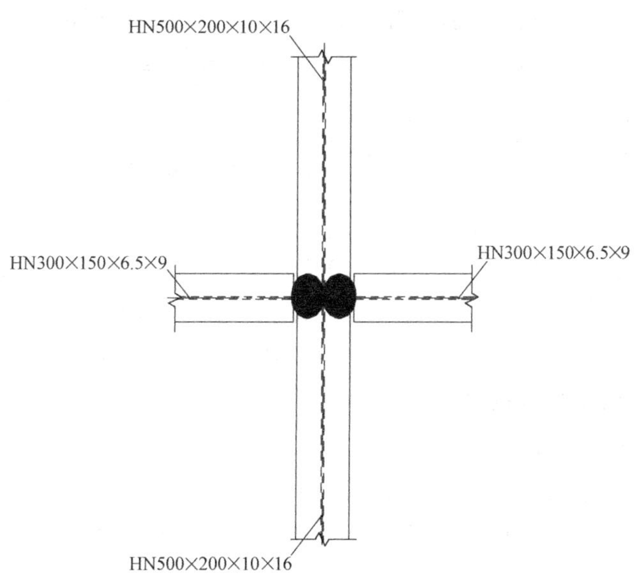

图 3-14 次梁与次梁节点详图

3.8.4 柱柱拼接设计

柱柱拼接节点应设置在内力较小处，结合工程经验，框架柱的拼接节点一般选择设置在框架梁上方 1.3m 处。故本设计中，框架柱拼接节点位于框架梁上方 1.3m 处。

柱翼缘：完全焊透的坡口对接焊缝连接；腹板：摩擦型高强度螺栓连接。柱翼缘采用完全焊透坡口焊缝连接，并用引弧板施焊，对接焊缝材料的性能均与母材相同，不必进行焊缝强度的计算。翼缘焊条采用 E50 型，二级焊缝。腹板连接采用 10.9 级的 M20 摩擦型高强螺栓连接，摩擦面采用喷砂处理，预拉力设计值为 155kN，抗滑移系数 $\mu=0.500$。

1. 柱拼接处计算

1）柱腹板高强度螺栓计算

轴心压力：截面损失系数近似取 0.85。

$N_n^c = A_n^c f = (A_{nw}^c + A_{nF}^c) f = 0.85 \times (358 \times 13 + 21 \times 400 \times 2) \times 310 = 6650.740\text{kN}$

单个双剪螺栓的抗剪承载力设计值为：

$$N_v^b = 0.9 n_f \mu P = 0.9 \times 1 \times 2 \times 0.5 \times 155 = 139.5\text{kN}$$

对柱腹板等强设计，此时柱腹板连接所需的高强螺栓数目为：

$$n_{wc} = \frac{V A_{nw}^c f}{N_v^b} = \frac{0.85 \times 358 \times 13 \times 310}{139.5 \times 10^3} = 9$$

本设计规格化布置，取螺栓数目为 18 个。

2）拼接板尺寸设计

按照构造设计，螺栓孔径：$d_0 = 21.5\text{mm}$。

则螺栓最小容许间距 $3d_0 = 3 \times 21.5 = 64.5\text{mm}$，故取螺栓间距 70mm。行边距边距 $2d_0 = 2 \times 21.5 = 43\text{mm}$，设计取 50mm。

列边距 $1.5d_0 = 1.5 \times 21.5 = 32.25\text{mm}$，设计取 56mm。所以拼接板尺寸为：

$$(2 \times 70 + 2 \times 56) \times [(5 \times 70 + 2 \times 50) \times 2 + 5] = 252\text{mm} \times 905\text{mm}$$

连接板厚度：

$$t = \frac{t_w h_{wc}}{2h} + (1 \sim 3)\text{mm} = \frac{13 \times 358}{2 \times 400} + (1 \sim 3)\text{mm} = 6.8 \sim 8.8\text{mm}$$

设计取连接板厚度为 13mm。

所以拼接板尺寸为：13mm×252mm×905mm。

$$A_{nw}^{pl} = 2 \times (252 \times 13 - 3 \times 21.5 \times 13) = 4875\text{mm}^2$$

$$A_{nw}^c = 358 \times 13 - 3 \times 21.5 \times 13 = 3815.5\text{mm}^2$$

2. 螺栓孔对柱截面的削弱验算

柱的毛截面面积为：$A_0 = 21950\text{mm}^2$。

螺栓孔削弱面积为：$A_R = 21.5 \times 13 \times 3 = 838.5\text{mm}^2$。

求得削弱率：$u_R = A_R / A_0 \times 100\% = 838.5/21950 \times 100\% = 3.82\% < 25\%$。

满足设计要求。

柱柱拼接节点连接见图 3-15。

3.8.5 柱脚设计

钢结构的柱脚宜采用埋入式①，对于多层钢框架结构，外露式柱脚使用也受限，故本工程采用埋入式柱脚。选择底层 A 柱进行手算设计。

1. 设计概况

1）选材

连接板、锚栓等钢材：Q345 钢；

---

① 根据《建筑抗震设计规范》GB 50011—2010（2016 年版）第 8.3.8 条的规定，对 8、9 度有所放松，外露式只能用于 6、7 度高度不超过 50m 的情况。

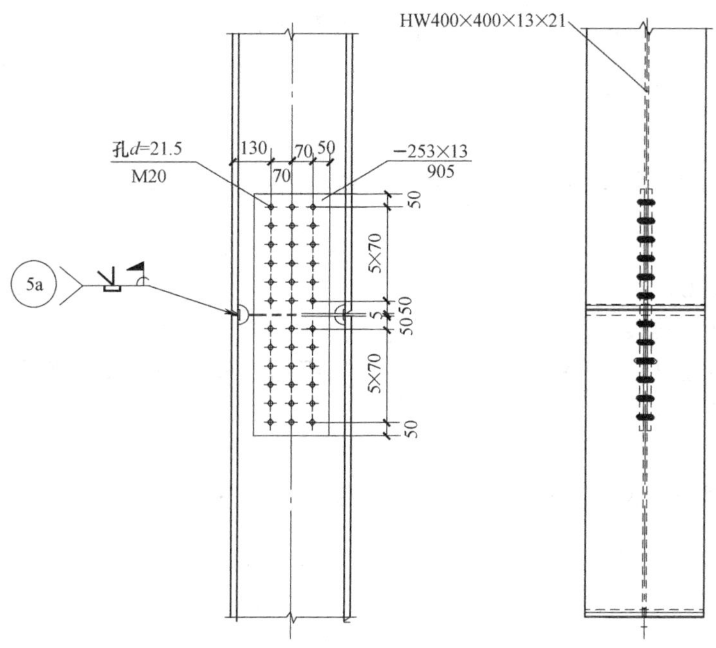

图 3-15 柱柱拼接节点详图

混凝土：C35（f_c=16.7N/mm^2，f_t=1.57N/mm^2）；

箍筋：HRB335 钢筋（f_y=300N/mm^2）；

纵筋：HRB400 钢筋（f_y=360N/mm^2）。

2）设计内力

根据内力组合表得到底层 A 柱柱下端截面最不利内力组合为：

$$M=-228.34\text{kN}\cdot\text{m}\quad N=1644.38\text{kN}\quad V=-89.65\text{kN}$$

3）计算假设

轴心压力 N 通过埋入钢柱的柱脚底板直接传给基础；弯矩 M 依靠埋入钢柱翼缘上的抗剪栓钉传给基础；柱脚顶部剪力 V 由埋入的钢柱翼缘与基础的混凝土承压力传递；忽略埋入钢柱翼缘与基础混凝土在承压应力下，因为钢柱翼缘与混凝土摩擦而产生的抵抗矩；忽略钢柱翼缘与基础混凝土的黏结作用；计算埋入钢柱周边对称布置的垂直纵向主筋面积时，忽略由钢柱承担的弯矩 M。

2. 底板设计

底板平面尺寸取决于基础材料的抗压强度，假设基础与底板间压应力均匀分布。

1）底板面积计算

$$A=BL\geqslant\frac{N}{f_c}=\frac{1644.38\times10^3}{16.7}=98465.868\text{mm}^2$$

底板宽度 B 一般按照构造确定：

$$B=b_0+2c=400+2\times(20\sim50)\text{mm}=440\sim500\text{mm}$$

设计取 B=440mm。

2）底板长 L

$$L=\frac{A}{B}\geqslant 223.786\text{mm}$$

设计取 $L=500\text{mm}$。

取柱脚底板压应力：

$$\sigma_c=\frac{N}{BL}=\frac{1644.38\times10^3}{440\times500}=7.474\text{N/mm}^2<f_c=16.7\text{N/mm}^2$$

故满足要求。

3）柱脚底板厚度

由底板的抗弯强度确定。

本设计取底板压应力为 $\sigma=7.474\text{N/mm}^2$。根据底板上的支撑板形式，将底板分为：悬臂板、三边支撑板。

（1）悬臂板

设底板悬臂长度为 $a_1=50\text{mm}$。

$$M_1=\frac{1}{2}\sigma a_1^2=0.5\times7.474\times50^2=9342.5\text{N}\cdot\text{mm}$$

（2）三边支撑板

$$M_2=\beta\sigma a_2^2$$

自由边的宽度，β 为系数，与 b_2/a_2 有关。本设计中，$a_2=336\text{mm}$、$b_2=210\text{mm}$、$b_2/a_2=0.625$，得到 $\beta=0.078$。①

故有：$M_2=\beta\sigma a_2^2=0.078\times7.474\times3362=65815\text{N}\cdot\text{mm}$

综上，设计取最大弯矩值 $M_{max}=65815\text{N}\cdot\text{mm}$。

则柱底底板厚度：

$$t\geqslant\sqrt{\frac{6M_{max}}{f}}=\sqrt{\frac{6\times65815}{295}}=36.857\text{mm}$$

构造要求：柱底底板厚度不应小于柱翼缘和腹板厚度，且不宜小于 20mm，设计取柱底底板厚度为 40mm，满足要求。

3. 柱底板与柱肢连接设计

柱翼缘和腹板均为完全焊透的坡口对接焊缝，引弧板施焊，认为焊缝与构件是等强的，故不需要进行焊缝强度验算。

4. 锚栓设计

锚栓的作用是安装固定，其直径只要符合构造要求即可。

选择锚栓直径为 24mm，锚栓锚固长度一般为 $25d$，即为 $25\times24=600\text{mm}$；另外增加 $4d$ 的弯钩，即 $4\times24=96\text{mm}$。

5. 翼缘栓钉设计

选用钢材 Q345，设计栓钉直径为 16mm。轴向压力由翼缘处栓钉承担：

$$N_F=\frac{2}{3}\left(N\frac{A_f}{A}+\frac{M}{h_e}\right)=\frac{2}{3}\times\left(1644.38\times\frac{400\times32}{2\times400\times32+336\times20}+572.1\right)=1223\text{kN}$$

① 查阅《钢结构设计手册》（第三版）表 10.5，依据各边限制条件进行查取系数。

计算单个栓钉的受剪承载力设计值：

$$N_{v1}^{c}=0.43A_s\sqrt{E_c f_c}=0.43\times\frac{\pi\times16^2}{4}\times\frac{\sqrt{3.15\times10^4\times16.7}}{1000}=62.675\text{kN}$$

$$N_{v2}^{c}=0.7A_s\gamma f=0.7\times\frac{\pi\times16^2}{4}\times1.67\times\frac{310}{1000}=72.826\text{kN}$$

$$N_v^c=\min\{N_{v1}^c、N_{v2}^c\}=62.675\text{kN}$$

则柱一侧翼缘所需栓钉个数 n 为：

$$n=\frac{N_F}{N_v^c}=\frac{1223}{62.675}=20$$

偏安全考虑，取每侧栓钉个数为 $n=27$（3 列 9 行布置）。

6. 钢柱埋深设计

对于 H 形截面钢柱，埋入式柱脚，钢柱埋入基础深度一般取：

$$S_d\geqslant(2.0\sim2.5)h_c=800\sim1000\text{mm}$$

本设计边柱的埋深取 1100mm，满足要求。

7. 混凝土保护层厚度的确定

对中柱：保护层厚度 $c\geqslant180$mm；对边柱：保护层厚度 $c\geqslant250$mm；设计时中柱、边柱保护层厚度均取 250mm。

8. 基础混凝土受压验算

应符合下式要求：

$$\sigma_c=\frac{(M+VS_d/2)}{W_c}<f_c$$

埋入的钢柱翼缘宽度和钢柱埋入深度范围内的混凝土截面模量按下式计算：

$$W_c=\frac{BS_d^2}{6}=\frac{400\times1100^2}{6}=8.067\times10^7\text{mm}$$

计算得到埋入式柱脚的钢柱受压翼缘处的基础混凝土的受压应力：

$$\sigma_c=\frac{(M+VS_d/2)}{W_c}=\frac{(228.84\times10^6+89.65\times10^3\times1100/2)}{8.067\times10^7}=3.448\text{N/mm}^2<f_c$$
$$=16.7\text{N/mm}^2$$

故满足要求。

9. 纵筋设置

设置在埋入的钢柱四周的垂直纵向主筋，应分别在垂直于弯矩作用平面的受拉侧和受压侧对称配置，近似按下式计算：

$$A_s=\frac{M_{bc}}{h_s f_{sy}}$$

式中，M_{bc} 为作用于钢柱脚底部的弯矩。

$$M_{bc}=M_0+VS_d=228.84+89.65\times1.1=327.455\text{kN}\cdot\text{m}$$

式中，h_s 为受拉侧和受压侧纵向主筋合力点间的距离。

则需要配置的钢筋：（纵筋混凝土保护层厚度取为 80mm）

$$A_s=\frac{M_{bc}}{h_s f_{sy}}=\frac{327.455\times10^6}{4\times200\times360}=1136.997\text{mm}^2$$

设计取纵筋为 4⌽22，$A_s=1520\text{mm}^2$。

钢筋配置情况：

翼缘边单侧受力筋：2⌽22；

翼缘边单侧架立筋：3⌽16；

腹板边单侧受力筋：2⌽22；

腹板边单侧架立筋：3⌽16。

根据以上计算，设计柱脚处混凝土尺寸为 1100mm×1100mm，混凝土保护层厚度不小于 250mm，符合要求。

最小配筋率验算：

$$\rho=\frac{1520+1206\times2}{1100\times1100}=0.325\%>0.2\%$$

满足要求。

10. 箍筋设置

根据要求①，直接按照构造配置箍筋即可。柱脚配箍筋 11⌽10@100。纵筋的锚固长度为：

$$l_a\geqslant\alpha f_y/f_t d=0.14\times360/1.57\times22=706.242\text{mm}$$

且要满足$l_a>35d=770\text{mm}$。

取锚固长度 $l_a=800\text{mm}$，满足要求。

11. 柱脚极限承载力验算

为了避免柱脚先于钢柱发生塑性破坏，柱脚与基础应该满足下式的要求②：

$$M_{u,base}^{j}=f_{ck}B_c l\left[\sqrt{(2l+h_b)^2+h_b^2}-(2l+h_b)\right]$$

式中 f_{ck}——混凝土轴心抗压强度标准值，对于 C35 混凝土，$f_{ck}=23.4\text{N/mm}^2$；

l——从基础顶到钢柱反弯点之间的距离，设计可取驻地所在层高 2/3；

B_c——弯矩作用垂直方向的柱身宽度；

h_b——钢柱柱脚的埋深。

计算得到：

$$\begin{aligned}M_{u,base}^{j}&=23.4\times400\times4300\times\frac{2}{3}\\&\quad\times\left[\sqrt{\left(2\times4300\times\frac{2}{3}+1100\right)^2+1100^2}-\left(2\times4300\times\frac{2}{3}+1100\right)\right]\\&=2360.420\text{kN}\cdot\text{m}\end{aligned}$$

下面计算考虑轴力影响时柱的塑性受弯承载力。柱子全塑性受弯承载力为：

---

① 根据《建筑抗震设计规范》GB 50010—2010（2016 年版）第 6.3.9 条规定，以地下室底板为嵌固端的，底层柱脚箍筋加密区是底层柱净高的 1/3，柱的其他上下端为 $1/6H_n$ 且不小于 500 及柱截面高，但首层有刚性地面时，必须满足自刚性地面上下各有 500 高的加密区。

② 根据《建筑抗震设计规范》GB 50010—2010（2016 年版）第 8.2.8 条规定，构件的连接，需符合强连接弱构件的原则。

$$M_p = f_y W_{pb} = 345 \times \left[400 \times 32 \times (400-32) + \frac{1}{4} \times (400-2\times 32)^2 \times 20\right]$$
$$= 1819.834\text{kN} \cdot \text{m}$$

柱子存在的轴力：

$$\frac{N}{N_y} = \frac{1644.38 \times 10^3}{32320 \times 345} = 0.147 > \frac{A_w}{2A} = \frac{400-64}{2 \times 32320} \times 20 = 0.104$$

所以要对 M_p 进行调整：

$$M_{pc} = 1.14\left(1 - \frac{N}{N_y}\right) M_p$$
$$= 1.14 \times (1-0.147) \times 1819.834 = 1769.643\text{kN}$$

连接系数 $\eta_j = 1.2$。①

$$M_{u,base}^{j} = 2360.420\text{kN} \cdot \text{m} > 1.2M_{pc} = 2123.572\text{kN} \cdot \text{m}$$

因此满足要求。柱脚节点详图见图 3-16。本节其余具体节点详图见二维码 3-9。

二维码 3-9

节点详图

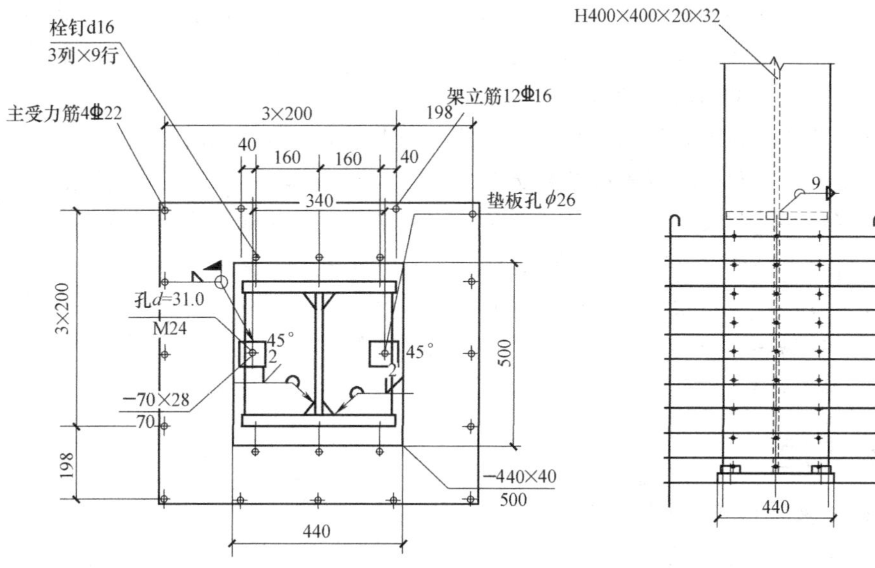

图 3-16 柱脚节点设计详图

3.9 楼板设计和基础设计

本部分设计同第 2 章，具体计算过程略。

此外，限于篇幅和页面，承台布置图见二维码 3-10 和桩布置图见二维码 3-11。

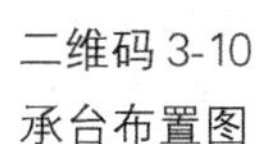

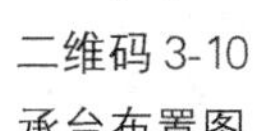

二维码 3-10

承台布置图

二维码 3-11

桩布置图

① 根据《建筑抗震设计规范》GB 50010—2010（2016 年版）第 8.2.8 条规定，其中螺栓是指高强度螺栓，极限承载力计算时按承压型连接考虑。

本章小结

钢结构具有材料强度高、重量轻、材质均匀、塑性韧性好、结构可靠性高等优点。设计中钢结构建筑需满足平面、立面及剖面设计的相关要求，结构布置基本原则为简单、规则、对称，其中钢结构的内力计算、构件截面设计、节点设计是钢框架结构设计的核心内容。

(1) 内力计算中采用弯矩二次分配法计算竖向荷载作用下一榀框架内力，依次考虑竖向恒荷载和竖向活荷载作用；对于水平荷载作用采用 D 值法计算一榀框架内力，依次考虑风荷载作用和水平地震荷载作用。根据建筑结构的功能要求，对于承载力极限状态，应该充分考虑荷载效应的基本组合，案例中框架梁两端弯矩和剪力均大于跨中弯矩和剪力，H 型钢梁的上下梁端抗弯和抗剪承载力一致，仅需对梁端内力进行组合。

(2) 截面设计需先对构件截面作初步估算，主要是梁柱和支撑等的断面形状与尺寸的假定，进而进行梁、柱、强柱弱梁验算。钢梁可选择槽钢、轧制或焊接 H 型钢截面等，根据荷载与支座情况截面高度通常在跨度的 1/50～1/20 之间选择，板件厚度可按规范中局部稳定的构造规定预估，柱截面按长细比预估，但需注意钢结构所特有的局部稳定问题。通过验算，当预估的截面强度不满足时，通常加大组成截面的板件厚度，抗弯不满足时加大翼缘厚度，抗剪不满足时加大腹板厚度。

(3) 连接节点按传力特性不同分刚接、铰接和半刚接，具体包括梁柱、主次梁、次梁与次梁连接节点，柱柱拼接节点以及柱脚节点等，设计内容主要有焊接、栓接、连接板、梁腹板等。焊接焊缝的尺寸及形式等应严格遵守规范，焊条的选用应和被连接金属材质适应，焊接设计中不得任意加大焊缝。普通螺栓抗剪性能差，可在次要结构部位使用，而高强度螺栓使用日益广泛，梁腹板应验算栓孔处腹板的净截面抗剪。此外，节点设计必须考虑安装螺栓、现场焊接等的施工空间及构件吊装顺序等。

思考与练习题

3-1 框架梁柱的尺寸如何确定?

3-2 简述竖向荷载下内力计算过程。

3-3 钢框架结构的自振周期如何计算?

3-4 钢框架结构的“强剪弱弯”如何体现?

3-5 何谓“分层法”，与二次剪力分配法有何区别?

3-6 简述 D 值的意义，“反弯点”与“D 值法”有何区别?

3-7 钢构件的稳定和强度验算是否都属于承载能力极限状态验算? 两者有何区别?

3-8 梁的整体稳定性受哪些因素影响? 什么情况下不需要验算整体稳定? 为什么要进行梁的局部稳定验算? 什么情况下不需要验算局部稳定?

3-9 钢结构梁柱节点的设计需要注意哪些方面?

3-10 钢结构主次梁节点的设计需要注意哪些方面?

3-11 钢梁的稳定性验算考虑哪些方面?

3-12 钢柱截面验算需要考虑哪些方面?

第 4 章　山区公路工程设计

本章要点及学习目标

本章要点

(1) 路线方案选线原则与比选分析方法;

(2) 平、纵设计指标选取方法与要素计算;

(3) 路基设计技术标准控制;

(4) 路面结构设计与计算分析方法。

学习目标

(1) 路线方案的拟定与比选;

(2) 道路几何线形设计;

(3) 路基路面结构设计;

(4) 排水系统设计与桥、隧、涵结构物方案布置。

4.1　设计任务书

根据地形图中给定的道路起终点进行选线，通过方案对比论证后针对最终选定方案进行道路线形与结构设计，具体包括：

(1) 路线方案的拟定与比选；

(2) 道路线形设计；

(3) 路基路面设计；

(4) 道路排水设计与桥涵方案设计。

设计成果包括：

(1) 设计说明书；

(2) 路线平面图；

(3) 道路纵断面图；

(4) 标准横断面图；

(5) 路基横断面图。

4.1.1　工程概况

根据 SX 省干线公路工程建设规划，中矿公路 L1 标段位于 JZ 地区，SX 省四联四通的重要组成部分，行政等级为省道，技术等级为高速公路，起点为 A，终点为 B，具体地理位置详见地形图①。本项目为新建工程，项目建设将有利于本区域的交通便利程度，促进沿线经济发展。

4.1.2 设计任务依据

(1) 中矿公路 L1 标段勘察设计合同；
(2) SX 省干线公路工程建设计划明细表；
(3) 调查、测量、勘察的相关资料。

4.1.3 技术标准

公路的设计标准如下②：
(1) 公路技术等级：高速公路；
(2) 设计速度：80km/h；
(3) 路基宽度：24.5m；
(4) 服务水平：三级；
(5) 路面类型：沥青路面；
遵循的标准、规范、规程③如下：
(1)《公路路线设计规范》JTG D20—2017；
(2)《公路工程技术标准》JTG B01—2014；
(3)《公路自然区划标准》JTJ 003—86；
(4)《公路路基设计规范》JTG D30—2015；
(5)《公路路基施工技术规范》JTG/T 3610—2019；
(6)《公路沥青路面设计规范》JTG D50—2017；
(7)《公路沥青路面施工技术规范》JTG F40—2004；
(8)《公路路面基层施工技术细则》JTJ/T F20—2015；
(9)《公路排水设计规范》JTG/T D33—2012；
(10)《公路桥涵设计通用规范》JTG D60—2015；
(11)《公路隧道设计规范》JTG 3370.1—2018；
(12)《公路工程预算定额》JTG/T 3832—2018；
(13)《建筑边坡工程技术规范》GB 50330—2013；
(14)《工程岩体分级标准》GB/T 50218—2014。

4.1.4 沿线自然地理和工程地质概况

1. 地形、地貌

本项目位于南秦岭东段山区④，地理坐标范围 E514.6～E516.8，N3701.6～

① 公路的功能、行政等级、技术等级应参照《公路工程技术标准》JTG B01—2014 进行设定，不应前后矛盾。

② 设计速度的合理确定非常重要，将会影响后续众多设计指标的选择，主要是根据公路等级、功能以及所处环境复杂程度，依据《公路工程技术标准》JTG B01—2014 综合进行确定。本项目为高速公路，处于山区地形，确定设计速度为 80km/h。

③ 根据实际设计需要进行罗列，但采用标准、规范、规程等必须是最新颁布的有效版本。

④ 这是所处地区的总体描述，具体标段的情况应详见项目标段所处地形图。

N3702.4。路线中部为中低山，前部和后部为低山丘陵和河谷阶地，地形起伏较大，海拔在320～550m之间，相对高差约230m，属山岭重丘区。地貌单元可划分为流水切割褶皱-断块中山地貌，流水侵蚀、剥蚀-断块低山地貌、剥蚀低山-丘陵地貌和河谷阶地地貌四种类型。

流水切割褶皱-断块中山地貌单元位于杨岩至下官坊段，山脊线连续，山坡多为陡坡，沟谷狭窄，多呈V形，局部呈U形，海拔820～1460m，相对高差350～500m；流水侵蚀、剥蚀-断块低山地貌单元位于下官坊至王家坪段，山坡多为陡坡和中坡，沟谷较狭窄，多呈U形，海拔680～1300m，相对高差280～350m；剥蚀低山-丘陵地貌单元位于王家坪至高家村段，山岭低缓，山坡多为缓坡，沟谷呈U形，海拔670～880m，相对高差110～220m；河谷阶地地貌单元位于太吉河镇和过风楼镇交界处，地形开阔平缓，河床较宽，一、二级阶地发育，海拔650～780m，相对高差20～30m。

2. 地质、地震、气候、水文等自然地理特征①

1）地层岩性

本项目地区出露第四系全新统、上更新统、中更新统，第三系下统山阳组，泥盆系上统桐峪释寺组、下统青石垭组和池沟组、牛耳川组地层。

2）地质构造

本项目位于秦岭复合造山带中段南秦岭造山带构造单元，北侧为北秦岭造山带，两构造单元以黑山断裂为界。大致可以分为东西向构造体系、南北向构造和山阳红盆地。主要断裂带有庙咀子-西牛槽（老）断裂带、庙咀子-扁石河断裂带、沙河湾-九台字断褶带等。

3）工程地质

该区属秦岭造山带，地质单元多，构造活动强烈，晚近构造作用，使秦岭山脉不断抬升，河谷切割加剧，地势陡峻，地貌类型复杂，岩体类型多样，稳定性差。由于自然条件差异，本区基岩区风化程度高，基岩表层破碎强烈，松散堆积层非常广泛，构成滑坡、泥石流等自然灾害多发区，并具有活动性强、频次高、危害大等特点。沿线的不良地质现象主要有崩塌、滑坡、泥石流、软弱地基等类型。

4）水文地质

路线区除下桃源2号隧道属丹江流域麻池河水系外，其余隧道属汉江流域金钱河水系，涉线的主要河流为麻池河、西河、甘河和县河，县河为金钱江支流，发源于山阳县鹘岭，由东向西汇聚桐木沟河、甘河、西河、峒峪河后，在色河铺附近与二峪河相汇，折而向南汇入金钱河。西河、甘河为县河支流，流向由北向南，次级支沟众多。中山区河道狭窄，比降较大，低山区河道较宽阔，比降较小；南段主要沿县河河谷布设，河床宽阔平缓，比降小。县河及麻池河、西河、甘河均常年流水，枯水期流量较小，丰水期流量较大，汛期流量骤增，易形成洪水灾害。

（1）地下水主要类型

本区地下水主要类型可分为以下3类：

潜水为最发育类型之一，是形成地表水径流的主要来源，赋存状态与第四纪松散堆积

① 路基设计重点参考本资料相关内容进行。

层特征有关。基本埋深为15～20m，本区第四纪松散堆积层分布相对较少，厚度一般不大于20m，主要由冲积、洪积层、一级阶地和少部分高阶地（二级或二级以上阶地）、坡积、残坡积组成。富水性在冲、洪积层中最好，阶地次之，坡积、残坡积中较差。基岩中潜水多赋存在风化壳或破碎构造岩中，比土体的富水性要差。

上层滞水形成于各类基岩岩体和构造破碎岩体风化带中，属大气降水受局部隔水层所阻，停滞于不同岩体、土体及风化层中所形成。富水性受气候（降水）、地形地貌、岩性及构造发育程度等因素控制。富水性中等。

承压水在工作区主要表现为泉水，与区域断裂结构、裂隙、节理构造、顺层剪切构造等密切相关，埋深较潜水、上层滞水要深。发育于山地断裂破碎带中的众多泉水，均属承压水。另外花岗质岩石、变质火山岩中的裂隙水也可形成承压水。承压水活动可导致岩体溶解、蚀变、风化及组构上的变化，造成岩体类别降低，形成软体岩石而不稳定。

(2) 地下水补给、径流和排泄

路段内地下水主要流经于地表河道，主要补给源为大气降水，水体的丰沛和枯萎与大气降水的多寡成正比。

本路段位于秦岭南坡，水系的分布走向基本取向南北，地表水流向自北向南，地下水总体径流方向呈东北向西南流入金钱河，再归入汉江。地表水接受了大量大气降水后由地表快速下渗到岩层空隙和裂隙，沿裂隙和层隙自高向低排入河谷，后以泉水（多以下降泉）形式排出。

5）地震

本项目所处地区处于我国大陆地壳内古板块地体拼接的地带。有记录的地震活动，据活动性断裂与地震震中分布图（1980）显示，区内规模较大的活动性断裂有7条（F1～F7），走向主要呈东西和北西西向，属板块边界和区域性深大断裂带，新生代以来有明显活动。这些断裂带与主干断裂的截切部位是潜在地震的多发区。地震灾害对该段公路建设和防护影响不大，但不能忽视活动断裂带及其所造成的岩石破碎和诱发的其他地质灾害。

业主已安排进行地震安全性评价工作，有关断裂的活动性和地震参数以地震安全性评价结果为准。

6）气象

路线地处山区，气候垂直变化较大，区内河谷年平均气温11～14℃，一月平均气温0.5℃，七月平均气温25.6℃，极端最高气温37.1～40.8℃，极端最低气温－12.1～－18℃，年平均降雨量750～850mm，50％的降水集中于七、八、九三个月，夏多暴雨，间有春、伏旱，秋有连阴雨。山区气温相对河谷区较低。

7）水文

路线沿线河流主要有南秦河、赤水峪、西河和县河。南秦河年平均流量49.6m^3/s，最大洪峰量1790.2m^3/s，最小枯水流量13.7m^3/s；赤水峪年平均流量8.3m^3/s，最大洪峰量299.2m^3/s，最小枯水流量2.3m^3/s；西河年平均流量31.2m^3/s，最大洪峰量866.6m^3/s，最小枯水流量9.4m^3/s；县河年平均流量66.7m^3/s，最大洪峰量1856.4m^3/s，最小枯水流量20.1m^3/s。

3. 沿线筑路材料、水、电等建设条件

1）沿线筑路材料①

沿线筑路材料比较丰富，四季宜采，运输方便，以购买为主。对于外购和内采材料，分别调查了其类型、储量、价格、运距等资料，并与协作单位签订了书面协议。在两阶段外业勘察过程中已选取样品进行室内材料物理力学性质和混合料配合比设计试验。

2）水

路线所经处有南秦河、赤水峪、西河、县河等天然河流，水质纯净，对混凝土无侵蚀性，供应充足，均可作为工程用水。

3）电

沿线电力情况供应良好，110kV、35kV、10kV 输电线路基本沿路线走向布设，具体工程用电可与地方电力部门协商解决。同时建议施工单位也要准备一定量的自发电，以备急需。

4. 交通量资料

设计速度 80km/h，设计初始年小客车双向日平均交通量为 1000 辆，大型客车和货车双向日平均交通量为 2400 辆②。其中，整体式货车占 35%，半挂式货车占 40%，交通量预计年增长率 $\gamma=6\%$。各类车型中满载车所占比例见表 4-1。

各类车型中满载车所占比例 **表 4-1**

车辆类型	2 类	3 类	4 类	5 类	6 类	7 类	8 类	9 类	10 类	11 类
满载比例	0.15	0.34	0.32	0.44	0.45	0.54	0.55	0.46	0.41	0

4.2 路线方案比选

本段高速公路起点位于下寨湾南部山腰，终点位于油房岭西南部山岭区，路线全长 3km 左右。地势整体起伏较大，广布山岭，沟壑纵横，两次跨越后河，流域两侧有大面积耕地，路线途径上寨湾、龙窝寨、房后坡，路线选择时需要将多方面因素综合考虑。

4.2.1 选线原则

该路段地势条件复杂，有较多的耕地、房屋，所以在设计时应充分考虑拆迁、占地等一系列问题，选择线路时应尽量绕避村庄，减少拆迁，保护耕地。当地势较低或较高时应将填挖路基与桥梁隧道方案进行比选，选择最为经济合理的路线方案③。

拟定路线走向时，应根据设计指标确定出几种不同的路线方案，每个方案都应该有各自的优缺点，然后对设计方案进行多方面的综合比较，选出线形标准高、行车舒适、施工难度较低的方案。

选线时应当综合考虑沿线地形、地质、基础设施和人文活动等方面的因素，尽量降低对沿线居民的影响，最大程度上做到路线走向与原有生态系统相协调。

---

① 路基、路面设计重点参考本资料进行。

② 路面结构设计部分主要依据的资料。

③ 总体选线原则参考结合项目实际地形、地貌阐述应该遵守的原则。

4.2.2 路线方案初拟

在综合分析了各方面因素之后，初步拟定了两种方案，两方案的路线走向如图 4-1 所示，下面将对这两种方案做详细的论证来选出最终方案①。

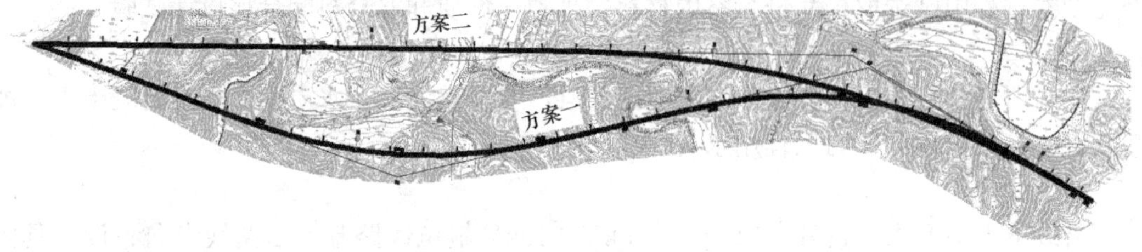

图 4-1 路线方案比选图

1. 方案一

该方案路线前段经少量农田边缘，顺应地势。线路中段为山岭河谷区，地势变化较为陡峻，高差在 100m 以内，需设置桥梁跨越后河；路线后段为丘陵区，地势变化较为舒缓，高差在 50m 左右，设置桥梁跨越山沟；路线全段不设置隧道。圆曲线半径为 1500m、1200m，设置缓和曲线，线形流畅度一般。

2. 方案二

该方案路线前段横穿三个居民区及大片农田，且需跨越后河；路线中段沿河经过，顺应地势，高差较小，填挖方较少；路线后段为丘陵地区，地势变化较为舒缓，高差在 50m 左右，挖填方较多。圆曲线半径较大，为 3000m，不设缓和曲线和超高，线形流畅，行车舒适；但大量占用耕地和横穿多个村庄。

4.2.3 方案论证

技术方案的论证过程②如下：

1. 路线方案的平面线形比较③

1）方案一

路线全长 3241.756m。平曲线形式为“S 形”。圆曲线半径为 1500m、1200m，设缓和曲线，线形流畅和行车舒适度一般，平曲线要素见表 4-2。

---

① 拟订方案应 2 个及以上；比选角度应视项目需求而定，作为毕业设计训练可以仅比选平面线形，也可以加上纵断面甚至横断面方案；可以整段线形方案比选，也可以针对局部段拟定的不同方案；一般以整体的平面线形比选方式为主进行最终方案的确定，也可以将不同平面线形对应的纵断面线形方案加入比选工作，也可以根据平面线形比选确定平面方案后针对确定的平面方案设计不同纵断面方案再比选，综合确定最终方案。

② 这部分是本章重点工作，主要从路线线形设计造成的行车安全、舒适、工程经济性、施工难易程度等多角度进行方案比选和论证；比选定量和定性相结合，可以量化的指标尽量量化，不明确情况下可以采用定性阐述，比选尽量客观公正、条理清晰、因素周全，做到能够将每个方案的优缺点都阐述清楚、详尽，对于最终选择的方案理由合理、充沛。

③ 平面部分的比选，主要侧重考虑从线形提供行车条件（平面技术指标、平面线形组合情况）、沿线途径地物和地质条件、联系与服务沿线居民情况等方面进行优劣对比。

方案一平曲线要素表 **表 4-2**

路线	交点	交点桩号	转角值	曲线要素值(m)				
				R	L_s	T	L	E
方案一	路线起点	K0+000.000						
	JD1	K1+138.739	左 32°19′	1500	320	595.370	1166.047	64.653
	JD2	K1+532.419	右 42°40′	1200	350	645.278	1243.741	92.864
	路线终点	K3+241.756						

2）方案二

路线全长 3188.752m。平曲线形式为“直线+圆曲线+直线”，只设置一个交点。圆曲线半径为 3000m，不设缓和曲线和超高，线形流畅，行车舒适。平曲线要素见表 4-3。

方案二平曲线要素表 **表 4-3**

路线	交点	交点桩号	转角值	曲线要素值(m)			
				R	T	L	E
方案一	路线起点	K0+000.000	右 29°43′	3000	795.989	1556.123	103.804
	JD1	K2+409.422					
	路线终点	K3+188.752					

上述两方案平面线形对比见表 4-4。

两方案平面线形对比表 **表 4-4**

技术指标	方案一		方案二
	JD1	JD2	
总长(m)	3241.756		3188.752
超高设置	设置		不设置
交点数	2		1
转弯半径(m)	1500	1200	3000
缓和曲线长(m)	320	350	—
圆曲线长(m)	526.047	543.741	1556.123

由表 4-4 可知，两个方案全长相差不大。方案二仅有一个交点，且圆曲线半径较大，无须设超高和缓和曲线；方案一有两个交点，半径相较于方案一较小，需设超高渐变段，不需要设置路面加宽段，虽然线形流畅度和行车舒适性相较而言不如方案二，但方案一圆曲线半径取值也在规范一般值以上，线形流畅度和行车舒适性并不差。方案二横穿多个村庄，面临大量拆迁，并且占用大量农田。故方案一较好。

2. 路线方案的纵断面比较①

1）方案一

本设计路段地形高差大，路线前段需架设三座长度不等的桥梁通过山谷和山岭间平原区。路线中段需架设两座桥梁跨越后河，长度约为 200m。路线后段为一段较长的山岭

① 纵断面部分的比选，主要侧重考虑从线形提供行车条件（纵坡技术指标、前后纵坡组合情况、平纵线形配合情况）、沿线途径地形和地貌、填挖土方工程量、桥涵隧构造物设置情况等方面进行优劣对比。

区，有明显的山谷，需架设约 150m 的桥梁。纵断面设一个变坡点，位于路线后段桥梁和挖方段，竖曲线半径为 25000m，半径较大，具有较高的行车舒适性和安全性，竖曲线为凸曲线，满足桥梁安全及排水要求。

方案一纵断面如图 4-2 所示。

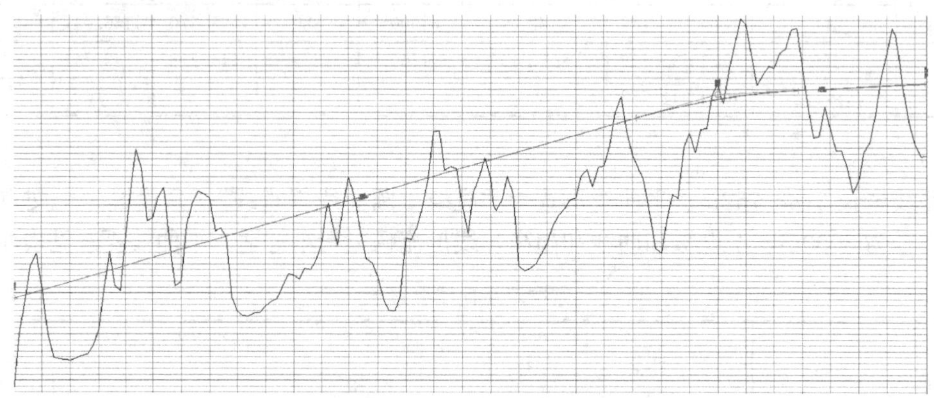

图 4-2 方案一纵断面

方案一竖曲线要素见表 4-5。

方案一竖曲线要素表 表 4-5

序号	桩号	曲线要素值(m)					
		标高	R	T	E	竖曲线起点	竖曲线终点
路线起点	K0＋000	448.236					
变坡点	K2＋500	518.236	25000	287.500	1.653	K2＋212.500	K2＋787.500
路线终点	K3＋241.756	521.945					

2）方案二

方案二路线前段架设多座桥梁通过农田村庄和河流，中部架设小桥跨越山沟，后段需架设约 200m 的桥梁跨越后河。路线中段大致沿地形通过，无须深挖路堑，挖方量较小，但道路后段需设置 400m 左右的隧道穿过山岭区。设置一个边坡点，竖曲线半径 20000m，变坡点设在隧道前，满足隧道排水要求。

方案二纵断面如图 4-3 所示。

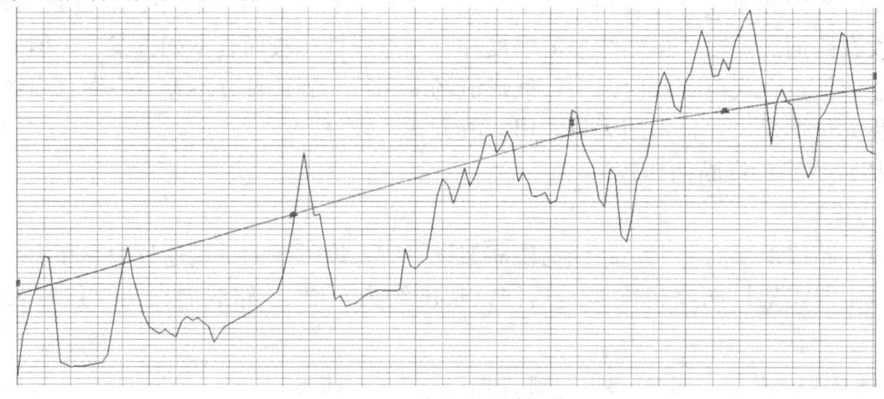

图 4-3 方案二纵断面

方案二竖曲线要素见表 4-6。

方案二竖曲线要素表　　表 4-6

序号	桩号	曲线要素值(m)					
		标高	R	T	E	竖曲线起点	竖曲线终点
路线起点	K0+000	446.190					
变坡点	K2+080.000	504.430	20000	130.000	0.423	K1+950.000	K2+210.000
路线终点	K3+188.752	521.380					

方案二竖曲线顺畅，行车舒适性和安全性高。但路线前端桥梁众多且后段有较长隧道，增加了施工难度和工程造价。

综上所述，两方案在纵断面上相似，线形流畅度和行驶舒适性均较好，均需架设较多的桥梁。方案一的桥梁跨径较方案二小，方案二桥隧相接且隧道出口存在曲线，施工难度大，安全性不如方案一。方案二顺应地势，挖方量小于方案一，且满足填挖平衡。经过综合比选，最终确定方案一为设计方案。

4.3　道路几何线形设计

4.3.1　平面设计

1. 平面设计原则

平面设计的主要原则如下①：

(1) 平面设计应充分考虑当地的自然条件，路线走向的选择应与地形相适应，在保证行车安全、满足规范要求的前提下，使工程量最小，尽量减少拆迁，少占耕地。

(2) 平面设计的各项参数应符合规范要求，在条件允许时，尽量使路线的各项指标高于规范规定的一般值。

(3) 高速公路应尽量满足视觉和心理上的要求，保证驾驶员视野开阔，降低视觉疲劳。

2. 平面设计指标

本设计平面设计指标见表 4-7。②

平面设计指标　　表 4-7

序号	名目		单位	技术指标
1	最小直线长度	同向圆曲线	m	≥480
		反向圆曲线	m	≥160
2	圆曲线	最小半径	m	400
		最大超高	%	8 或 10

① 结合设计实际工况，遴选并罗列设计原则，指导本部分设计。
② 本表技术指标应根据已经确定的设计速度进行相应查询。

续表

序号	名目		单位	技术指标
3	回旋线	最小长度	m	70
4	平曲线	最小长度	m	400
5	不设超高的圆曲线最小半径	路拱不大于2%	m	2500
		路拱大于2%	m	3350
6	视距	停车视距	m	110

注：表中数据均取规范①规定的一般值。

3. 平曲线要素计算方法

平曲线要素主要包括圆曲线半径 R、圆曲线长度 L、切线长 T、外距 E、超距 J 等，各要素的具体含义如图4-4所示，计算方法见式（4-1）～式（4-11）。

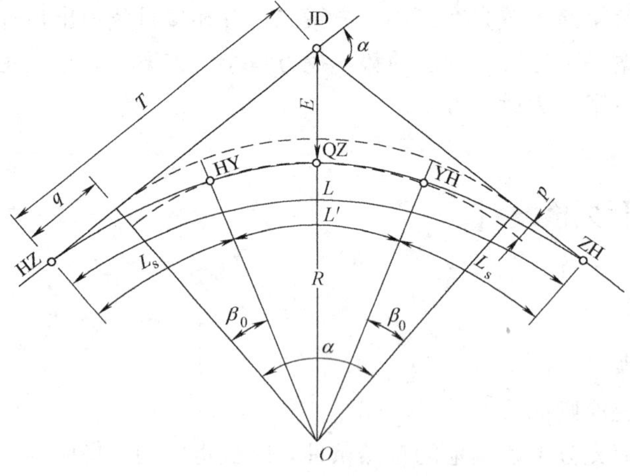

图4-4 平曲线要素图②

$$q=\frac{L_s}{2}-\frac{L_s^3}{240R^2} \tag{4-1}$$

$$p=\frac{L_s^2}{24R}-\frac{L_s^4}{2384R^3} \tag{4-2}$$

$$\beta_0=28.6479\frac{L_s}{R} \tag{4-3}$$

$$T=(R+p)\tan\frac{\alpha}{2}+q \tag{4-4}$$

$$L=(\alpha-2\beta_0)\frac{\pi}{180}R+2L_S \tag{4-5}$$

① 关于路线设计的控制指标主要依据《公路路线设计规范》JTG D20—2017。

② 本图式是平曲线要素计算的一般情况，即设置缓和曲线的情况，如 $L_S=0$ 时，则图式见图4-5，平曲线计算公式见式（4-8）～式（4-9）。

$$E=(R+p)\sec\frac{\alpha}{2}-R \tag{4-6}$$

$$J=2T-L \tag{4-7}$$

式中　q——缓和曲线起点到圆曲线原起点的距离，也称为切线增值（m）；

p——设缓和曲线后圆曲线内移值（m）；

β_0——缓和曲线终点缓和曲线角（°）；

L_s——缓和曲线长（m）；

R——圆曲线半径（m）；

α——转角（°）；

T——切线长（m）；

L——曲线长（m）；

E——外距（m）；

J——超距（m）。

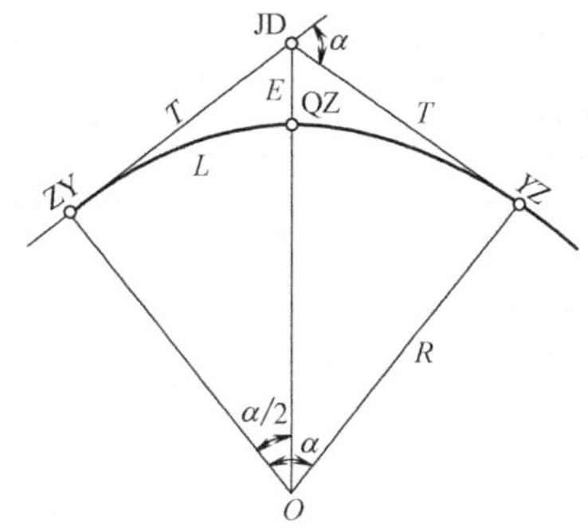

图 4-5　平曲线要素图

$$T=R\tan\frac{\alpha}{2} \tag{4-8}$$

$$L=\frac{\pi}{180}\alpha R \tag{4-9}$$

$$E=R\left(\sec\frac{\alpha}{2}-1\right) \tag{4-10}$$

$$J=2T-L \tag{4-11}$$

式中　R——圆曲线半径（m）；

α——转角（°）；

T——切线长（m）；

L——曲线长（m）；

E——外距（m）；

J——超距（m）。

本路线方案设计时速 80km/h，设置两个交点，平曲线要素见表 4-8。

平曲线要素表① 表 4-8

交点	R(m)	α(°)	L(m)	T(m)	E(m)	J(m)
JD1	1500	32°19′	1166.047	595.370	64.653	320
JD2	1200	42°40′	1243.741	645.278	92.864	350

4. 逐桩坐标表

本方案起点坐标（3705748.408，533279.516），终点坐标（3705298.081，536390.558），其逐桩坐标见表 4-9。②

逐桩坐标表（因篇幅原因仅示部分） 表 4-9

桩号	坐标		备注
	N(X)	E(Y)	
K0+000	3705748.408	533279.516	起点
K0+543.369	3705565.643	533791.226	ZH
K1+863.369	3705468.838	534096.062	HY
K1+126.393	3705429.919	534355.85	QZ
K1+389.416	3705436.918	534618.444	YH
K1+709.416	3705495.888	534932.799	HZ
K1+887.142	3705534.845	535106.202	ZH
K2+237.142	3705594.825	535450.689	HY
K2+509.012	3705584.484	535721.781	QZ
K2+780.883	3705513.514	535983.623	YH
K3+130.883	3705353.536	536294.55	HZ
K3+241.756	3705298.081	536390.558	终点

4.3.2 纵断面设计

1. 纵断面设计原则

纵断面的设计原则如下：③

（1）纵断面设计必须满足规范中关于竖曲线半径、竖曲线长度、纵坡坡度、坡长等方面的规定。

（2）为了保证驾驶员行车过程的舒适性，纵坡应避免采用过大的坡度；与平曲线组合时，竖曲线宜包含在平曲线之内。

---

① 平曲线设计成果对于设计三要素的验证需要满足：（1）缓和曲线和圆曲线长度的比例应该合理，控制尽量控制在 1∶1～2 之间；（2）S形曲线中间直线段长度应满足 $l\leqslant(A_1+A_2)/40$；（3）$A_1:A_2=1\sim1.5$（最大为 2.0）；（4）$R_1:R_2\leqslant2.0$。

② 除了常规间隔的桩号坐标列出之外，需要列出特殊点桩号及坐标，如果有特别关注的桩号，坐标也应该一并列出。

③ 结合设计实际工况，遴选并罗列设计原则，指导本部分设计。

(3) 纵断面设计应根据沿线的地势变化情况综合考虑，尽量做到填挖平衡以减少借方和废方，降低工程造价。

2. 纵断面设计指标

本设计纵断面设计指标见表 4-10。

纵断面设计指标 **表 4-10**

序号	项目			单位	技术指标
1	坡度	最大纵坡		%	5
		最小纵坡		%	不宜小于 0.3
2	坡长	最大	坡度 3%	m	1100
			坡度 4%	m	900
			坡度 5%	m	700
		最小		m	200
3	竖曲线	凸形竖曲线最小半径		m	4500
		凹形竖曲线最小半径		m	3000
		竖曲线长度		m	170

3. 竖曲线要素计算方法

竖曲线要素包括竖曲线半径 R、竖曲线长度 L、纵坡坡度 i、数据线外距 E、竖曲线切线长 T、竖曲线任意一点竖距 h 等，各要素的具体含义如图 4-6 所示，各要素的计算方法见式 (4-12)～式 (4-16)。

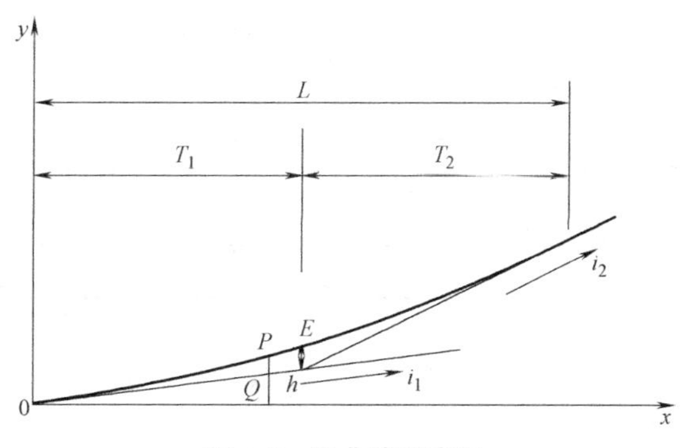

图 4-6 竖曲线要素图

$$\omega = i_2 - i_1 \tag{4-12}$$

$$L = R|\omega| \tag{4-13}$$

$$E = \frac{T^2}{2R} \tag{4-14}$$

$$T = \frac{L}{2} \tag{4-15}$$

$$h = \frac{x^2}{2R} \tag{4-16}$$

式中 i_1、i_2——相邻两坡段纵坡坡度 (%)；

L——竖曲线长度（m）；

ω——变坡点处前后两纵坡线的坡度差（%）；

R——竖曲线半径（m）；

E——竖曲线外距（m）；

T——竖曲线切线长（m）；

h——竖曲线任一点竖距。

本方案设置一个变坡点，满足“平包纵”的组合要求，竖曲线半径25000m，前坡坡度2.80%，坡长2500m；后坡坡度0.50%，坡长741.76m。本设计要素均满足规范要求，竖曲线要素见表4-11。

竖曲线要素表 表4-11

变坡点		i_1(%)	i_2(%)	R(m)	L(m)	T(m)	E(m)
桩号	高程(m)						
K2+500.000	518.24	2.80	0.50	25000	575.00	287.50	1.65

4. 逐桩高程表

设计路线各桩号的地面线标高和设计高程见表4-12。①

逐桩高程表（因篇幅原因仅示部分） 表4-12

桩号	地面高程(m)	设计高程(m)	填挖高度(m)	备注
K0+000	416.29	448.24		桥梁
K0+020	436.01	448.80		
K0+543.369	483.41	483.41	−19.96	
K0+863.369	443.28	472.41		桥梁
K1+389.416	458.57	487.14		
K2+509.012	517.51	516.73	−0.78	
K2+780.883	540.58	519.64	−20.94	
K3+241.756	497.25	521.94		桥梁

4.3.3 横断面设计

1. 横断面设计原则

横断面的设计原则如下：②

（1）路基横断面的形式以及设计参数应根据技术等级、设计时速、沿线地质等方面综合确定。

（2）横断面各组成部分的宽度应符合规范要求，尽量取一般值，在技术条件受限时可采用最小值。

（3）为便于排水，公路各组成部分的横坡度应满足相应规范要求，根据地势条件合理设置边沟等排水设施，保证水流能够顺利排出。

① 除了常规间隔桩号之外，特殊点桩号的高程数据也应该列出，另外，结构物段填挖高度为无。

② 结合设计实际工况，遴选并罗列设计原则，指导本部分设计。

2. 标准横断面

本高速公路的设计时速为 80km/h，选用整体式路基断面。[①]

1）车道宽度的确定

根据《公路路线设计规范》JTG D20—2017 第 6.2.1 条，车道宽度应符合表 4-13 规定。

车道宽度 **表 4-13**

设计速度(km/h)	120	100	80	60	40	30	20
车道宽度(m)	3.75	3.75	3.75	3.5	3.5	3.25	3.00

本方案设计时速为 80km/h，故车道宽度取 3.75m。

2）中间带宽度确定

根据《公路路线设计规范》JTG D20—2017 第 6.3.1 条，高速公路整体式路基必须设置中间带。在本设计中，中央分隔带宽度取 1.00m，[②] 为便于排水，表面做成凸形采用混凝土铺面处理，并在桥梁前后设置开口，开口端部采用半圆形。左侧路缘带宽度应符合表 4-14 规定。

左侧路缘带宽度 **表 4-14**

设计速度(km/h)	120	100	80	60
左侧路缘带宽度(m)	0.75	0.75	0.5	0.5

本方案设计时速为 80km/h，故左侧路缘带宽度取 0.50m。

3）路肩宽度确定

根据《公路路线设计规范》JTG D20—2017 第 6.4.1 条，路肩宽度应符合表 4-15 规定。

路肩宽度 **表 4-15**

公路等级		高速公路		
设计速度(km/h)		120	100	80
右侧硬路肩宽度(m)	一般值	3.00 (2.50)	3.00 (2.50)	3.00 (2.50)
	最小值	1.50	1.50	1.50
土路肩宽度(m)	一般值	0.75	0.75	0.75
	最小值	0.75	0.75	0.75

本方案设计时速为 80km/h，位于山区，用地较为局限，故取硬路肩宽度 3m、土路肩宽度 0.75m。

4）路拱坡度确定

---

① 可以根据实际地形和情况需求，设计选用不同的断面形式，即整体式、分离式，而分离式断面又分为上下分离和左右分离，可以是整段分离，也可以设计为局部段分离。

② 《公路路线设计规范》JTG D20—2017 中对于高速公路、一级公路整体式路基断面要求必须设置中间带，中间带由中央分隔带和路缘带组成，但对于中央分隔带的宽度并未明确具体数值，是以指导意见性条文给出：(1) 高速公路和作为干线的一级公路，中央分隔带宽度应根据公路项目中央分隔带功能确定；(2) 作为集散的一级公路，中央分隔带宽度应根据中间隔离设施的宽度确定。

根据《公路路线设计规范》JTG D20—2017 第 6.5 条，本方案路拱采用双向横坡，坡度由中央分隔带向两侧倾斜。本地区降雨强度不大，故路拱坡度设置为 2%，硬路肩横坡与行车道相同，取 2%，由于土路肩排水能力低于有铺装的路面，故土路肩横坡取 3%。

5）公路用地范围

根据《公路路线设计规范》JTG D20—2017 第 6.7.2 条，本设计公路用地范围是路堤两侧排水沟（无排水沟时为坡脚）以外，或路堑顶截水沟（无截水沟为坡顶）以外 1m 范围内的土地。

本方案横断面设计参数见表 4-16。

横断面设计参数　　表 4-16

路基组成	设计值
行车道	3.75m
中间带	2.00m(左侧路缘带 2×0.50m，中央分隔带 1.00m)
硬路肩	2m×3m，横坡取 2.0%
土路肩	2m×0.7m，横坡取 3.0%
路拱横坡	2%

路基宽度=行车道+中间带+硬路肩+土路肩=24.50m。

标准横断面如图 4-7 所示。

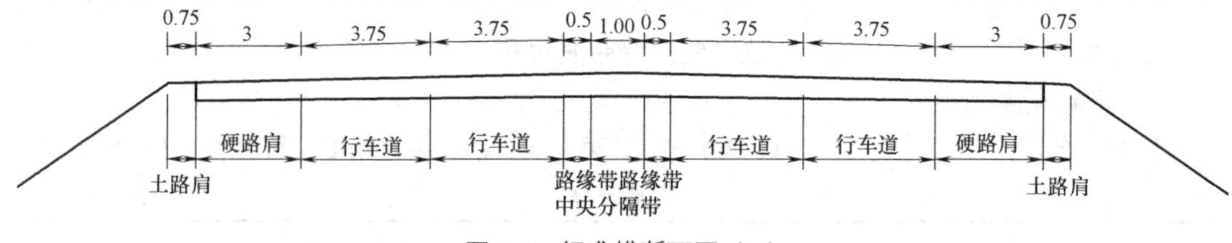

图 4-7　标准横断面图（m）

4.4　道路路基设计

4.4.1　路基设计原则

路基设计原则如下：[①]

（1）路基边坡应符合规范要求且具有足够的稳定性，当边坡高度较高时可设置成台阶型并进行稳定性验算。

（2）路基填料应满足强度和回填模量的要求，充分利用挖方材料，以节约资源、降低成本。

（3）当路线所处地区地势较陡时，应进行边坡稳定性分析或设置支挡结构物来保证路基稳定。

（4）在进行路基设计时，路堤填土高度应考虑地下水位的影响，保证路基处于干燥或

① 结合设计实际工况，遴选并罗列设计原则，指导本部分设计。

中湿状态。

4.4.2　一般路基设计

本设计路线所处地区地形起伏较大，横断面有填方路基、挖方路基和半填半挖路基三种形式。

1. 填方路基

1）放坡形式①

根据《公路路基设计规范》JTG D30—2015 第 3.3 条，当填方路基边坡高度不大于 20m 时其坡度不宜陡于规范规定值，当边坡高度大于 20m 时，宜采用台阶式，采用植草护坡。

2）边坡坡率

本设计填方路段边坡高度小于 20m，故当边坡小于 8m 时，采用直线式边坡，边坡坡率为 1∶1.5；当边坡高度大于 8m 小于 20m 时，采用折线式边坡，上部 8m 坡率为 1∶1.5，下部坡率为 1∶1.75。

3）护坡道

为了保护路基边坡稳定性，在坡脚处设置护坡道，为了便于排水，采用 3%的外倾横坡，其宽度与路基高度有关：当路基高度小于 3m 时，护坡道设为 1m，其余均设为 2m。

路堤示意图如图 4-8 所示。

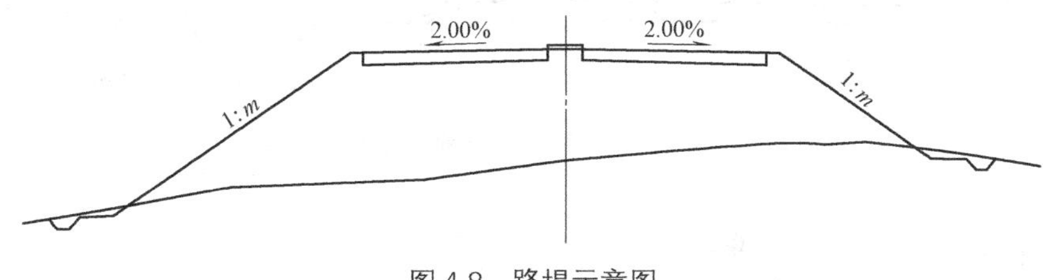

图 4-8　路堤示意图

2. 挖方路基

1）放坡形式②

根据《公路路基设计规范》JTG D30—2015 第 3.4 条，当土质路堑边坡小于 20m 采用单坡形式，岩质路堑边坡高度小于 30m 时，按照 15m 一级采用直线式或台阶形式，采用拱形骨架植草护坡。

2）边坡坡率③

根据《公路路基设计规范》JTG D30—2015 第 3.4 条，本道路位于山区，由原始资料可知边坡为岩质边坡，风化程度较高，故当边坡高度小于 15m 时采用直线式，边坡坡

① 中心填方高度超过 20m 高度时，则为高路堤，根据《公路路基设计规范》JTG D30—2015 第 3.1.2 条规定宜结合路线方案考虑是否改用桥梁方案。

② 中心挖方深度超过 30m 高度时，则为深路堑，根据《公路路基设计规范》JTG D30—2015 第 3.1.2 条规定宜结合路线方案考虑是否改用隧道方案；如仍采用路堑方案，则放坡形式及坡率应根据根据《公路路基设计规范》JTG D30—2015 第 3.7 条进行单独分析验算。

③ 对于岩质的判断可以从原始资料中查取，若无现有资料，作为毕业设计练习可以对其参与计算的物理参数做前提合理假设。

率为 1∶0.75；当边坡高度大于 15m 时采用台阶式，每 12m 设置一级台阶，边坡坡率为 1∶0.75。台阶中部设置宽度 2m，横坡 4%的边坡平台。

3）碎落台

为了防止边坡掉落的碎石阻塞边沟，在边沟外侧设置宽度 1.5m、横坡 3%的碎落台。

路堑示意图如图 4-9 所示。

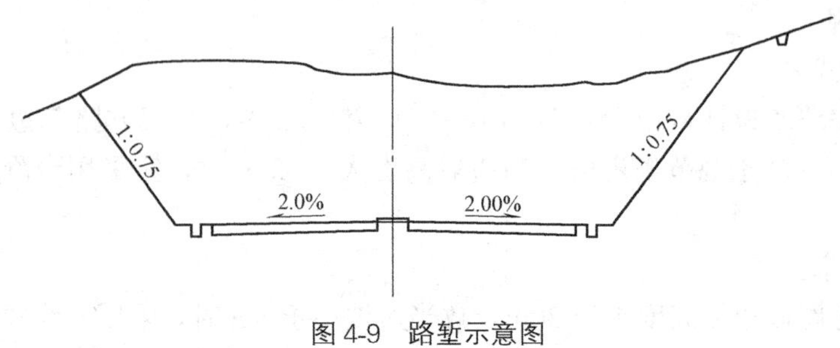

图 4-9 路堑示意图

3. 半填半挖路基设计

根据《公路路基设计规范》JTG D30—2015 第 3.5 条，半填半挖路基填方区设计同填方路段，挖方区设计同挖方路段。

半填半挖路基示意图如图 4-10 所示。

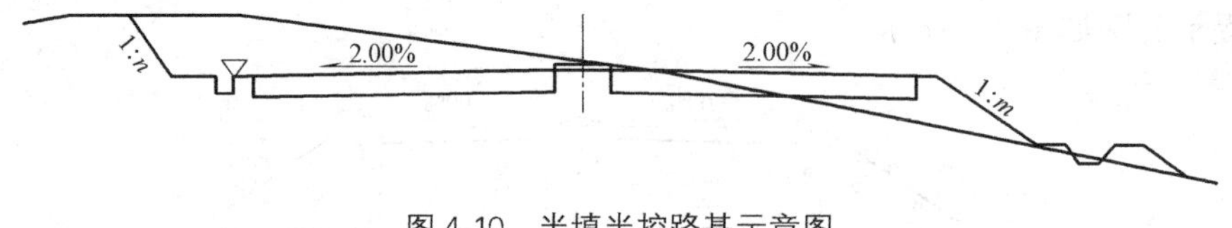

图 4-10 半填半挖路基示意图

4.4.3 路基填料与技术标准

1. 填料选择

路基应选择强度高、稳定性好、易压实的填料，结合当地的土质类型，选择黏土质砂作为路床填料。本着移挖作填的原则，路堤填料利用挖方路段产生的碎石土。填料类型见表 4-17。

填料类型 **表 4-17**

路基分层	距离设计路面底面高度(cm)	填料
上路床	0～30	黏土质砂
下路床	30～80	黏土质砂
上路堤	80～150	碎石土
下路堤	150 以下	碎石土

2. 路基填料技术标准

根据《公路路基设计规范》JTG D30—2015 第 3.2.3 和 3.3.4 条，路基填料的技术标准应符合表 4-18 要求。

根据《公路路基设计规范》JTG D30—2015 第 3.2.5 条，新建公路路基回弹模量设计值 E_0 应按式（4-17）确定，并应满足式（4-18）的要求。

路基填料技术标准　　表 4-18

路基部位	填料最小 CBR 值(%)	压实度(%)	填料最大粒径(mm)
上路床	8	≥96	100
下路床	5	≥96	100
上路堤	4	≥94	150
下路堤	3	≥93	150

$$E_0=K_S K_\eta M_R \tag{4-17}$$

$$E_0 \geqslant [E_0] \tag{4-18}$$

式中 E_0——平衡湿度状态下路基回弹模量设计值（MPa）；

$[E_0]$——路面结构设计的路基回弹模量要求值（MPa）；

M_R——标准状态下路基动态回弹模量值（MPa）；

K_S——路基回弹模量湿度调整系数；

K_η——干湿循环或冻融条件下路基土模量折减系数，取 0.7～0.95。

根据《公路路基设计规范》JTG D30—2015 第 3.2.6 条，当试验条件受限时，可按照规范给定数值确定 M_R。通过查表①，取黏土质砂 M_R＝80MPa。

由于本路段位于山区且地下水位很低，故路基设计为干燥类。根据《公路路基设计规范》JTG D30—2015 第 3.2.7 条，K_S 取值可通过查表获取。本路段所在地自然区划属于Ⅲ$_4$ 区②，通过查表③得该地区湿度指标 TMI＝－12，通过插值④可得 K_S＝0.9，黏土质砂的饱和度取 75%。

该地区属于非季冻区，取干湿循环或冻融循环条件下路基土模量折减系数 K_η＝0.8。

根据《公路沥青路面设计规范》JTG D50—2017 第 5.2.2 条规定，重载交通⑤ $[E_0]$＝50MPa，本路基回弹模量设计值 E_0＝0.9×0.8×80＝57.6MPa≥$[E_0]$＝50MPa，故路床顶面回弹模量满足要求。

4.4.4 路基土石方量计算

一般土石方计算有平均断面法和棱台法，由于设计路段属于山区，地形变化复杂，棱台法较平均断面法更准确，故采用棱台法计算填挖方量。计算公式如式（4-19）所示。

$$V=\frac{1}{3}(A_1+A_2)L\left(1+\frac{\sqrt{m}}{m}\right) \tag{4-19}$$

式中 V——体积，即土石方数量（m^3）；

A_1、A_2——相邻两横断面面积（m）^{2}；

---

① 参考《公路路基设计规范》JTG D30—2015 附录 B-表 B-1，获取取黏土质砂 M_R。

② 参考《公路自然区划标准》JTJ 003—86，查找路段所在地自然区划分。

③ 参考《公路路基设计规范》JTG D30—2015 附录 C-表 C.3.0.3-1，获取该地区湿度指标。

④ 参考《公路路基设计规范》JTG D30—2015 附录 D-表 D.0.2，插值获取 K_S。

⑤ 根据交通量资料“大型客车和货车双向日平均交通量为 2400 辆”，根据《公路沥青路面设计规范》JTG D50—2017 表 3.0.2 规定高速公路路面结构设计使用年限为 15 年，则大型客车和货车使用年限内累计交通量为 18.40×10^6（辆），进而根据表 3.0.4 判断为重载交通。

L——相邻两横断面之间的距离（m）；

$m=\frac{A_1}{A_2}$，其中$A_1>A_2$。

计算填挖方量见附录1。

4.4.5 路基施工要求

路基的施工要求如下：[①]

1. 路床填筑

路床应采用重型机械分层碾压密实，分层的厚度为100～200mm。挖方和填方路床不仅应满足填料压实度等方面的要求，而且表面通常需要做成向外倾斜的坡度且坡率与路拱相同，以保证路面各结构层厚度均匀并满足内部排水的需要。

2. 地基处理

填方路段在填筑前应保证地基表面的清洁，分层填筑碎石并保证压实度不小于90%。

挖方路段在开挖前应对土质不符合要求的地段进行土质改良或换填处理。

3. 路堤填筑

采用水平分层填筑法施工，压实度应符合规范要求，压实机具及施工工艺应符合相关规范的要求，填筑至路堤顶面最后一层的最小压实厚度不小于10cm。对于矮路堤，当位于路床部位的CBR值满足规范要求且含水量适度时，可进行翻挖并压实；当位于路床部位的路基土CBR值不满足设计要求或含水量较大时，应采取换填砂砾、碎石等方法进行处理。

4. 挖方路基

最好避开雨期施工，施工前应先确保边坡在施工过程中能够保持稳定，做好临时排水设施，防止因雨水冲刷而导致边坡失稳，影响边坡稳定。对于深路堑还可以将坡面分成几个台阶，在不同高度同时施工。

5. 挡土墙施工

砌筑挡墙前应检测地基承载力是否满足设计要求，当地基承载力不足时应进行地基处理。为防止地基不均匀沉降和温度变化而导致墙体开裂，挡土墙应设置伸缩缝和沉降缝，间距为10～15m，宽为2～3cm，采用具有弹性的材料沿内、外、顶三方填塞，塞入深度不小于0.15m。墙背填料选择渗水性良好的碎石土，待挡土墙的强度等级达到设计强度75%以上时，方可进行墙背填料施工。墙后必须回填均匀，摊铺平整。

为便于排水，墙身应设置向外倾斜排水孔，要求倾斜坡度不小于4%，排水孔的位置和数量应根据墙背渗水情况合理布置，墙背应设置反滤层。

4.5 路面设计

4.5.1 设计原则

路面设计的设计原则如下：[②]

① 依据《公路路基施工技术规范》JTG/T 3610—2019，结合设计实际工况进行阐述。

② 结合设计实际工况，遴选并罗列设计原则，指导本部分设计。

(1) 应根据道路等级与使用要求来合理选择路面结构形式，结合本地区自然条件和实践经验对路面进行综合设计，确保路面在设计年限内正常运营，能够符合预期的使用要求。

(2) 路面结构在满足交通量和使用功能的前提下，应根据当地的自然条件和交通情况进行设计，保证在规定的设计使用年限内具有足够的承载力，满足行车舒适性和安全性等方面的要求。

(3) 在保证施工质量的前提下，积极运用新技术和新工艺来推进路面施工技术的发展。

4.5.2 路面形式的选择

我国高速公路常见的路面形式有两种：一种是水泥混凝土路面，另一种是沥青路面。其各自具有相应的优缺点，在进行路面形式的选择时应根据路线所处位置、使用需求以及施工的难易程度等来综合考虑，使路面能够满足预期的使用条件，两种路面类型的比较见表 4-19。

路面类型比较表 **表 4-19**

比较项目	沥青混凝土路面	水泥混凝土路面
类型	柔性	刚性
使用年限	15 年	30 年
施工速度	快	慢
机械化施工	容易	较困难
接缝	无	有
稳定性	易老化	水稳、热稳均较好
噪声	小	大
开放交通	快	慢
养护维修	方便	困难
强度	高	很高
晴天反光情况	无	稍大
行车舒适性	好	较好
地下管线铺设、维修	容易	困难

由于本设计位于山区地带，施工条件较差，故应选择施工较为方便的路面形式，而由于沥青路面的施工周期短且开放交通迅速，故本设计的道路部分选择沥青路面。① 下面进行路面结构层设计，② 其中计算部分可以采用相关路面结构设计软件。③

4.5.3 交通量计算

根据《公路沥青路面设计规范》JTG D50—2017，初始年设计车道日平均当量轴次

---

① 选择路面类型的原因应视工程技术条件、经济条件、环保要求等综合判断选取。

② 沥青路面结构设计的主要工作部分就是对事先拟定的结构层是否能够满足相关设计指标要求进行验算。设计和验算的基本流程见《公路沥青路面设计规范》JTG D50—2017 6.4 节。

③ 推荐采用 HPDS 2017 路面设计软件。

N_1 按式（4-20）计算。

$$N_1 = AADTT \times DDF \times LDF \times \sum_{m=2}^{11}(VCDF_m \times EALF_m) \tag{4-20}$$

式中 $AADTT$——2 轴 6 轮及以上车辆的双向年平均日交通量（辆/d）；

DDF——方向系数；

LDF——车道系数；

m——车辆类型编号；

$VCDF_m$——m 类车辆类型分布系数；

$EALF_m$——m 类车辆的当量设计轴载换算系数。

设计车道上的当量设计轴载累积作用次数 N_e 按式（4-21）计算：

$$N_e = \frac{[(1+\gamma)^t - 1] \times 365}{\gamma} N_1 \tag{4-21}$$

式中 N_e——设计使用年限内设计车道上的当量设计轴载累计作用次数（次）；

t——设计使用年限（年）；

γ——设计使用年限内交通量的年平均增长率；

N_1——初始年设计车道日平均当量轴次（次/d）。

本设计道路为高速公路，采用沥青路面，标准轴载为 100kN 的单轴-双轮组轴载，交通年增长率 $\gamma=6\%$，取方向系数 $DDF=0.5$，① 车道系数 $LDF=0.85$，② 设计使用年限为 15 年，③ 通车至首次针对车辙维修的期限为 15 年。通过给定的交通量可以得到本高速公路属于 $TTC2$ 类，表 4-20 为该类型车辆的分布系数。④

TTC2 类车辆类型分布系数（%） **表 4-20**

车辆类型	2 类	3 类	4 类	5 类	6 类	7 类	8 类	9 类	10 类	11 类
分布系数	22.0	23.3	2.7	0.0	8.3	7.5	17.1	8.5	10.6	0.0

根据原始交通量资料，满载车与非满载车的比例见表 4-21。

2 类～11 类车辆满载车比例 **表 4-21**

车辆类型	2 类	3 类	4 类	5 类	6 类	7 类	8 类	9 类	10 类	11 类
满载比例	0.15	0.34	0.32	0.44	0.45	0.54	0.55	0.46	0.41	0

当量设计轴载换算系数取全国经验值，⑤ 见表 4-22。

① 参考《公路沥青路面设计规范》JTG D50—2017 附录 A. 2. 4，可获取方向系数 *DDF*。

② 参考《公路沥青路面设计规范》JTG D50—2017 附录 A，按照水平三查表 A. 2. 5 确定，可获取车道系数 *LDF*。

③ 参考《公路沥青路面设计规范》JTG D50—2017 3. 0. 2，选取设计使用年限。

④ 参考《公路沥青路面设计规范》JTG D50—2017 附录 A. 2. 6 中水平三，查表 A. 2. 6-1 和表 A. 2. 6-2 确定车辆的分布系数。

⑤ 参考《公路沥青路面设计规范》JTG D50—2017 附录 A. 3. 1 中水平三，查表 A. 3. 1-3 确定，可获取当量设计轴载换算系数。

2类～11类车辆当量设计轴载换算系数 **表4-22**

车辆类型	沥青混合料层永久变形量、层底拉应变		无机结合料稳定层层底拉应力	
	非满载车	满载车	非满载车	满载车
2类	0.8	2.8	0.5	35.5
3类	0.4	4.1	1.3	314.2
4类	0.7	4.2	0.3	137.6
5类	0.6	6.3	0.6	72.9
6类	1.3	7.9	10.2	1505.7
7类	1.4	6.0	7.8	553.0
8类	1.4	6.7	16.4	713.5
9类	1.5	5.1	0.7	204.3
10类	2.4	7.0	37.8	426.8
11类	1.5	12.1	2.5	985.4

所得计算结果如表4-23所示。

计算及其结果 **表4-23**

计算项目	计算结果
验算沥青混合料层疲劳开裂	设计使用年限内设计车道上的当量设计轴载累计作用次数为 2.41×10^{7} 次
验算沥青混合料层永久变形量	通车至首次针对车辙维修的期限内设计车道上的当量设计轴载累计作用次数为 2.41×10^{7} 次
验算无机结合料稳定层疲劳开裂	设计使用年限内设计车道上的当量设计轴载累计作用次数为 1.77×10^{9} 次
验算路基顶面竖向压应变	设计使用年限内设计车道上的当量设计轴载累计作用次数为 4.16×10^{7} 次

4.5.4 路面结构方案的拟定

路面结构方案的拟定如下：①

1. 填方路段

根据规范②要求及常见路面的结构形式，初步拟定填方路段的结构形式，各结构层类型及厚度见表4-24。

填方路面结构方案拟定 **表4-24**

结构层	材料类型	厚度(mm)
面层	SMA-13(SBS改性沥青)	40
	AC-20(90号道路石油沥青)	60
	AC-25(90号道路石油沥青)	80
基层	水泥稳定碎石	—
底基层	二灰土	200

注：基层为设计层，其厚度需经多次验算后确定，在使用相关软件计算时，初始厚度可取较小值。

① 路面各层材料的选择应结合公路等级、交通荷载等级、气候条件、各结构层功能要求和当地材料特性等，考虑经济性因素并结合常规经验进行综合考虑选择。

② 依据《公路沥青路面设计规范》JTG D50—2017附录C-表C.0.1-2、表4.2.2、表4.4.5、表4.5.2、表4.5.4选择确定厚度。

2. 挖方路段

由于使用爆破形式开挖，所以路基表面不平整，一般设置整平层后再进行路面的施工，本设计整平层采用级配碎石作为材料①，为了便于施工，整平层厚度取值②与填方路段底基层相同为 200mm，按照规范取回弹模量为 180MPa，不再设置底基层，挖方路段路面结构形式③见表 4-25。

挖方路面结构方案拟定 **表 4-25**

结构层	材料类型	厚度(mm)
面层	SMA-13(SBS 改性沥青)	40
	AC-20C(90 号道路石油沥青)	60
	AC-25F(90 号道路石油沥青)	80
基层	水泥稳定碎石	—

注：基层为设计层，其厚度需多次验算后确定，在使用相关软件计算时，初始厚度可取较小值。

4.5.5 路面结构层材料设计

路面结构层材料设计如下。④

1. 沥青混凝土面层

1）沥青路面使用性能气候分区

高温、低温和雨量是判断路面气候分区的三项指标。其中高温指标的判断依据为近 30 年最热月平均最高气温，查找当地资料可以得到 $T_{max}=31.9$℃；低温指标的判断依据为近 30 年极端最低气温，查找当地资料可以得到 $T_{min}=-13.1$℃；雨量指标的判断依据为近 30 年内降雨量的平均值，查找当地资料可以得到 $W_{cp}=863.9$mm。

根据《公路沥青路面施工技术规范》JTG F40—2004 第 A.4 条，本路段气候分区见表 4-26。

气候分区 **表 4-26**

比较标准	分区判定
$T_{max}>30$℃	夏炎热区
-21.5℃$<T_{min}<-9$℃	冬冷区
500mm$<W_{cp}<1000$mm	湿润区

故该地区沥青路面使用性能气候分区为 1-3-2 区。

2）集料的选择与要求

(1) 沥青

根据《公路沥青路面施工技术规范》JTG F40—2004 第 4.2 条，上面层的材料选择

① 路堑开挖方式以及路槽顶面的处理方法根据工况进行灵活设计。

② 依据《公路沥青路面设计规范》JTG D50—2017 第 4.3.3 条，"岩石或填石路基顶面应设置整平层，厚度宜 200～300mm"。

③ 选择依据参考填方设计。

④ 各结构层的原材料性质要求和混合料组成与性质要求，应符合现行《公路沥青路面施工技术规范》JTG F40—2004 和《公路路面基层施工技术细则》JTG/T F20—2015 的有关规定，并应结合工程特点和实施的经验确定。

SBS改性沥青，中面层和下面层的材料选择90号A级道路石油沥青，相关技术要求见表4-27、表4-28。

SBS改性沥青技术要求 **表4-27**

指标	单位	要求值
针入度(25℃,5s,100g)	0.1mm	>100
针入度指数PI,不小于	—	−1.2
软化点(TR&B),不小于	℃	45
135℃动力黏度,不大于	Pa·s	3
闪点,不小于	℃	230
溶解度,不小于	%	99
25℃弹性恢复,不小于	%	55
离析,48h软化点差,不大于	℃	2.5
老化试验(TFOT或RTFOT)后		
质量变化,不大于	%	±1.0
残留针入度比,不小于	%	50
残留延度(5℃),不小于	cm	30

90号A级道路石油沥青技术要求 **表4-28**

指标	单位	要求值
针入度(25℃,5s,100g)	0.1mm	80～100
针入度指数PI	—	−1.5～+1.0
软化点(TR&B),不小于	℃	45
60℃动力黏度,不小于	Pa·s	160
10℃延度,不小于	cm	20
15℃延度,不小于	cm	100
蜡含量(蒸馏法),不大于	%	2.2
闪点,不小于	℃	245
溶解度,不小于	%	99.5
老化试验(TFOT或RTFOT)后		
质量变化,不大于	%	±0.8
残留针入度比,不小于	%	57
残留延度(10℃),不小于	cm	8
残留延度(15℃),不小于	cm	20

(2) 粗集料

考虑到路线挖方量较大，本着节约资源的原则，选用挖方碎石作为粗集料。根据《公路沥青路面施工技术规范》JTG F40—2004第4.8条规定，粗集料的技术标准应符合表4-29的要求。

沥青混合料用粗集料质量要求 **表 4-29**

指标	单位	表面层	中、下面层
石料压碎值，不大于	%	26	28
洛杉矶磨耗损失，不大于	%	28	30
表观相对密度，不小于	—	2.60	2.50
吸水率，不大于	%	2.0	3.0
坚固性，不大于	%	12	12
针片状颗粒含量(混合料)，不大于	%	15	18
其中粒径大于 9.5mm，不大于	%	12	15
其中粒径小于 9.5mm，不大于	%	18	20
水洗法小于 0.075mm 颗粒含量，不大于	%	1	1
软石含量，不大于	%	3	5
粗集料的磨光值 *PSV*，不小于	BPN	40	—
粗集料与沥青的黏附性，不小于	—	4	4

(3) 细集料

沥青面层的细集料应结合当地的材料来源合理选择，可采用天然砂、机制砂、石屑。根据《公路沥青路面施工技术规范》JTG F40—2004 第 4.9 条，细集料的技术标准应符合表 4-30 要求。

沥青混合料用细集料质量要求 **表 4-30**

项目	单位	要求值
表观相对密度，不小于	—	2.50
坚固性(大于 0.3mm 部分)，不小于	%	12
含泥量(小于 0.075mm 的含量)，不大于	%	3
砂当量，不小于	%	60
亚甲蓝值，不大于	g/kg	25
棱角性(流动时间)，不小于	S	30

(4) 填料

填料性质的好坏对整个路面结构具有较大影响，必须选择由石灰岩或岩浆岩经磨细后得到的矿粉。根据《公路沥青路面施工技术规范》JTG F40—2004 第 4.10 条，填料的技术标准应符合表 4-31 要求。

沥青混合料用矿粉质量要求 **表 4-31**

项 目		单位	要求值
表观密度，不小于		t/m^3	2.50
含水量，不大于		%	1
粒度范围	<0.6mm	%	100
	<0.15mm	%	90～100
	<0.075mm	%	75～100

续表

项　　目	单位	要求值
外观	—	无团粒结块
亲水系数	—	＜1
塑性指数	%	＜4

3）配合比设计

热拌式沥青混合料（*HMA*）为本路面所采用的材料，根据目前常用的路面结构材料，本设计选择沥青玛𤧛脂碎石混合料 SMA-13 作为表面层的材料，中面层的材料选用粗型密级配沥青混合料，下面层的材料选用细型粗粒式密集配沥青混合料。根据《公路沥青路面施工技术规范》JTG F40—2004 第 5.1 条规定，密集配沥青混合料矿料级配范围见表 4-32。

沥青混合料矿料级配范围　　　　表 4-32

项目		表面层 SMA-13	中面层 AC-20	下面层 AC-25
矿料级配范围	筛孔尺寸(mm)	级配范围(%)		
	31.5	—	—	100
	26.5	—	100	90～100
	19	—	90～100	75～90
	16	100	78～92	65～83
	13.2	90～100	62～80	57～76
	9.5	50～75	50～72	45～65
	4.75	20～34	26～56	24～52
	2.36	15～26	16～44	16～42
	1.18	14～24	12～33	12～33
	0.6	12～20	8～24	8～24
	0.3	10～16	5～17	5～17
	0.15	9～15	4～13	4～13
	0.075	8～12	3～7	3～7

配合比的设计过程需要进行马歇尔试验，根据气候分区和交通量的不同，试验指标也会有所差异，本设计为重级交通荷载，1-3 气候分区，故沥青混凝土马歇尔实验技术标准见表 4-33，SMA 混合料马歇尔试验技术标准见表 4-34。

沥青混凝土马歇尔试验技术指标　　　　表 4-33

试验指标		单位	要求值
击实次数(双面)		次	75
试件尺寸		mm^3	ϕ101.6mm ×63.5mm
空隙率 *VV*	深约 90mm 以内	%	4～6
	深约 90mm 以下	%	3～6
稳定度 *MS*，不小于		kN	8

续表

试验指标	单位	要求值
流值 *FL*	mm	1.5～4
沥青饱和度 *VFA*	%	65～75

SMA 混合料马歇尔试验技术指标　　表 4-34

试验项目	单位	技术要求
马歇尔试件尺寸	mm	Φ101.6mm ×63.5mm
马歇尔试件击实次数	—	两面击实 50 次
空隙率 *VV*	%	3～4
矿料间隙率 *VMA*，不小于	%	17.0
粗集料骨架间隙率 *VCA*，不大于	—	VCADRC
沥青饱和度 *VFA*	%	75～85
稳定度，不小于	kN	5.5
流值	mm	2～5
谢伦堡沥青析漏试验的结合料损失	%	不大于 0.2
肯塔堡飞散试验的混合料损失或浸水分散试验	%	不大于 20

材料的使用性能关系到路面结构能否正常运营，当材料的最大公称粒径过小时其力学特性会受到影响，需要进行相关验算，规范规定的临界粒径为 19mm，由于本设计表面层 SMA-13 和中面层 AC-20 均小于等于临界粒径，故需要进行相关验算，如果结果不能满足使用要求则必须更换沥青混合料或重新选择配合比的取值，进行配合比检验所涉及的指标见表 4-35。

使用性能检验试验及相关指标　　表 4-35

试验名称	指标	要求值	
		沥青混凝土	*SMA*
车辙试验（次/mm）	动稳定度，不小于	1000	3000
浸水马歇尔试验(%)	残留稳定度，不小于	80	80
冻融劈裂试验(%)	残留强度比，不小于	75	80
弯曲试验($\mu\varepsilon$)	破坏应变，不小于	2000	—
渗水试验(ml/min)	渗透系数，不大于	120	80

注：弯曲试验在温度－10℃、加载速率 50mm/min 的条件下进行。

2. 水泥稳定碎石基层

基层材料对路面结构的使用性能起到十分关键的作用，为了保证路面具有足够的强度和耐久性，应合理选择碎石的级配范围并保证各材料参数符合规定要求，根据《公路路面基层施工技术细则》JTG/T F20—2015，水泥稳定碎石材料的相关技术要求见表 4-36。

基层配合比设计材料相关指标 **表 4-36**

<table>
<tr><td rowspan="19">材料</td><td rowspan="3">水泥</td><td>强度等级</td><td colspan="6">32.5MPa 或 42.5MPa</td></tr>
<tr><td>剂量</td><td colspan="6">3%～6%</td></tr>
<tr><td>凝结时间</td><td colspan="6">初凝时间大于 3h，终凝时间大于 6h 且小于 10h</td></tr>
<tr><td rowspan="15">级配碎石</td><td rowspan="13">颗粒组成
(C-B-1)</td><td colspan="3">筛孔尺寸(mm)</td><td colspan="3">级配范围(%)</td></tr>
<tr><td colspan="3">26.5</td><td colspan="3">100</td></tr>
<tr><td colspan="3">19</td><td colspan="3">86～82</td></tr>
<tr><td colspan="3">16</td><td colspan="3">79～73</td></tr>
<tr><td colspan="3">13.2</td><td colspan="3">72～65</td></tr>
<tr><td colspan="3">9.5</td><td colspan="3">62～53</td></tr>
<tr><td colspan="3">4.75</td><td colspan="3">45～35</td></tr>
<tr><td colspan="3">2.36</td><td colspan="3">31～22</td></tr>
<tr><td colspan="3">1.18</td><td colspan="3">22～13</td></tr>
<tr><td colspan="3">0.6</td><td colspan="3">15～8</td></tr>
<tr><td colspan="3">0.3</td><td colspan="3">10～5</td></tr>
<tr><td colspan="3">0.15</td><td colspan="3">7～3</td></tr>
<tr><td colspan="3">0.075</td><td colspan="3">5～2</td></tr>
<tr><td rowspan="2">集料指标</td><td>压碎值</td><td>针片状颗粒含量</td><td>0.075mm 以下粉尘含量</td><td>软石含量</td><td>液限</td><td>塑性指数</td></tr>
<tr><td>≤26%</td><td>≤22%</td><td>≤2%</td><td>≤5%</td><td>≤28%</td><td>≤5</td></tr>
<tr><td colspan="2">水</td><td colspan="6">采用饮用水</td></tr>
<tr><td colspan="3">7d 无侧限抗压强度</td><td colspan="6">4.0～6.0MPa</td></tr>
</table>

3. 二灰土底基层

1）材料的选择与要求

（1）石灰

应根据道路的技术等级合理选择石灰材料，本设计为高速公路，根据《公路路面基层施工技术细则》JTG/T F20—2015 第 3.3.1 条，本基层石灰材料采用消石灰，技术等级为Ⅱ级，设计参数见表 4-37。

消石灰技术指标 **表 4-37**

指标	钙质消石灰	镁质消石灰
有效氧化钙加氧化镁含量(%)	≥60	≥55
含水率(%)	≤4	≤4
0.60mm 方孔筛的筛余(%)	≤1	≤1
0.15mm 方孔筛的筛余(%)	≤20	≤20
钙镁石灰的分类界限，氧化镁含量(%)	≤4	>4

（2）粉煤灰

硅铝粉煤灰和高钙粉煤灰均可作为底基层材料，技术要求见表 4-38。

粉煤灰技术要求 表 4-38

检测项目	技术要求
SiO_2、Al_2O_3 和 Fe_2O_3 总含量(%)	>70
烧矢量(%)	≤20
比表面积(cm^2/g)	>2500
0.3mm 筛孔通过率(%)	≥90
0.075mm 筛孔通过率(%)	≥70
湿粉煤灰含水率(%)	≤35

(3) 土

土宜采用最大粒径小于 15mm 的黏性土，塑性指数为 12～20 且有机质含量不大于 10%。

2) 配合比设计

石灰与粉煤灰的比例为 1∶2～1∶4，石灰粉煤灰与细粒土的比例为 30∶70～10∶90，且要求 7d 龄期无侧限抗压强度标准值不小于 1.0。

4. 功能层

1) 封层

根据《公路沥青路面设计规范》JTG D50—2017 第 4.6.3 条，无机结合料稳定层与沥青结合料层之间宜设置封层，本方案封层采用乳化沥青单层表面处治，厚度为 10mm，所用材料的基本参数见表 4-39。

沥青表面处置材料规格与用量 表 4-39

沥青种类	类型	集料($m^3/1000m^2$)		沥青或乳液用量(kg/m^2)
		规格	用量	
乳化沥青	单层	S14	7～9	0.9～1.0

2) 黏层①

由于本面层采用三层热拌沥青混凝土，故需要在相邻层间设置黏层，本方案黏层材料选用快裂改性乳化沥青（PC-3），用量为 0.3～0.6L/m^2。

3) 透层

根据《公路沥青路面设计规范》JTG D50—2017 第 4.6.6 条，无机结合料稳定类基层顶面宜设置透层，根据已有相似道路的经验，本方案透层采用乳化沥青（PA-2），用量为 1.0～2.0L/m^2，透层油渗入基层的深度不宜小于 5mm，且基质沥青的针入度不宜小于 100。

4.5.6 路面结构层厚度设计

1. 路面结构层厚度计算

本路面基层所用材料属于无机结合料稳定类，填方路段底基层所用材料属于无机结合

① 根据《公路沥青路面设计规范》JTG D50—2017 第 4.6.4 条，本项目属于重交通荷载，黏层宜采用改性乳化沥青、道路石油沥青或改性沥青。

料稳定类，挖方路段由于设置了级配碎石整平层故不设置底基层。根据《公路沥青路面设计规范》JTG D50—2017 第 6.2.1 条，面层验算指标为沥青混合料层永久变形量，基层验算指标为无机结合料层层底拉应力。由于本地区为非季冻区，故不需要进行沥青面层低温开裂验算和防冻厚度验算。

1）无机结合料稳定层的疲劳开裂验算

无机结合料稳定层的疲劳开裂寿命应根据无机结合料稳定层层底拉应力计算。①

$$N_{f2}=k_a k_{T2}^{-1} 10^{a-\frac{\sigma_t}{R_s}+k_c-0.57\beta} \tag{4-22}$$

$$k_c=c_1 e^{c_2(h_a+h_b)}+c_3 \tag{4-23}$$

$$\sigma_t=p\bar{\sigma}_t \tag{4-24}$$

$$\bar{\sigma}_t=f\left(\frac{h_1}{\delta},\frac{h_2}{\delta},\cdots,\frac{h_{n-1}}{\delta};\frac{E_2}{E_1},\frac{E_3}{E_2},\cdots,\frac{E_0}{E_{n-1}}\right) \tag{4-25}$$

式中 N_{f2}——无机结合料稳定层的疲劳开裂寿命（轴次）；

k_a——季节性冻土地区调整系数；

k_{T2}——温度调整系数；

R_s——无机结合料稳定类材料的弯拉强度（MPa）；

a、b——疲劳试验回归参数，$a=13.24$，$b=12.52$；

k_c——现场综合修正系数，按式（4-23）计算；

c_1、c_2、c_3——参数，$c_1=14$，$c_2=-0.0076$，$c_3=-1.47$；

h_a、h_b——分别为沥青混合料层和计算点以上无机结合料稳定层厚度；

β——目标可靠指标，取 1.65；

σ_t——无机结合料稳定层的层底拉应力（MPa），按式（4-24）和式（4-25）计算；

$\bar{\sigma}_t$——理论拉应力系数；

p、δ——标准轴载的轮胎接地压强（MPa）和当量圆半径（mm）；

E_0——路基顶面回弹模量（MPa）；

h_1，h_2，…，h_{n-1}——各结构层厚度（mm）。

计算所得无机结合料稳定层的疲劳开裂寿命应大于设计使用年限内设计车道的当量设计轴载累计作用次数。

2）沥青混合料层永久变形量验算

车辙试验永久变形量根据相关实验数据取值，各分层的永久变形量和沥青混合料层总的永久变形量按式（4-26）和式（4-27）计算。②

$$R_{ai}=2.31\times10^{-8}k_{Ri}T_{pef}^{2.93}p_i^{1.80}N_{e3}^{0.48}(h_i/h_0)R_{0i} \tag{4-26}$$

$$R_a=\sum_{i=1}^{n}R_{ai} \tag{4-27}$$

---

① 参考《公路沥青路面设计规范》JTG D50—2017 附录 B-B.2 进行计算，无机结合料稳定层的疲劳开裂寿命应根据无机结合料稳定层层底拉应力计算。

② 参考《公路沥青路面设计规范》JTG D50—2017 附录 B-B.3，各分层的永久变形量和沥青混合料层总的永久变形量按公式进行计算。

$$k_{\mathrm{R}i}=(d_1+d_2\cdot z_i)\cdot 0.9731^{z_i} \tag{4-28}$$

$$d_1=-1.35\times10^{-4}h_{\mathrm{a}}^2+8.18\times10^{-2}h_{\mathrm{a}}-14.50 \tag{4-29}$$

$$d_2=8.78\times10^{-7}h_{\mathrm{a}}^2-1.50\times10^{-3}h_{\mathrm{a}}+0.90 \tag{4-30}$$

$$p_i=p\overline{p_i} \tag{4-31}$$

$$\overline{p_i}=f\left(\frac{h_1}{\delta},\frac{h_2}{\delta},\cdots,\frac{h_{n-1}}{\delta};\frac{E_2}{E_1},\frac{E_3}{E_2},\cdots,\frac{E_0}{E_{n-1}}\right) \tag{4-32}$$

式中 R_{a}——沥青混合料层永久变形量（mm）；

$R_{\mathrm{a}i}$——第 i 分层永久变形量（mm）；

n——分层数；

T_{pef}——沥青混合料层永久变形等效温度（℃）；

N_{e3}——设计使用年限内或通车至首次针对车辙维修的期限内，设计车道上当量设计轴载累计作用次数；

h_i——第 i 分层厚度（mm）；

h_0——车辙试验试件的厚度（mm）；

R_{0i}——第 i 分层沥青混合料在试验温度为 60℃、压强为 0.7MPa、加载次数为 2520 次时，车辙实验永久变形量（mm）；

$k_{\mathrm{R}i}$——综合修正系数，按式（4-28）～式（4-30）计算；

z_i——沥青混合料层第 i 分层深度（mm），第一分层取 15mm，其他分层为路表距分层中点的深度；

h_{a}——沥青混合料层厚度（mm），h_{a} 大于 200mm 时，取 200mm；

p_i——沥青混合料层第 i 分层顶面竖向压应力（MPa），按式（4-31）和式（4-32）计算；

$\overline{p_i}$——理论压应力系数；

p、δ——标准轴载的轮胎接地压强（MPa）和当量圆半径（mm）；

E_0——路基顶面回弹模量（MPa）；

h_1，h_2，…，h_{n-1}——各结构层厚度（mm）。

沥青混合料的动稳定度 DS 按式（4-33）计算：

$$DS=9365R_0^{-1.48} \tag{4-33}$$

式中 DS——沥青混合料动稳定度（次/mm）。

2. 结构层厚度确定

1）结构层材料设计参数确定[①]

（1）沥青面层模量

根据《公路沥青路面设计规范》JTG D50—2017 第 5.5 条，路面结构验算所采用的

① 根据《公路沥青路面设计规范》JTG D50—2017 5.1.3 条规定，路面结构材料设计参数的确定主要采用三种方式（即三个水平）：第一是通过室内试验实测确定，这个是最能反映材料真实情况的，但是需要具备相应的试验条件；第二是利用已有经验关系式进行推算；第三是参照典型数值确定。本设计训练鉴于条件限制，主要采用第三种方式（即采用水平三）通过查相应表格参考值进行确定。

模量为试验条件 20℃、10Hz 下的动态压缩模量，本设计 SMA-13 上面层的模量取值为 10000MPa，AC-20 中面层的模量取值为 11000MPa，AC-25 下面层的模量取值为 12000MPa。①

(2) 水泥稳定碎石基层模量和弯拉强度

根据《公路沥青路面设计规范》JTG D50—2017 第 5.4 条，水泥稳定碎石基层的弯拉强度取 1.8MPa，规范规定弹性模量的取值应当进行调整，取调整系数为 0.5，弹性模量取值为 12000MPa。

(3) 二灰土底基层模量和弯拉强度

根据《公路沥青路面设计规范》JTG D50—2017 第 5.4，查表 5.4.5，取二灰土底基层的弯拉强度为 0.8MPa，弹性模量乘以调整系数 0.5 后取 3000MPa。

(4) 路基顶面回弹模量

填方路段的路基填料为黏土质砂，根据道路路基设计章节计算结果，路基顶面回弹模量为 57.6MPa；挖方路段由于设置了级配碎石整平层，故路基顶面回弹模量取值为 180MPa。

(5) 泊松比

根据《公路沥青路面设计规范》JTG D50—2017 第 5.6 条，沥青混合料面层、水泥稳定碎石基层和二灰土底基层泊松比取 0.25，路基泊松比取 0.40。

在结构层中，水泥稳定碎石基层为设计层，设计初始厚度取 200mm，逐步增加厚度，直到验算结果满足要求为止。

各结构层计算参数见表 4-40 和表 4-41。

填方路面结构层计算参数 **表 4-40**

层位	结构层材料	厚度(mm)	模量(MPa)	泊松比	无机结合料稳定类材料弯拉强度(MPa)	沥青混合料车辙试验永久变形量(mm)
1	SMA-13	40	10000	0.25	—	1.5
2	AC-20	60	11000	0.25	—	2.5
3	AC-25	80	12000	0.25	—	2.5
4	水泥稳定碎石	200	12000	0.25	1.8	—
5	二灰土	200	3000	0.25	0.8	—
6	新建路基	—	57.6	0.4	—	—

挖方路面结构层计算参数 **表 4-41**

层位	结构层材料	厚度(mm)	模量(MPa)	泊松比	无机结合料稳定类材料弯拉强度(MPa)	沥青混合料车辙试验永久变形量(mm)
1	SMA-13	40	10000	0.25	—	1.5
2	AC-20	60	11000	0.25	—	2.5
3	AC-25	80	12000	0.25	—	2.5
4	水泥稳定碎石	200	12000	0.25	1.8	—
5	新建路基	—	180	0.4	—	—

① 查《公路沥青路面设计规范》JTG D50—2017 表 5.5.11，根据面层类型以及采用相应的沥青类型选取模量。

2）公共参数确定

本路段位于河南省与山西省交界处，由于地质资料不足，故选择规范给定参数进行设计验算，本地区与河南省郑州市相邻，且气温条件相似，故按规范给定的郑州市设计参数进行计算。基准等效温度取 21.2℃。根据《公路沥青路面设计规范》JTG D50—2017 G.1.2 条，基准路面结构温度调整系数应根据验算内容的不同而取不同的值，在验算路基顶面竖向压应变时取 1.15，在验算沥青混合料层和无机结合料层的层底拉应变时取值为 1.30。

由于本地区处于全国 1 月份 0℃等值线以南，为非季冻区，故季节性冻土区调整系数取值为 1.0。

干湿循环或冻融循环条件下路基土模量折减系数 $K_\eta=0.8$。

本方案采用的密集配沥青混凝土公称最大粒径不大于 26.5mm，沥青混合料中沥青饱和度按规范取 65%。

3）路面厚度计算结果

（1）填方路段

经计算，水泥稳定碎石基层的厚度取 340mm，路面各结构层的材料类型及设计厚度见表 4-42。

填方路面结构层参数 **表 4-42**

层位	材料类型	厚度(mm)
上面层	SMA-13(SBS 改性沥青)	40
黏层	快裂型改性乳化沥青(PC-3)	—
中面层	AC-20(90 号道路石油沥青)	60
黏层	快裂型改性乳化沥青(PC-3)	—
下面层	AC-25(90 号道路石油沥青)	80
封层	乳化沥青单层表面处置	10
透层	乳化沥青(PA-2)	—
基层	水泥稳定碎石	340
底基层	二灰土	200

填方路面结构层验算结果见表 4-43。

验算结果 **表 4-43**

验算项目		验算结果
基层无机结合料稳定层疲劳开裂寿命 N_{f2}	6.88×10^9 轴次	$N_{f2}>N_{e2}$ 满足要求
设计使用年限内设计车道上的当量设计轴载累计作用次数 N_{e2}	1.77×10^9 轴次	
底基层无机结合料稳定层疲劳开裂寿命 N_{f2}	1.87×10^9 轴次	$N_{f2}>N_{e2}$ 满足要求
设计使用年限内设计车道上的当量设计轴载累计作用次数 N_{e2}	1.77×10^9 轴次	
沥青混合料层永久变形量 R_a	11.92mm	$R_a<R_{ar}$ 满足要求
沥青混合料层容许永久变形量 R_{ar}	15mm	
第 1 层沥青混合料车辙试验动稳定度	5139 次/mm	>3200 次/mm
第 2 层沥青混合料车辙试验动稳定度	2412 次/mm	>1000 次/mm
第 3 层沥青混合料车辙试验动稳定度	2412 次/mm	>1000 次/mm

从表 4-42 中可以看出，路面结构的无机结合料稳定层疲劳开裂寿命和沥青混合料的永久变形量均符合要求。

(2) 挖方路段

为了便于施工，挖方路段基层厚度取值与填方路段相同，为 340mm。路面结构层设计见表 4-44，挖方路段各设计指标的计算结果见表 4-45。

挖方路面结构层参数 **表 4-44**

层位	材料类型	厚度(mm)
上面层	SMA-13(SBS 改性沥青)	40
黏层	快裂型改性乳化沥青(PC-3)	—
中面层	AC-20(90 号道路石油沥青)	60
黏层	快裂型改性乳化沥青(PC-3)	—
下面层	AC-25(90 号道路石油沥青)	80
封层	乳化沥青单层表面处置	10
透层	乳化沥青(PA-2)	—
基层	水泥稳定碎石	340
垫层	级配碎石	150

挖方路面结构层验算结果见表 4-44。

验算结果 **表 4-45**

验算项目		验算结果
基层无机结合料稳定层疲劳开裂寿命 N_{f2}	2.46×10^9 轴次	$N_{f2}>N_{e2}$ 满足要求
设计使用年限内设计车道上的当量设计轴载累计作用次数 N_{e2}	1.77×10^9 轴次	
沥青混合料层永久变形量 R_a	11.88mm	$R_a<R_{ar}$ 满足要求
沥青混合料层容许永久变形量 R_{ar}	15 mm	
第 1 层沥青混合料车辙试验动稳定度	5139 次/mm	>3200 次/mm
第 2 层沥青混合料车辙试验动稳定度	2412 次/mm	>1000 次/mm
第 3 层沥青混合料车辙试验动稳定度	2412 次/mm	>1000 次/mm

从表 4-44 中可以看出，路面结构的无机结合料稳定层疲劳开裂寿命和沥青混合料的永久变形量均符合要求。

4.5.7 路面结构层施工要求

本部分主要讲述路面结构层的施工要求。①

1. 沥青混合料面层

1) 沥青混合料的拌合

(1) 本设计采用工厂集中拌合的方法，间歇式拌合机为沥青混合料常用的拌合设备，故选择在拌合厂使用间歇式拌合机进行拌制。

---

① 主要依据《公路沥青路面施工技术规范》JTG F40—2004 相应要求并结合工程特点制定。

（2）间歇式拌合机每盘拌合时间不少于 45s。

（3）间歇式拌合机应当装有专门的沥青储存仓，拌合完成之后将沥青进行暂时存储，存储仓应当保证混合料的温度下降不易大于 10℃，由于沥青凝固时间和使用性能的需要，存储时间不宜过长，改性沥青应小于 24h，普通沥青混凝土可以适当延长，但应小于 72h。

2）沥青混合料的运输

（1）从拌合机向运料车装料时，汽车应前后移动，为了避免混合料离析而造成使用性能的降低，在搅拌完成装料时，运输车辆需要进行轻微的移动。

（2）沥青混合料运料车的运量应有所富余，开始摊铺时在现场等候卸料的运料车应不少于 5 辆。

（3）运料车应在摊铺机前 10～30cm 处停住，不得撞击摊铺机，卸料过程中运料车应挂空挡，由摊铺机推动前进，确保路面平整。

3）沥青混合料摊铺

（1）应根据现场实际情况选择合理的方式进行摊铺作业，应采用摊铺机进行施工，摊铺的宽度与路面的指标有关，本设计单向为双车道，故作业宽度应小于 6m。

（2）必须缓慢、匀速、不间断地摊铺以提高平整度，摊铺速度应在 2～6m/min，改性沥青混合料应控制在 1～3m/min。

（3）摊铺机应采用自动找平方式。上面层宜采用平衡梁摊铺厚度控制方式；中面层应根据现场情况选择适当的找平方式；下面层和基层以及底基层选取高程控制的方式。

（4）根据《公路沥青路面施工技术规范》JTG F40—2004 第 5.2.2 条，沥青混合料的摊铺温度应符合表 4-46 要求。

沥青混合料施工温度（℃） **表 4-46**

施工工序	90 号道路石油沥青	SBS 改性沥青
沥青加热温度	150～160	160～165
矿料加热温度	比沥青温度高 10～30	190～220
沥青混合料出料温度	140～160	170～185
混合料贮料仓贮存温度	贮存过程中温度降低不超过 10	
混合料废弃温度，高于	190	195
运输到现场温度，不低于	140	165
混合料摊铺温度，不低于	130	160
开始碾压的混合料内部温度	125	150
碾压结束的表面温度	65	90
开放交通路表温度，不高于	50	50

4）沥青混合料的压实及成型

（1）沥青混合料的压实分为三个阶段，分别是初压、复压和终压。每个阶段应根据规范要求选用不同形式的压实器械。钢筒式压路机是目前初压阶段常用的机械，复压宜选取轮胎式压路机和振动式压路机，终压宜采用钢筒式压路机。

（2）铺筑高速公路双车道沥青路面所需压路机数量不少于 5 台。沥青混凝土的压实层厚度应小于 120mm。

（3）压路机应匀速缓慢地前进，碾压速度应符合表 4-47 要求。

压路机碾压速度指标 **表 4-47**

压路机类型	初压		复压		终压	
	适宜	最大	适宜	最大	适宜	最大
钢筒式压路机	2～3	4	3～5	6	3～6	6
轮胎式压路机	2～3	4	3～5	6	4～6	8
振动式压路机	2～3	3	3～4.5	5	3～6	6

沥青混凝土路面施工工艺流程如图 4-11 所示。

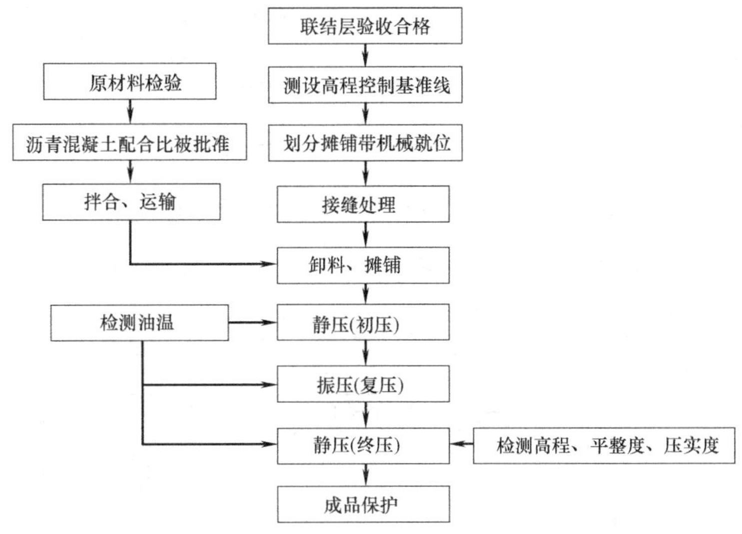

图 4-11 沥青混凝土路面施工工艺流程

2. 水泥稳定碎石基层

（1）高速公路在正式开工前应选择长度 300～600m 的路段进行试铺来确定集料的配合比以及每次作业的长度等。

（2）混合料拌合时应检测集料的含水率来计算当天的配合比，出料时应由漏斗直接装车，车辆应前后移动，防止混合料离析。

（3）拌成的混合料应在初凝之前尽快运往施工现场，且碾压完成后的最终时间不超过 2h。

（4）混合料摊铺时应严格控制基层厚度，保证路拱横坡满足设计要求，摊铺速度宜在 1m/min 左右。

（5）摊铺之后应紧跟压路机进行压实，一次碾压长度为 50～80m。

水泥稳定碎石基层施工工艺流程如图 4-12 所示。

3. 二灰土底基层

（1）二灰土的拌合必须采用厂拌，拌合好的混合料最大粒径应小于 15mm。

（2）混合料尽量现拌现用，在摊铺完毕后立即碾压，保证混合料处于最佳含水状态。

（3）当二灰土成型之后应立即进行洒水养生，且洒水尽量均匀。

（4）在底基层由足够强度时应尽快进行基层的施工。

二灰土底基层施工工艺流程如图 4-13 所示。

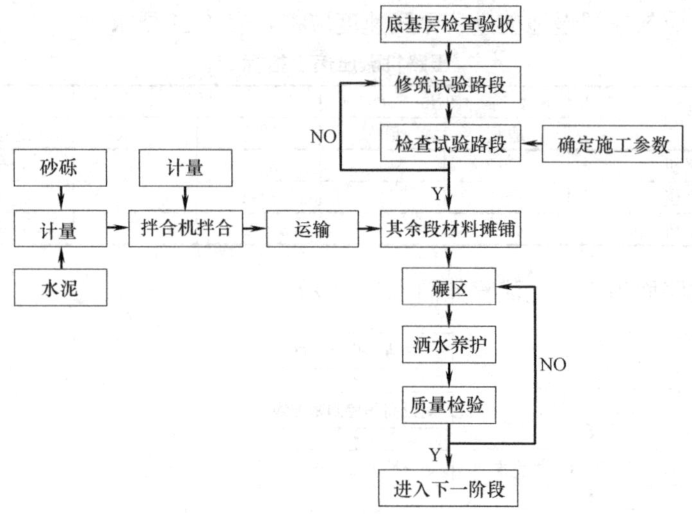

图 4-12 水泥稳定碎石基层施工工艺流程

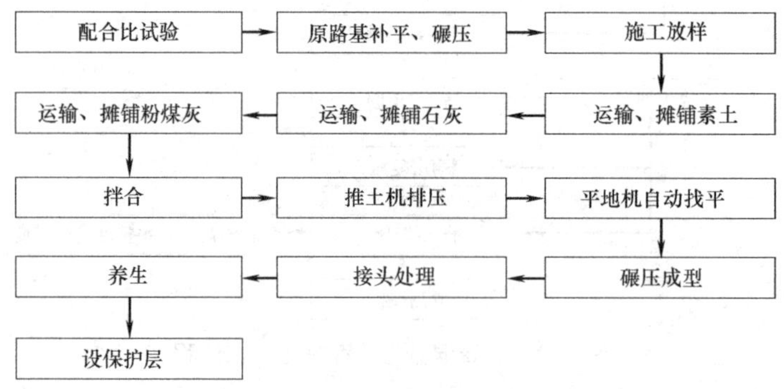

图 4-13 二灰土底基层施工工艺流程

4. 功能层

1) 黏层

(1) 黏层油宜采用专门的沥青洒布车进行喷洒，喷洒的速度和喷洒量应保持稳定，当温度低于 10℃时不应进行施工。

(2) 要做到喷洒均匀，使黏层油形成一层薄雾状均匀覆盖在路面上，喷洒不足处应进行补喷，喷洒过量处应刮除。

(3) 应在黏层的乳化沥青破乳、水分蒸发之后紧跟着进行沥青层的施工，以确保黏层不受污染。

2) 封层

层铺法沥青表面处置应采用集料散布机与沥青洒布车联合作业，以确保喷洒的均匀，喷洒时应对路面结构物进行覆盖以防止污染。各工序应紧密结合，根据施工能力来制定每天的铺洒长度。

3) 透层

(1) 本路面基层为半刚性基层，故透层油喷洒时间应在基层碾压成型表面稍变干燥且尚未硬化时进行。

(2) 透层油应采用洒布车一次喷洒成型，对于漏喷区域应进行人工补喷，喷洒过量时应铺洒石屑或砂进行吸除。

(3) 透层油应在沥青水分蒸发完毕之后尽快进行上层结构的铺筑。

4.6 排水设计

4.6.1 一般原则

排水设计的一般原则如下：①

(1) 排水设施要与当地自然条件相结合，充分利用自然水系和地形条件，排水沟渠不宜过长，尽量做到就近分流、及时疏散。

(2) 在设计前应进行排水系统的全面规划，做到地下排水与地面排水相结合，平面布置与竖向布置相协调。

(3) 道路排水应尽量不破坏天然水系，防止周围山坡的水土流失，尽量选择在有利地形处设置人工沟渠，不占用天然河道。

(4) 排水设施应与当地农田水利设施相结合，可设置管涵来防止农业灌溉对路基稳定的影响。

(5) 排水沟渠的形式应满足水力计算的相关要求，沟底纵坡不宜过大以符合沟内最大流速的限制。

(6) 对于地势较低且存在横向过水路段应设置涵洞将水流从路基一侧排到另一侧，以避免对路基的冲刷。

4.6.2 排水系统设计

K0＋040.000～K0＋110.000、K0＋320.000～K0＋770.000、K1＋110.000～K1＋230.000、K1＋460.000～K1＋590.000、K1＋650.000～K1＋705.000、K2＋95.000～K2＋190.000、K2＋460.000～K2＋820.000 及 K3＋60.000～K3＋181.756 为需要进行排水设计的路段。②

1. 路面表面排水③

本设计路段纵坡较平缓，汇水量不大，路拱横坡 2%，土路肩横坡 3%，采用路面横

---

① 根据《公路排水设计规范》JTG/T D33—2012 第 3 章以及参考相关教材，结合设计实际工况，遴选并罗列设计原则，指导本部分设计。

② (1) 主要根据路线行经地带的地形、河网水系状况，按照边沟出水口的安排进行分段；(2) 边沟的出水口主要安排在路段中间所设置的桥、涵位置，此外需要考虑单段边沟长度不应该超过《公路排水设计规范》JTG/T D33—2012 4.5.4 条的规定，如超长则应该在适宜位置断开后设置出水口；(3) 特别对于半填半挖断面，应注意一侧向另外一侧排水的需要，在适当位置设置出水口，并配合急流槽、跌水、横向管涵等排水构造物将边沟或截水沟的水做横向排除设计。

③ 根据《公路排水设计规范》JTG/T D33—2012 4.2.1 规定：(1) 路堑地段路面表面水应通过横向排流的方式汇集于边沟内。(2) 路堤较高且边坡坡面未作防护，或坡面虽有防护措施但仍有可能受到冲刷的路段，应采用路面集中排水系统排除路表水。(3) 路线纵坡平缓、汇水量不大、路堤较低目边坡坡面不易受到冲刷的路段，以及设置了具有截、排水功能的骨架护坡的高填方路段，可采用路面横向分散漫流排水方式排除路表水。(4) 设置拦水带汇集路表水时，高速公路及一级公路的设计积水宽度不得超过右侧车道外边缘；二级及二级以下公路不得超过右侧车道中心线。当硬路肩宽度较窄、汇水量大或拦水带形成的过水断面不足时，可采用沿土路肩设置 U 形路肩边沟等措施加大过水断面。路肩边沟宜采用水泥混凝土等预制件铺筑。(5) 采用路面横向分散漫流方式排除路表水时，宜对土路肩及坡面进行加固。

向分散漫流的方式排除路表水。

2. 中央分隔带排水①

本设计中央分隔带宽度为1m，采用水泥混凝土进行铺面，为保证水流可以通过中央分隔带表面漫流排出，中央分隔带铺面采用中间高两侧低的凸型结构，两侧设置2%的外倾横坡。

3. 坡面排水②

本设计挖方路段设置矩形边沟，填方路段在坡脚处设置梯形边沟，均采用浆砌片石防护，沟壁坡度1∶1（图4-14），路堑边沟底纵坡与路线纵坡一致且大于0.3%，路堤边沟沟底纵坡0.3%～3%，满足排水要求。在路段较长时应设置出水口，两出水口之间的距离应小于500m。当路界之外地面线高于路界内地面线时应设置截水沟，截水沟宜布置在路堑坡顶5m或路堤坡脚2m以外，采用梯形断面，浆砌片石防护，沟壁坡度为1∶1（图4-15）。

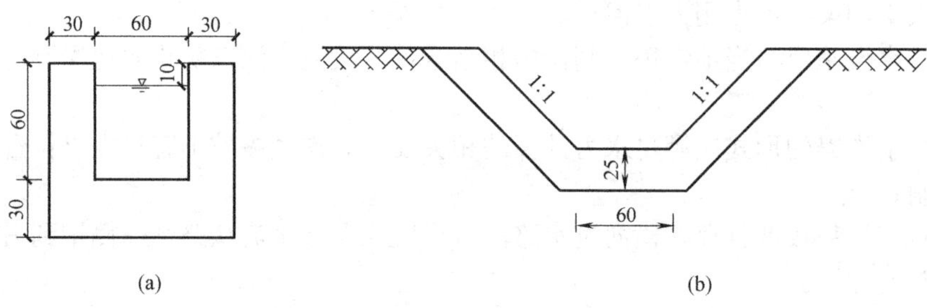

图4-14 边沟设计
（a）路鋈边沟；（b）路堤边沟

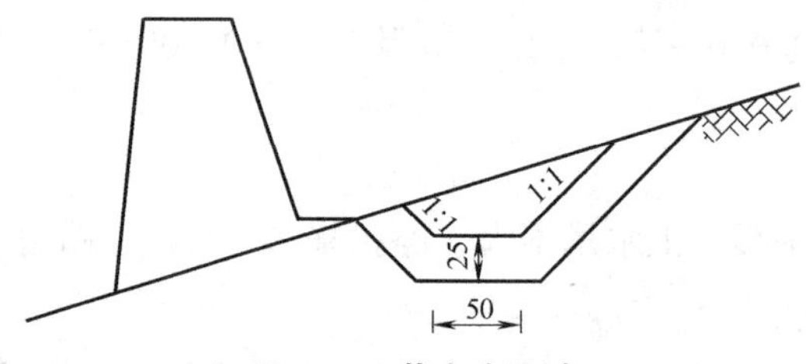

图4-15 截水沟设计

本设计需要设置截水沟的路段为：K0＋390～K0＋568（右侧）、K1＋110～K1＋135（右侧）、K1＋530～K1＋574（右侧）、K2＋482～K2＋820（右侧）。

① 根据《公路排水设计规范》JTG/T D33—2012 4.3.3规定：拦水带泄水口的间距应根据过水断面水面漫盖宽度的要求和泄水口的泄水能力按第9章计算确定，宜为25～50m；高速公路、一级公路车道较多时，宜采用较小的泄水口间距。在凹形竖曲线底部、道路交叉口、匝道口、与桥涵构造物连接、填挖交界等处应设置拦水带泄水口。凹形竖曲线的底部应加密设置泄水口。

② 根据《公路排水设计规范》JTG/T D33—2012 4.5.2～4.5.6规定：边沟横断面形式应根据排水需要以及对路侧安全与环境景观的协调等选定，可采用三角形、浅碟形、梯形或矩形等形式。高速公路、一级公路挖方路段的矩形边沟，在不设护栏的地段，应设置带泄水孔的钢筋混凝土盖板或钢筋加强的复合材料盖板。

4.7　桥、涵结构物布置

4.7.1　桥梁

本设计地处山区，全线路桥相接，共设置三座桥梁，具体布置见表 4-48。

桥梁布置方案　　**表 4-48**

桥梁编号	桩号范围	桥梁总长(m)	跨径分布(m)	桥型
1号	K0+000.000～K0+040.00	40	20×2	预应力混凝土简支箱梁桥
2号	K0+110.000～K0+320.000	210	30×7	预应力混凝土简支箱梁桥
3号	K0+770.000～K1+110.000	340	20+30×10+20	预应力混凝土简支箱梁桥
4号	K1+230.000～K1+460.00	230	20+50+80+50+30	前一跨为预应力混凝土简支箱梁桥 中间三跨为预应力混凝土变截面连续箱梁桥后一跨为预应力混凝土简支箱梁桥
5号	K1+590.00～k1+650.00	60	20×3	预应力混凝土简支箱梁桥
6号	K1+705.00～K2+095.00	390	20+30+20+50+80+50+30×4+20	前三跨为预应力混凝土简支箱梁桥 中间三跨为预应力混凝土变截面连续箱梁桥后五跨为预应力混凝土简支箱梁桥
7号	K2+190.00～K2+460.00	270	30+50+80+50+30×2	前一跨为预应力混凝土简支箱梁桥 中间三跨为预应力混凝土变截面连续箱梁桥后两跨为预应力混凝土简支箱梁桥
8号	K2+820.00～K3+060.00	240	30×8	预应力混凝土简支箱梁桥
9号	K3+181.756～K3+241.756	60	30×2	预应力混凝土简支箱梁桥

4.7.2　管涵

在地面线凹处容易产生积水，当路基两侧存在横向过水问题时需设置涵洞，涵洞采用钢筋混凝土管涵。涵洞布置见表 4-49。

涵洞布置表　　**表 4-49**

布置桩号	涵洞尺寸
K0+374	ϕ1.5m 钢筋混凝土管涵
K0+588	ϕ1.5m 钢筋混凝土管涵
K1+158	ϕ1.5m 钢筋混凝土管涵

本章小结

山区公路设计需要根据工程概况以及设计任务书，依据国家与行业相关技术标准，充分考虑沿线自然地理与地质、水文等情况，在确定的道路起终点间进行多个初步方案的拟定与比选论证，针对确定的路线方案开展平、纵、横几何线形设计以及路基、路面结构设计，最后排水系统设计，并根据道路实际情况选择性地进行桥、涵、隧结构物布置。

思考与练习题

4-1 山区选线的基本原则是什么？

4-2 沿河线布设时候主要考虑哪些因素？

4-3 路线设计的基本原理是什么？

4-4 什么是“平包竖”的平纵配合？

4-5 路基压实度控制的基本要求是什么？

4-6 沥青路面设计的主要设计指标及其选取依据是什么？

第 5 章 矿山建设工程设计

本章要点及学习目标

本章要点

(1) 施工准备的工作内容，井筒的开工顺序和贯通方案，主要大型临时工程，工业广场施工场地布置方法；

(2) 井筒表土、基岩段施工技术方案和安全技术措施，立井施工设备配套方案，井筒安装方法；

(3) 井筒毗连硐室的施工方法和施工顺序，短路贯通方案，井底车场巷道、硐室的施工顺序与安排，井巷过渡期的主要工作内容；

(4) 采区巷道的施工方法和施工顺序安排，煤巷施工安全技术措施；

(5) 矿建、土建、机电安装三类工程安排，网络计划及主要矛盾线，建井进度优化与资源平衡。

学习目标

(1) 了解施工准备工作的主要内容，井巷过渡期的主要工作内容和矿建、土建、机电安装三大工程的主要工序；

(2) 掌握井筒开工顺序的选择方法，井筒毗连硐室的施工顺序与确定方法，井底车场巷道的施工顺序安排原则与具体安排方法，临时提升与改绞方案，采区巷道的施工顺序安排方法，掌握全矿井的网络计划的编制及优化方法；

(3) 掌握矿井对头、单向掘进施工方案的选择方法，井筒表土段、基岩段施工方案及技术参数的确定方法，井筒施工设备配套方案的确定方法，井底车场巷道硐室及交岔点等大断面硐室施工方法，煤巷、半煤岩巷施工方法；

(4) 熟悉井筒一次安装和分次安装的方法及工艺过程，煤巷施工中的主要安全技术措施，地面工业广场施工场地布置方法。

5.1 设计任务书

根据设计矿井的基本情况（初步设计说明书）编制矿井施工组织设计，包括从矿井施工准备开始、首采面试运转为止的矿井建设全过程的施工方案确定、施工技术、施工组织与管理等。具体内容包括：

(1) 建井施工准备；

(2) 井筒施工；

(3) 井筒掘进进度和井筒安装；

(4) 井巷过渡期与井底车场的施工组织；

(5) 采区巷道施工；

(6) 工业广场施工总平面布置;

(7) 建井总进度计划。

根据初步设计和地质条件,系统地应用矿山建设的基本理论和知识,比较并选择合理的井巷施工技术方案和施工组织方案,并编制相应的技术措施;运用所学(相关)知识及相关规程、规范独立分析和解决施工组织设计中的各种问题,提高工程伦理决策能力;在设计、计算、绘图、编写技术文件过程中,能够应用现代化工具进行资料查阅、了解矿山建设国内外前沿和发展动态,利用新技术、新手段分析与解决设计中的问题。

最终需要提交:(1)编制《* *矿矿井施工组织设计》一份;(2)绘制三张工程施工用图:井底车场施工形象进度图、三类工程施工进度网络图(全矿井施工时标网络计划图)及工业广场施工总平面布置图。

5.2 建井施工准备

矿井建设工程是一项以矿建为主,矿建、土建及机电安装三大工程综合施工的工程。其工程量大,技术复杂,所需的设备多,施工工期长,投资巨大。一般说来,在完成土地征用之后,首先要进行施工准备工作,以解决"五通一平"、环境保护以及对外协作等问题。施工准备工作量大、涉及面广,其工作好坏直接影响到后续井筒的施工。只有充分做好施工准备工作,才能使矿井开工后正常地、不间断地快速施工,最大限度地发挥施工队的作用,加快矿井建设的速度。

5.2.1 建井施工条件

1. 供水

1) 供水水源①

矿井井下正常涌水量为 $414m^3/h$,经净化处理后,水质能够达到生产用水标准。为节约水资源,保护环境,采用处理后的矿井水作为矿井生产用水主要水源。在矿井建设期间和投产初期,矿井水处理站尚未建成投产或井下涌水量较小时,可由水源井提供或补充部分生产用水。宿西矿区新生界松散层根据岩性组合特征和富水性可划分为四个含水层。其中第一、二含水层地下水是矿井理想的供水水源。第一含水层埋深 0~30m,砂层厚度 5~21.5m。第二含水层埋深 75~103m,砂层厚度 8~24.5m。利用永久水源及部分永久供水管路作为矿井临时供水水源。

矿井总用水量为 $2671.10m^3/d$,其中由水源井供水量为 $1010.9m^3/d$,由矿井水处理站供水量为 $1660.20m^3/d$。

2) 供水方式②

在建井准备期先在工业场地西南角泵房附近建成一深一浅两个水源井,两水源井成对

① 优先考虑利用永久水源和水久供水设施的可能性及数量。临时利用的水源,根据初步设计提供的资料,考虑地面河流、湖泊、水库及自来水供应的可能性或者地下水的取水方案(《简明建井工程手册》——第三篇第十一章 建井期间的供水及排污处理技术)。

② 水源井深度应考虑地下含水层情况及施工供水量的需求;施工期间供水量的确定应按准备期、井筒施工期、巷道施工期分别计算最大用水量,并应再增加10%的备用量(《煤矿井巷工程施工规范》GB 50511—2010 3.5.2.3),准备期及井筒施工期的用水量要单独列出特殊凿井用水量;水源井的位置应考虑临时供水系统向永久供水系统的过渡方便。

布置，井距不超过5m，供水量分别为$50m^3/h$及$30m^3/h$。深井建在新生界松散层第二含水层，井径300mm，深80m，供水量为$1200m^3/d$；浅井建在新生界松散层第一含水层，井径300mm，深30m，作为备用水源。另建两座$1500m^3$日用消防水池、初沉淀池，一座生产水池及部分供水管线。采用一座38m×6.0m×3.0m联合泵房布置，水源泵采用二台潜水电泵，型号10JQ80-60，$80m^3/h$，0.6MPa，配用电机功率33kW。

工业广场主、副、风井井筒施工时冻结站冷却补充水量大，设计考虑在工业广场西北地磅房附近建临时水源井，井径300mm、深90m。选用一台10JQA80-6型深井潜水泵，$80\ m^3/h$，0.60MPa，配用电机功率33kW。

临时水源井输水管选用两条*DN*250承插式给水铸铁管，送至工业场地临时冷却站循环水池。

2. 供电

在矿井施工准备阶段，工业广场建35kV变电所。① 在矿井35kV变电所投运前，利用位于矿井东北方向的杨柳变电所架空线路，并在距工业场地最近点向工业场地架设1.5km架空线路，建成6kV临时变电所，供施工准备阶段用电。在井筒冻结开始时，根据施工进度安排，矿井35kV变电所已经建成并投入使用。此时6kV临时变电所专供副井使用。

3. 运输

1）场内运输

场内运输主要采用汽车和窄轨运输②。

土建工程施工运输时均采用汽车、$1m^3$胶轮翻斗车和手推车运输。

井巷工程施工采用窄轨铁路运输为主，汽车运输为辅。副井井口设有材料线，地面材料、设备等运至副井井口经编组后下井，井下运至井口的矸石在副井井口经编组后，由机车顶推至侧卸式翻车机处，侧翻出的矸石由铲车铲入汽车运到矸石山。

2）场外运输③

本矿井工业广场西靠淮（北）～六（安）公路以及宿州至阜阳公路，经此可通往宿州市、淮北市和蒙城县等地。东北有淮北矿区铁路青（疃）～芦（岭）专用线，该线上的李醻坊站距井田约7km。场外公路包括进场公路、运煤公路及材料公路，三条公路均与淮（北）～六（安）公路相接，公路全长分别为0.67km、0.20km及0.20km。目前进场公路已达到简易通车的条件，该公路可作为矿井施工期间材料、设备等运输线路。

4. 通信

在建井准备期，主要采用无线电通信。在矿井工业广场、集团公司、杨柳220kV变

---

① 矿井供电永久电源以35kV居多，矿区永久供电多采用110kV或35kV的电压，临时变电站多为6kV和10kV电压。供电方案要根据永久及临时电源情况及供电负荷确定方案（《简明建井工程手册》——第三篇第十三章 建井期间的供电技术），其原则是尽量利用永久设施（初期除主变压器外），保证施工安全和节约投资；当永久电源难以利用时，可采用永久线路降压运行，但要计算压降是否满足。

② 场内道路包括各施工场地（井口区、材料仓库区、机修加工区及排矸场地等）之间的窄轨铁路（公路）和生活区与工业场地之间的连接公路。一般情况下，应优先考虑利用永久道路，辅以必要的临时道路，临时道路布置应避开永久工程，布置在没有管道网的地段；场内永久道路应一次按设计路面施工，条件不具备时，可先在永久道路路基上铺以矸石，泥结碎石路面；矿井开工前应完成排矸公路，居住区施工前完成进场公路及与工业场地路面，但最好一次建成，场内道路与平场一般同时进行。

③ 场外运输初期以公路运输为主，有条件时尽早利用铁路运输。进场公路是矿井建设的主要交通线，应按照设计标准及早修建、首先一次完成，工程量大的可分期建设，先完成路基后做路面，沥青路面施工要考虑季节因素。

电所各设一台无线电话机，作为临时调度通信。①

矿井施工前期，待通信线网施工完毕后，可将永久的生产调度程控电话交换系统安装到位，投入使用。此间，五沟矿井与集团公司通信利用永久的数字微波实现两地交换机之间的中继传输。

矿井施工后期，当地面及井下的生产、生活等一系列设施基本建设形成后，可将永久通信设施安装并使用。

5. 排水

场区平场坡度一般为3‰。施工准备期内施工、生活用水及雨水汇入场地内排水沟，在排水沟汇集后排至场外。施工期内施工场地排水尽可能利用永久排水系统②。

6. 工业广场平整及排矸

本矿井工业场地地形平坦。场地内无建筑物等设施，场地平整及拆迁工程量小。根据设计要求，场地需要垫高，可在矿井建设期间利用建筑物基础开挖土方、建井矸石逐步对场地进行垫高③。期间，可按照工业场地总平面布置图、竖向布置和场内道路、管线施工图等，同时施工过路管道、地下管道、场内道路路基等。

临时排矸场布置在工业场地东围墙外，排矸容量为3年，占地1.61hm^2。主、副井区排出的矸石经矿车先后回填工业场地、铁路装车站、运煤公路，剩余部分排至临时排矸场堆放。

7. 其他建井条件

矿井所需道砟、料石和石屑等建筑材料可由淮北市南面的烈山采石场提供；砖、灰可就近提供；所需钢材、木材、高强度等级水泥由集团公司供应处提供；砂从山东、徐州运来。

建井工程可由专业建井队伍承担，后期矿井建设矿方队伍陆续进场。

5.2.2 建井技术准备

1. 矿井井巷贯通施工方案

矿井建设一般有以下两种施工方案④：单向掘进和对头掘进。

1）单向掘进

---

① 临时通信包括与外界的通信、工业场地内及各施工区之间的通信和施工工地与本部的联络，根据现场条件，由建设单位建立临时交换台（机），利用永久线路与外界联系，条件好时可利用移动电话及对讲机等无线电话通信。

② 根据《简明建井工程手册》——第三篇第九章 建井时期排水系统的施工技术：矿井建设期间的排水包括井下排水、生活污水和雨水，应尽量利用永久排水系统。井筒开凿排水及井下开拓排水需建临时沉淀池，排水沉淀后用于施工用水或达标后外排。地面建筑施工排水和生活污水需建临时排水沟，一般采用化粪池作为临时生活污水处理设施。

③ 根据《矿井施工组织设计指南》：场地平整的原则为先井口区、后一般区；先平场、后建筑；先地下、后地上；先场内、后场外；先首开区、后晚施工区。首先平整各工业场地井口区及拟利用的永久建筑区为永久建筑的施工创造条件，然后陆续平整其他部分，使平场与地面建筑的施工顺序相适应。在场地平整的同时应完成以下工作：（1）地下永久管线的敷设（包括暖气管沟、各种管线等工程）；（2）填方量较大的永久建筑物的基础；（3）填方取土应本着就近取土原则，确定取土点和方式，借土地方后可用矸石回填。

④ 矿井井巷贯通施工方案包括单向掘进和对头掘进两大类，单向掘进方案施工组织比较简单，但建井工期较长，独头通风距离长、通风管理工作复杂，也不利于提前施工煤巷和开拓采区；（1）对于中央分列式通风设计矿井，风井位于工业广场之外且距离主、副井比较远；或者风井井底与主副井井底车场不在同一个水平时，可考虑对头掘进施工方案。井巷贯通工程是井巷开拓的关键所在，也决定了井巷开拓的主要矛盾线和建井总工期。根据《简明建井工程手册》——第七篇第三章：对头掘进可由风井提前开拓采区，并且加快主副井的装备，可缩短建井工期。（2）对于中央并列式通风系统的矿井或初期风井与主、副井位于同一个工业广场的矿井开拓，无需考虑对头掘进方案，仅需考虑三个井筒之间的贯通方案，井巷贯通方案一般也不会对矿井的主要矛盾线和建井工期产生重大影响。

由井筒向采区单方向地掘进井巷连锁工程。即井筒掘进到底后，由井底车场水平通过车场巷道、石门、主要运输巷道直至采区上山、回风巷及准备巷道。这种方案的优点是：建井初期投资少，需要劳动力及施工设备少，建井施工组织及管理工作较简单；采区巷道容易维护、费用较省，测量技术要求相对较低。其缺点是：建井工期较长，通风管理工作较复杂，安全条件较差。

2）对头掘进

井筒开凿与两翼风井平行施工，并由主、副井井底与两翼风井同时对头掘进。这个方案的特点是由风井提前开拓采区，主副井开拓井底车场、硐室；并且加快主副井的装备，以适应整个矿井提前投产的需要，可缩短建井工期。其缺点是增加部分施工设备及临时工程费，需要劳动力较多，施工管理工作较复杂。

结合五沟矿井的实际情况，由于风井位于工业广场以内，缺乏对头掘进条件，故采用单向掘进的施工方案。可采用合理安排施工队伍、加强管理工作、精心组织，克服单向掘进施工的缺点。

2. 井筒施工顺序

矿井开拓布置主、副、风三个井筒，开工顺序有如下方案。①

1）主、副、风井顺序开工

如果主井比副井深且主井施工条件较复杂，副井采用特凿法施工，而主井采用普通法施工，副井利用永久井塔（井架）施工，采区贯通工程量和采区掘进工程量均较少，井筒穿过地层较复杂需由一个井筒先施工探明地质情况。一般主井断面较小，可先行探明地质条件，给副井的施工提供经验，且主井较深便于到底后与副井同时贯通；风井滞后开工，可以使采区工程一完成就投入生产，避免采区煤巷的长期闲置。该方案的缺点是主井到底后与副井的贯通施工较困难，贯通临时工程较多。

2）主副井同时开工，风井滞后开工

如果主副井深度基本相同，井筒穿过的地质条件较好，主副井到底时间相当，主副井施工方案相同（但主副井同为冻结凿井时，一般应间隔开工），工业广场准备条件具备，副井井筒较浅，采区贯通工程量较小，开工间隔一般视采区贯通工程量、采区工程量和风井的深度确定，一般可选主副井同时开工之后，相隔 1～6 个月再开工风井。

该方案井筒组织施工比较容易，井筒能同时到底并及时贯通，贯通临时工程量较小，贯通的辅助施工设施较简单。缺点是准备工作紧张，若采用特殊凿井时，设备的投入较大，不便协调施工和设备的平衡使用。

3）副、主、风井顺序开工

若副井比主井深，井筒穿过地层条件较明确，副井施工较复杂，主井施工相对简单，马头门工程量大，占井筒工期较长；采区工程量较小，井巷贯通工程量不大。可选副井先开工，1～3 个月后主井开工，再过 2～6 个月风井开工。但副井先开工，在井筒地层条件

① 井筒开工顺序的选择应考虑的因素主要有：各井筒的井口准备情况、各井筒的相对平面位置关系、井筒所穿过地层的工程地质及水文地质条件、井筒施工方案、各井筒的比深、各井筒的施工工期、井筒担负井下巷道的工程量大小、井筒永久装备情况、井筒转入平巷时的施工方案、施工设备装备情况、施工队伍的技术力量等。根据《简明建井工程手册》第七篇第三章“施工顺序及关键线路优化”：井筒开工顺序确定的原则为技术可行、经济合理、施工方便、便于贯通、准备充分、缩短工期。一般地在同一个广场内先开工一个井筒，然后各个井筒可在两两相距 1～3 个月内相继开工，但井筒同时开工数目及间隔长短，应视矿井建设的具体情况确定。一般先比较先贯通两个井筒的施工顺序，然后再比较后贯通的其他井筒与前两个井筒之间的顺序关系。

不太好时，大断面井筒作为探井施工难度较大。

4）风主副顺序开工或风副主顺序开工

当采区工程量较大，井巷贯通工程量较大，风井较深，工业广场准备不充分，而矿井建设工期又较紧时可以考虑。该方案可以充分利用风井进行巷道的掘进和贯通，采区准备较快，但当只有一个风井，构不成通风系统时，风井施工井下巷道独头通风距离长，生产条件和安全性不高。

5）风井先开工，主副井滞后同时开工

如果采区工程较大，而工业广场准备紧张，且矿井建设工期又较紧，井巷贯通工程量较大，主副井施工准备程度相当，特别是采区工程量很大、有两个风井，风井到底后又便于贯通形成通风系统时，风井先开工将能较好地解决贯道问题，并能缩短主要矛盾线工期。

6）贯通点的选择①

主、副、风井施工到井底车场水平后，应尽快进行短路贯通，以便为通风、排水、提升等设施的改装创造条件。贯通点的选择，应使主、副、风井贯通距离最短，贯通后发挥作用最大，尽早实现短路贯通。由于本矿井设计主井施工工期为 9 个月，其中箕斗装载硐室、井筒与巷道连接处施工 2 个月；风井施工工期 8.5 个月，其中井筒与巷道连接处施工 1.5 个月；副井施工工期为 9 个月，其中马头门施工 1.5 个月；且主井先于风井 0.5 个月、先于副井 2 个月开工，故主、风井同时到底，副井最后到底。考虑到到底后，主、风、副井队伍工程量的平衡，将主、风井贯通点选择在十号交岔点处，将主、副井贯通点选择在三号交岔点处。

－360 水平与－440 水平贯通点的选取综合考虑巷道运输及通风等因素，选取在－440 南翼轨道斜巷与－360 胶带机大巷联巷处。

5.2.3　矿井开工前的工程准备

1. 矿井开工前工程准备工作的重点项目

毋庸置疑，准备期的长短，将直接影响到投资效果。所以在保证施工准备达到一定标准的前提下，应努力缩短准备工期，使矿井尽早开工。准备期的工作，应该有利于后续主要矛盾线上工作的开展，以缩短整个建井工期。本矿井在全面做好准备工作的同时，重点应放在主井井筒开工的准备工作上。

2. 施测定位②

井筒开工前，就近根据国家的测量控制点，确定矿区三角网。根据三角网，实测矿区

---

① 井筒到底后，应尽快进行短路贯通，改善提升、通风和排水等能力，短路贯通应突出“短路”二字、争取在最短的路径上，以最短的时间将两井贯通。在贯通时应尽可能利用永久（小断面）巷道进行施工，必要时应增加临时工程，但施工用临时工程应控制到最少，且不能影响车场的总体永久布局。根据《矿井施工组织设计指南》：井底车场贯通点选择因综合考虑井筒到底的时间、便于测量控制等因素，一般选择在两井贯通路径中间的交岔点处；若某一个井筒到底时间较晚，可考虑在该井筒的井底贯通，当单向贯通距离比较长时，可对先到底的井筒先进行临时改绞，然后再贯通。当采用对头掘进进行贯通时，贯通点在工期允许的情况下一般安排在采区上下山与运输大巷的连接点，应尽可能避免在上（下）山的中间位置贯通。

② 根据《简明建井工程手册》第一篇第四章“建井测量”：施工准备期应测补矿区平面和高程控制网，建立近井点，标定井筒中心和井筒十字中线。十字中线基点应埋设在不受施工、采动影响的范围内，井筒每侧的基点不得少于 3 个，点间距一般不小于 20m。

地形图，完成矿井工业广场的测量基点、导线和高程的设置与测量工作，并设置井筒中心线基桩和十字中线基桩，标定地面永久建筑物位置及工业广场范围。井筒十字基桩在井筒每侧设 4 个间距 25m 的点，离井口最近的十字中心线点距井筒 40m。

3. 井筒检查孔①

地质资料对于矿建施工有着举足轻重的作用，为探明矿井各井筒及井底车场的地质情况，在井筒准备期前，在主、副、井井附近打检查孔。检查孔均打在井筒之外，距相应井筒中心均为 20m，各检查孔深度均超过各自井深 10m。

4. 工业广场的平整

整个工业广场采用分片、分期进行的方式进行平整。首先平整井口附近及周围各运输线路，办公广场各建筑物四周，此时尚无矸石可利用，可到设计建筑物基础开挖土方处取土回填，然后用掘进矸石陆续有秩序地回填各段工业场地。场地平整和回填时要注意预留永久建筑物的地基以及地下管网沟的基础。

5. 特殊施工工程准备②

施工矿井主副风井均采用特殊法（冻结法）开挖表土段，故施工准备期间工作应主要围绕井筒的冻结工作进行。施工准备期间的特殊施工工程准备包括冻结站的安装和冻结孔的施工等。

冻结法主要准备工作内容包括：(1) 修筑井口钻场灰土盘，铺设环形轨道安装钻机，修建泥浆站及泥浆循环系统设施，配制泥浆，修建配电房、测斜房及必要的生活福利、办公临时设施；(2) 在打冻结孔期间，修建制冷站、安装制冷设备、铺设冷水管路和盐水管路，修好冷冻沟槽；(3) 井筒积极冻结期间，做好凿井井架及提绞设备安装、施工队伍培训等各项准备工作。

5.2.4 永久设施利用情况③

为了节约建设投资和缩短建井工期，应尽量利用可利用的永久建筑和设施。本着这个原则，本矿井建设准备期尽量建设永久生产、生活设施，以减少不必要的投资。

---

① 根据《煤矿井巷工程施工规范》GB 50511—2010 3.2 条：井筒开工前，应完成检查孔施工，并具有完整的检查孔资料。当井筒不穿过含水冲积层，并无煤层瓦斯及其他有害气体突出危险，且具备一定的条件，可不打检查孔。水文条件复杂，有煤层瓦斯及其他有害气体突出危险时，检查孔距井筒中心不应超过 25m；检查孔终深宜大于井筒设计深度 10m。

② 煤矿建设常用特殊施工方法及准备工作内容可参考《简明建井工程手册》第七篇第一章“施工准备”的内容。冻结法准备工作主要抓好打钻和制冷系统两大工程并保证水电供应。除冻结法外，常见特殊施工还包括地面预注浆和钻井法的工程准备工作。地面预注浆的准备工作主要包括：(1) 准备好打钻、注浆所着要的机具、设备和材料；(2) 修筑站场平台，铺设环行轨道，安装好钻机，形成打钻系统；(3) 修建注浆站及各种浆液池，敷设好供水及输浆管路等，形成注浆系统。钻井法的准备工作主要包括：(1) 打井筒检查孔，全面取得井筒的工程地质和水文地质资料；(2) 修筑钻井临时锁口、井架基础、设备基础、泥浆系统、井壁预制设施等临时设施；(3) 安装钻井设备；(4) 进行综合试钻，钻头下放至锁口内进行破土试验，并检查各系统的运转状态。钻井施工准备工作主要为钻机及龙门吊车的安装、泥浆配制等工艺，保证水、电、泥浆供应。

③ 为了节约建设投资和缩短建井工期，一般工程量较小，位置不占用井口施工区、不影响凿井设施布置的建构筑物，应尽量利用永久建筑和设施。准备期和建井期可使用的永久建筑及设施通常包括以下内容：(1) 场外工程：场外公路、铁路、输变电工程、给水排水工程、通信线路等；(2) 永久建筑物：食堂、单身宿舍、油脂库、材料库、坑木加工房，机修车间、办公楼、任务交待室、矿灯房、空压机房等，中后期可利用的有锅炉房、火药库、提升机房等；(3) 永久设施：给水排水管道、供热管网、水塔或蓄水池、永久井架（塔）、围墙大门、场内照明动力电网、通信线路、污水处理系统、井上下输变电设施、井上下运输设施、排矸系统。

矿井利用的永久设施见表 5-1。

永久设施利用表 表 5-1

序号	永久建筑设施名称	单位	数量	临时用途
1	工广围墙	m	2002	同永久
2	35kV 变电所	m^2	1442	同永久
3	副井永久井架	t	210	同永久
4	材料库棚坑木加工房	m^2	1440	同永久
5	锅炉房	m^2	489.6	同永久
6	行政、采区联合建筑	m^2	4188	同永久
7	空压机房	m^2	230	同永久
8	浴室、矿灯房联合建筑	m^2	3913	同永久
9	35kV 供输电线路	m	8400	同永久
10	进场公路及场区部分公路路基	m	200	同永久
11	单身公寓	m^2	9082	同永久
12	食堂	m^3	1058.4	同永久
13	日用消防水池	m^3	1500	同永久
14	联合泵房	m^2	228	同永久
15	砂石堆放场	m^2	8500	同永久

5.2.5 大型临时工程

主要大型临时工程见表 5-2。①

大型临时工程一览表 表 5-2

序号	名称	规格型号	单位	数量
1	主、副、风井主提绞车基础	C15 混凝土	m^3	120/100/120
2	主、副、风井副提绞车基础	C15 混凝土	m^3	100/100/100
3	主、风井井架基础	C15 混凝土	m^3	96/96
4	主、副、风井井口房	砖墙、彩钢波瓦、白铁皮	m^2	300/400/300
5	主、副、风井主提绞车房	轻钢结构、彩钢波瓦	m^2	256/256/256
6	主、副、风井副提绞车房	轻钢结构、彩钢波瓦	m^2	216/216/216
7	主、副、风井稳车基础	C15 混凝土	m^2	190/190/190
8	主、副、风井稳车地坪	混凝土地坪	m^2	320/320/320
9	主、副、风井稳车集控室	管柱、轻钢屋架、彩钢波瓦	m^2	30/30/30
10	主副、风井砂石水泥堆场	混凝土地坪	m^2	4900/2400
11	材料库	夹心彩钢板	m^2	200
12	机电修车间	夹心彩钢板	m^2	300
13	钢筋加工棚	管柱、轻钢屋架、彩钢波瓦	m^2	200
14	6kV 临时变电所	砖混	m^2	400
15	生活区	砖混	m^2	5387

① 大型临时工程主要包括凿井生产设施、辅助生产设施和临时生活设施。其中常见的生产设施为立井施工用提升机、稳车、三盘及井内悬吊设施悬挂，凿井井架、提升机房稳车棚、井口信号房等凿井与井口设施；临时变电所、压风机房、材料加工房、机修与材料库等生产辅助设施；单身宿舍、食堂、浴室、办公室、更衣室和任务交代室等临时生活设施。

5.2.6 缩短准备期的措施①

（1）充分利用永久建筑物、构筑物和可利用的永久设备；

（2）用活动房屋和移动装配式设备施工；

（3）合理组织，合理规划，专项工作由专人负责，加强对外协作；

（4）加快准备工作中连锁工程项目的准备；

（5）严格按照施工准备期的横道图进行施工；

（6）做好施工准备工作的综合平衡。

5.2.7 准备期关键工作及工期②

准备期开始阶段首先开始“五通一平”、工建施工准备，为工建施工和凿井准备创造良好条件。在主井积极冻结前供电、供水、排水系统基本形成。

施工准备期工作及工期安排见图 5-1。

序号	任务名称	工期（月）	开工日期	开工日期	07 6	7	8	9	10	11	12	08 1	2	3	4
一	五通一平														
	1.场地平整	4	07.7.1	07.10.31											
	2.进场公路	1	07.7.1	07.7.31											
	3.供电工程	5	07.7.1	07.11.31											
	4.供水工程	3	07.7.1	07.9.31											
	5.排水工程	2	07.10.1	07.11.31											
	6.通讯工程	1	07.7.1	07.7.31											
二	工建施工														
	1.工建施工准备	1	07.7.1	07.7.31											
	2.砂石料场	1	07.7.1	07.7.31											
	3.宿舍施工	6	07.8.1	08.1.31											
	4.通风楼施工	5	07.9.1	08.1.31											
	5.压风机房施工及设备安装	4	07.8.1	07.11.30											
	6.矿建混凝土搅拌站施工	1	07.12.1	08.1.15											
三	凿井准备														
	1.冻结站施工、设备安装	2	07.9.1	07.10.31											
	2.主井冻结孔施工	2.5	07.9.16	07.11.30											
	3.主井积极冻结	1.5	07.12.1	08.1.15											
	4.主井井架安装	1	07.12.1	07.12.31											
	5.主井绞车基础、安装	2	07.11.16	08.1.15											
	6.主井试挖、三盘吊挂	0.5	08.1.16	08.1.31											
	7.混凝土搅拌站设置	1	07.9.1	07.9.31											
	8.风井冻结孔施工	2.5	07.10.1	07.12.15											
	9.风井积极冻结	1.5	07.12.16	08.1.31											
	10.风井井架安装	1	07.12.16	08.1.15											
	11.风井绞车基础、安装	2	07.12.1	08.1.31											
	12.风井试挖、三盘吊挂	0.5	08.2.1	08.2.15											
	12.副井冻结孔施工	3	07.10.16	08.1.15											
	14.副井积极冻结	2	08.1.16	08.3.15											
	15.副井井架安装	1.5	08.1.16	08.2.29											
	16.副井绞车基础、安装	2	07.12.16	08.2.15											
	17.副井试挖、三盘吊挂	0.5	08.3.16	08.3.31											

图 5-1 施工准备期横道图

① 影响施工准备期的主要因素包括资金、“五通”工程、购地和拆迁、特殊施工的准备及施工图纸的供应等。根据《简明建井工程手册》第七篇第一章：加快施工准备工作的措施包括合理利用永久建筑物、构筑物和可利用的永久设备，先平整场地，做地下管沟，修筑场内道路，后进行建筑物施工，多采用活动房屋和移动装配式设施，研究提高地面注浆、冻结技术等。

② 根据《简明建井工程手册》第七篇第一章相关介绍，施工准备工作的综合平衡与协调工作应重视以下几点：（1）抓住关键线路上各项工程的落实；（2）最大限度地进行平行交叉作业（如冻结站和冻结孔可平行施工）；（3）生活生产同步准备，优先抓好建设初期的生活设施；（4）各施工单位间要相互配合，能共用的尽量共用，减少准备工作量，如压风机房、集中搅拌站、冻结站、浴室等。根据矿井特点和施工方案找出准备期的关键线路，一般应围绕第一个开工井筒和特殊工法工程准备作为重点。如冻结法施工、主井先开工的矿井，施工准备期的主要矛盾线通常为“五通→主井冻结孔施工→冻结管安装及试压→主井表土冻结→主井表土试挖→锁口施工与盘台吊挂”。其中场地平整（井口部分）可以和水、电准备同时进行，冻结站与冻结孔并行施工，凿井井架安装与井筒积极冻结平行施工，临时生活设施在整个施工准备期均匀铺开。

5.3 井筒施工

5.3.1 井筒概况

在煤矿建设中，立井井筒施工是关键工程。虽然立井井筒掘进工程量只占矿井建设总工程量的4%～5%，但工期却占了建井总工期的40%左右，因此，加快立井掘砌速度，是缩短矿井建设总工期的关键。

五沟矿主井先开工，故在编制施工组织设计时以主井井筒为例。

1. 井筒特征

五沟矿井筒主要技术特征见表5-3。

2. 井筒的地质水文条件

1）主副风井筒穿过的岩土层特征

主、风井井筒深473.7m，副井井筒深503.7m，井筒穿过的地层自上而下有：第四系、第三系、上石盒子组、下石盒子组、山西组。

第三、四系冲积层厚度273m，主要由砂层、黏土层、粉质黏土、砂质粉土及粉质黏土等交替沉积而成，砂层总厚85.6m，黏土层总厚128.8m，该地层稳定性差。

二叠系上石盒子组揭露厚度分别为：主检孔151.64m，副检孔136.55m，风检孔123.70m。其主要为泥岩、粉砂岩，厚度104.9m，其余为中粒砂岩，厚28.25m，煤层厚4.52m。

二叠系下石盒子组揭露厚度分别为：主检孔69.51m，副检孔271.84m，风检孔283.19m。其中，粉砂岩厚58.37m，泥岩厚度114.94m，砂岩27.25m，煤层7.63m。

二叠系山西组，仅副检孔有揭露，其厚度为65.71m。其主要由细碎屑岩和中细粒砂岩组成。

2）水文地质特征

井筒穿过的含水层位置及特征见表5-3。

根据井检孔资料，井筒主要穿过F_3断层及下盘砂岩含水层、K_3组合砂岩含水层。第一层含水层埋深为385.43～395.38m（9.95m），少量裂隙，岩石稍破碎，坚硬，涌水量为$25m^3/h$。第二层含水层埋深426.5～435.79m（7.71m），裂隙较发育，岩石较破碎，涌水量为$8m^3/h$，周边煤矿K_3砂岩有资料为$38m^3/h$。

井筒特征表　　表5-3

序号	井筒特征		单位	主立井	副立井	回风井
1	井口坐标	纬距(*X*)	m	3714041.000	3714001.213	3714108.555
		经距(*Y*)	m	394666314.000	39466195.080	39466345.006
		井口标高(*Z*)	m	+28.7	+28.7	+28.7
2	提升方位角		°	15	15	15
3	井筒倾斜		°	90	90	90
4	一水平井底标高		m	−360	−360	−360

续表

序号	井筒特征		单位	主立井	副立井	回风井
5	二水平井底标高		m	−440	−440	−440
6	井筒深度		m	473.7	503.7	473.7
表土层厚			m	273.850	272.200	272.400
基岩段厚			m	199.850	231.500	201.300
7	井筒直径	净	mm	5000	6000	5000
		掘进(0～300m)	mm	6000	7000	6000
		掘进(300m～井底)	mm	6700	6800	6700
8	支护方式			基岩段素混凝土/基岩破碎段钢筋混凝土		
9	内壁支护厚度及混凝土等级		mm	350 厚 C30	400 厚 C30	350 厚 C30
10	施工方法			冻结法	冻结法	冻结法

5.3.2 表土段施工

1. 表土段施工方案的选择

常见立井表土施工方案分析见表 5-4。

本矿井主、副、风井穿过 290m 左右厚的新生界松散层和基岩风化带，主要由砂层、黏土层、粉质黏土、砂质粉土及粉质黏土等交替沉积而成，富水性中等，稳定性差。普通的井筒施工方法显然不能满足要求，必须采用特殊凿井法才能通过。根据我国特殊凿井技术的现状以及井筒实际的地质条件，对常用的几种特殊凿井方法作如下比较：①

1）钻井法

钻井法施工机械化程度高，而且井壁为预制，强度容易保证。但是根据我国目前的钻井法施工技术状况，钻井法垂直精度不高，而主副井井筒内有提升设备，不允许井筒产生偏斜，故拟不采用钻井法施工。本矿井风井虽可采用钻井法施工，但施工场地有限，采用钻井法泥浆池占用大量场地，故风井也不采用钻井法施工。

2）沉井法

沉井法施工技术在我国已日趋完善，它具有施工工艺简单、施工设备少、造价比较低等优点。但是它和钻井法一样，精度不容易控制，故在此不采用。

3）冻结法

根据我国特殊凿井技术的现状，冻结法是一种技术相当成熟的施工方法。采用冻结法施工安全性高，施工工期短，费用低。因此，本井筒采用冻结法施工。

立井井筒表土段施工方案 **表 5-4**

施工方案	适用条件	优缺点
普通法	水文地质条件简单，一般用于表土层浅、含水层较少，井筒涌水量小于 $10m^3/h$，土层较稳定的立井表土施工	施工简单，工期较短，成本较低，安全性较差，并且工人劳动强度较大

① 立井表土段施工方案应考虑的因素：表土层厚度、表土工程地质及水文地质情况、风化基岩段工程与水文地质条件、施工队伍情况、工期紧张程度、经济效益和施工安全程度等。《煤矿井巷工程施工规范》GB 50511—2010 5.1 条：立井井筒穿过流砂、淤泥、卵石、砂砾等含水不稳定冲积层及含水裂隙岩层时，应采用特殊法施工。

续表

施工方案	适用条件	优缺点
井外疏干降水法	冲积层中含水较大、稳定地层；冲积层中不含粉砂或含粉砂，且粉砂层含水量较小，不易形成流砂；各含水层之间没有隔水层或隔水层隔水效果不好，而水力联系较强；疏干到位后的底板没有隔水层	施工准备和施工工艺较简单；技术要求相对于其他特殊凿井法简单，技术也比较成熟，疏干得当的情况下，掘进速度较快；除普通法外，成井成本最低；缺点是只适用于不含流砂的含水层且各含水层的水力联系较强的情况，施工环境较差
冻结法	各种松散不稳定含水冲积层，裂隙含水层，松软泥岩，溶洞，断层，水压特大的含水层，是近年来国内最常用的特殊凿井法	目前比较稳定、可靠的施工方法，技术成熟，安全条件好、掘进速度快，施工组织管理方便，施工用地少，井筒到底转基岩或平巷施工过渡组织工作简单；缺点是成本高，施工技术水平要求较高，施工设备多，占用井口时间长，井壁质量较差
钻井法	各种含水的冲积层及中等强度的岩层，一般用于对井筒偏斜程度无严格要求和浅基岩的井筒	优点是机械化程度高，综合成井速度快、施工作业安全、成井质量高，人员配置少，劳动组织简单，占井口时间较短；缺点是成本较高，施工占地面积大，井筒垂直度不好，井筒过渡期组织复杂，对环境有一定污染
沉井法	冲积层小于200m的流砂、淤泥等含水层，不适用于粒径大于300mm的砾石层和卵石层。卵石层单层厚度大于8m时，也不宜采用，风化段下无隔水层时慎用	优点是工艺简单，须用设备相对较少，易于操作，成本低，劳动条件好。缺点是成井深度较浅，井筒偏斜率较大，施工速度较慢

2. 施工方法简述

立井施工作业方式依据井筒净直径和基岩段深度、围岩性质及井筒涌水量大小，凿井设备与材料供应情况，施工管理及工人操作技术水平等综合因素进行选择。①

1）作业方式

采用短段掘砌单行作业方式。掘进段高应根据掘进深度、冻结壁厚度和平均温度、岩层的性质以及冻结管的偏斜，井帮稳定性等因素综合考虑确定。井筒试挖和正式开挖初期冻土未扩入井帮时，掘进段高控制在：黏土及粉质黏土1.0～1.5m，砂层及砾石层1.0～2.0m；当冻土已扩入井帮，井帮的稳定性较好时，可加大段高，一般砂层与黏土层2.5m左右。

立井施工作业方式的比较 **表5-5**

作业方式	掘砌单行作业	掘砌平行作业	掘砌混合作业
施工速度	月成井一般为30～40m，部分井筒在100m以上	比单作业快30%～50%，一般月成井50～60m	月成井速度比单行作业快，通常为40～50m，个别达170m以上
凿井设备	凿井设备少，布置简单，双层吊盘可兼顾掘砌作业	凿井设备多，布置较复杂，吊盘需3层及以上	同单行作业
施工组织	工序单一，施工组织简单	施工组织复杂	掘砌工序交替频繁，组织较复杂
安全情况	比较安全	安全性较差	安全

① 不同施工作业方式特点及比较见表5-5，常见的作业方式有掘、砌单行作业，掘、砌平行作业，掘、砌混合作业和掘、砌、安一次成井。根据《煤矿井巷工程施工规范》GB 50511—2010 4.1.1条：井筒施工应优先采用短段掘砌混合作业方式，也可采用单行或平行作业方式，掘砌安一次成井很少采用。

2）表土挖掘①

根据冻结壁距井帮的距离和井帮的稳定情况应采用不同的掘进方式。当冻结壁距井帮较远，井帮松软，片帮严重时，采用短段分块掘进方式；当冻结壁距井帮较近，井帮不稳定时，宜采用短段台阶式掘进，并挖超前小井集水；当冻结壁已接近井帮时，可采用一次全断面掘进方式，但仍要挖超前小井；当冻结壁已进入井帮时，可超前一米先挖未冻土，再用风动工具掘冻土；当下部冻土已进入井帮时，应先抓取井筒中心处的未冻土，对冻土宜采用风镐、风锤破土，尽可能不放炮，对已冻实的砾石砂层以及用风动机具挖掘困难的岩（土）层，可以采用浅眼少装药量的爆破法松动冻土，但应编制爆破安全作业规程报上级批准并严格确保不能损坏冻结管。

3）井筒施工所用设备②

井筒施工所用设备见表 5-6。

井筒施工所用设备 **表 5-6**

项目		主、回风井井筒	副井井筒
凿岩		FJD-6G 型伞钻 配 YGZ70 型凿岩机 6 台	FJD-9 型伞钻 配 YGZ70 型凿岩机 9 台
装岩		HZ-6 型中心回转式抓岩机一台	HZ-6 型中心回转式抓岩机两台
提升	井架	Ⅳ型加高钢管凿井井架	永久井架
	绞车	主 2JKZ-3/15.5；副 JKZ-2.8/15.5	主副提 JK-2.5/20
	容器	3 m^3 吊桶 1 个和 2m^3 吊桶 1 个	3 m^3 吊桶 2 个
翻矸		座钩式自动翻矸	座钩式自动翻矸
排矸		矸石地仓、铲车 自卸式汽车排矸	矸石地仓、铲车 自卸式汽车排矸
排水		一台 DC50—80×7 型卧泵	一台 DC50—80×7 型卧泵
通风		一趟 ϕ600 胶质风筒 BKJ66-11$N_0$5.6 型风机	一趟 ϕ800mm 胶质风筒 BKJ66-11$N_0$5.6 型风机
测量		锤球式大线一套	锤球式大线一套

① 根据《煤矿井巷工程施工规范》GB 50511—2010 4.2 条：冲积层施工前，应先做好井筒锁口，并安设临时封口盘。井颈可按掘砌段高逐段砌筑而成，在条件受限时，也可扩大井径，先砌筑小型砌块作临时支护；冲积层段井筒的临时支护方式应根据土层的稳定性确定，其临时支护段高不应大于 2m；表土层段井筒施工过程中，应通过事先设立的观测点，定期观测地表沉陷和地面设施变形情况。冻结法井筒开挖应具备以下条件：水位观测孔内的水位应有规律的上升并溢出管口，当水位观测孔遭受破坏时井筒内的水位应有规律地上升；根据测温孔实测温度分析，判断井筒浅部不会发生较大片帮和不同深度、不同土层的冻结壁厚度和强度可以满足设计和施工要求；地面的提升、搅拌、运输、供热等辅助设施均能适应井筒施工的要求。

② 表土掘进可根据土的性质和施工装备水平，采用风镐、抓岩机抓土和小型挖掘机（配合抓岩机使用）；可以采用人工装土或抓岩机抓土；外层井壁可采用整体式金属模板或组装模板，内层井壁一般采用滑模施工。根据《煤矿井巷工程施工规范》GB 50511—2010 4.2 条：冲积层坚硬稳定，允许承载力大于 2.5MPa 时，可直接安装凿井井架；表土松软，允许承载力小于 2.5MPa 时，应先利用简易提升设备完成井颈掘砌后，再安装凿井井架，掘砌深度不应大于 20m；冲积层施工初期，在提升系统形成前，井内应设临时爬梯供人员上下；当井深大于 20m 后，应利用提升设施上下人员，并挂设工作吊盘；当井深大于 40m 时，应安设提升导向稳绳。

续表

<table>
<tr><th colspan="3">项目</th><th>主、回风井井筒</th><th>副井井筒</th></tr>
<tr><td rowspan="6">砌壁</td><td rowspan="3">模板</td><td>外壁</td><td>段高 1.5m 整体悬吊金属模板</td><td>段高 1.5m 整体悬吊金属模板</td></tr>
<tr><td>内壁</td><td>金属组装模板</td><td>金属组装模板</td></tr>
<tr><td>基岩段</td><td>段高 3.6m 整体悬吊金属模板</td><td>段高 3.6m 整体悬吊金属模板</td></tr>
<tr><td rowspan="2">搅拌站</td><td>配料机</td><td>PLD-1600 型砂石计量系统一套</td><td>PLD-1600 型砂石计量系统一套</td></tr>
<tr><td>搅拌机</td><td>JS-1500 型双卧轴混凝土搅拌机</td><td>JS-1500 型双卧轴混凝土搅拌机</td></tr>
<tr><td colspan="2">混凝土输送</td><td>1.6m³ 底卸式吊桶</td><td>2.0m³ 底卸式吊桶</td></tr>
<tr><td colspan="3">吊盘</td><td>三层吊盘 φ4700mm 一套</td><td>三层吊盘 φ5700mm 一套</td></tr>
<tr><td colspan="3">安全梯</td><td>五段一套</td><td>五段一套</td></tr>
<tr><td colspan="3">潜孔钻机</td><td>DN—100</td><td>DN—100</td></tr>
<tr><td colspan="3">注浆泵</td><td>2DBGH—30—80/80</td><td>2DBGH—30—80/80</td></tr>
</table>

砌壁施工采用底卸式吊桶送混凝土，吊盘上放分灰器，经斜溜槽入模。

外层井壁砌壁：外层井壁直接与冻结壁相接触，且井壁较薄。为保证混凝土在降至零度前获得足够的强度，要求混凝土的入模温度为 15～20℃，加入适量的复合早强剂和减水剂等，提高混凝土的早晚期强度。

内层井壁施工：内层井壁采用金属组装模板施工，自下而上浇筑混凝土，连续滑动模板，直至井口。

3. 表土段施工工期的确定

每月按 25 天计算，每天 1.3 个循环，每循环净进尺 2.5m，则月进尺为 80m。① 在表土段及基岩风化带 290m 的情况下，外壁施工工期 4 个月，内壁每天套壁 10m，施工工期 1 个月，主井表土段施工工期为 5 个月。

5.3.3　基岩段施工

1. 基岩段施工作业方式②

立井施工方式的选择，对井筒上下所需凿井设备的数量、劳动力的多少等都有很大的影响，而且决定能否合理地利用立井井筒的有效作业时间和作业空间，充分发挥各种凿井设备的潜力，因此，在组织立井快速施工时，施工方案的选择具有特别重要的意义。

由于各种施工方式都受多方面因素影响，都有一定的使用范围和条件，所以选择施工方案时，应综合分析以下方面因素：

（1）井筒基岩段直径和深度；

（2）井筒穿过岩层的性质及涌水量的大小；

（3）可能采用的施工工艺及技术装备条件；

（4）施工队伍的操作技术和施工管理水平。

---

① 根据《建井工程手册》第二卷第五篇第一章及工程经验：表土掘砌外壁可以按照 80～120m/月计算，考虑到表土套内壁的时间，综合成井速度通常为 60～80m/月。

② 基岩段施工作业方式同表土段。

一般说来，井筒基岩段施工有三种方案：

（1）掘砌单行作业。这种作业方式的最大优点是工序单一，设备简单，管理方便。当井筒涌水量小于 $40m^3/h$ 时，任何工程地质条件均可使用。

（2）掘砌平行作业。这种作业方式是在有限的井筒空间内，上下立体交叉同时进行掘砌作业。空间、时间利用率高，成井速度快。但井上下人数多，安全工作要求高，施工管理较复杂，凿井设备布置难度大。

（3）混合作业。这种作业方式是为克服短段单行作业井壁接茬多，井壁整体性能差，而增大模板高度后，混凝土浇灌量增加、浇灌时间过长等问题，在其基础上派生出来的一种作业方式。其使用条件、某些施工特点与短段单行作业基本相同，只是施工管理要求较高。

短段单行作业除具有单行作业的优点外，又具有适用面广、降低成本、改善作业条件、施工比较安全等优点。结合本矿井实际情况，本矿井采用该种作业方式。根据井筒检查孔提供的资料，井筒基岩段将穿过 K_3 砂岩含水层，主副井井筒预计涌水量分别为 $64m^3/h$、$50m^3/h$。

2. 过不良地层施工方案

为了安全起见，在施工中必须坚持“有疑必探，先探后掘”的原则，进行综合治理。① 井筒掘进至距离 K_3 砂岩含水层顶板 10m 处时，停止井筒掘进施工，将永久支护跟至工作面。然后埋设孔口管并浇筑止浆垫，利用潜孔钻机进行工作面探水施工，当预计井筒涌水量大于等于 $10m^3/h$ 时，则进行工作面预注浆。

其他过不良地层施工方案及适用条件见表 5-7。

立井过不良地层施工方案 **表 5-7**

不良地层	施工方案及适用条件
松软破碎岩层	短段掘砌法——井帮极破碎，极易发生片帮，有淋水； 吊挂井壁法——岩层破碎，压力大，易垮塌，涌水小于 $10m^3/h$
地面预注浆法	优点：可在准备期内进行，不占井筒工期；注浆作业条件好，安全性好；若利用黏土水泥浆液可节省水泥用量，降低成本 15%左右。缺点是加长了施工准备期；注浆深度大，钻孔量大，要求钻孔技术高；需大型钻孔设备
疏干降水法	优点是与表土段一起疏干不占井筒工期；缺点是随井筒深度的增加，成本增长较快

① 立井基岩段含有含水层、破碎带或过煤层时，应按照《煤矿井巷工程施工规范》GB 50511—2010 要求，采取一定的安全技术措施通过不良地层，施工方案可参考表 2.3.2。《煤矿井巷工程施工规范》GB 50511—2010 5.4 条：距地表小于 1000m 的含水岩层，其层数多、层间距又不大时，宜采用地面预注浆法施工；井筒穿过的基岩含水层赋存较深，或含水层间距较大，中间有良好隔水层，宜采用工作面注浆法施工。根据《煤矿井巷工程施工规范》GB 50511—2010 4.3 条，在Ⅱ、Ⅲ类岩层中，段高不得超过 4m，当高度超过 2m 并有危岩时，应采取局部挂网或安设锚杆等防片帮措施。根据《煤矿井巷工程施工规范》GB 50511—2010 4.5 条：井筒穿过断层破碎带时，应根据实际情况采用钢筋网喷混凝土支护或短段掘砌、吊挂井壁等施工方法通过。井筒揭露有煤与瓦斯突出危险的煤层时，当采用爆破作业时，必须采用安全炸药和瞬发雷管，若采用毫秒延期雷管，后一段的延期的时间不得超过 130ms；爆破时，人员必须撤离至井外安全地带。过煤层必须及时做好井帮支护封闭工作，当穿过中厚煤层进入底板岩层后，应立即砌筑永久井壁，根据需要注黄泥浆封闭。

3. 施工方法

1）凿岩方法及机具①

在整个凿岩爆破工作中，钻眼所占工时最长。因此，加快钻眼速度，加大眼深，提高眼孔质量，以及提高钻眼的机械化程度对加快建设、缩短工期具有不可忽视的作用。

结合五沟矿井井筒条件，为了提高掘进速度，加强施工机械化作业操作水平，选用FJD-6G形伞形钻架，YGZ-70型导轨式交频凿岩机，ϕ25mm×4500mm六角中空钎杆；ϕ55mm“十”字形合金钻头打眼。

2）爆破工作②

井筒掘进采用深孔、光面、光底直眼挤压式爆破新技术。选用高威力T320水胶炸药；雷管为5段毫秒延期长脚线电雷管，380V动力电源起爆。炮眼深度按4.0m计，循环进尺为3.6m，炮眼利用率90%。

3）装岩与提升工作③

装岩设备选型可根据表5-8进行选择。

装岩设备选型 **表5-8**

抓岩机型号	抓斗容积(m^3)	适应井径(m)	吊桶容积(m^3)
长绳悬吊	0.4～0.6	5.0～7.0	5.3.0～3.0
HZ中心回转式抓岩机	0.4～0.6	4.0～7.0	3.0～5.0
HH环形轨道抓岩机	0.6×2	6.0～8.0	3.0～5.0

矸石吊桶容积的选择依据：一次提升时间的循环时间小于或等于抓岩机装满一桶矸石的时间T_{Zh}。

因 $T_{Zh}=3600\times0.9\times\dfrac{V_T}{A_{Zh}}$，所以有$V_T\geqslant\dfrac{C_tA_{Zh}T}{0.9\times3600}$。

① 根据《煤矿井巷工程施工规范》GB 50511—2010 4.3.1条：基岩掘进，除过于松散破碎的岩层外，应采用钻眼爆破法施工。井径大于5m时，宜采用伞型钻架钻眼；井径小于5m时，可用手持气动凿岩机钻眼。

② 根据《煤矿井巷工程施工规范》GB 50511—2010 4.3.2条：炮眼的深度与布置应根据岩性、作业方式等加以确定，通常情况下，短段掘砌混合作业的眼深应为3.5～5.0m；单行作业或平行作业的眼深可为3.5～4.5m或更深；浅眼多循环作业的眼深应为1.2～2.0m；炮眼的直径多为42～50mm。爆破参数除炮眼直径、深度和角度外，还包括三类炮眼的炸药类型、单孔装药量及装药结构等。根据《煤矿井巷工程施工规范》GB 50511—2010 4.3.2条：立井施工炸药选用宜采用高威力、防水性能好的水胶炸药、乳化炸药，实行光面爆破。掏槽可为单阶、二阶或三阶掏槽，中深孔爆破常采用二阶掏槽，最后一阶掏槽深度比崩落眼深150～200mm，掏槽眼圈径差为300～400mm；崩落眼的间距控制在0.5～1.0m之间，同心圆布置且各圈炮眼可按照最小抵抗线原理确定排距（圈径），炮眼密集系数控制在0.8～1.0之间；周边眼根据《煤矿井巷工程施工规范》GB 50511—2010 4.3.2条应符合下列规定：(1) 周边眼的眼距应控制在0.4～0.6m；(2) 有条件的井筒，周边眼应采用小炮眼、小药卷，药卷直径宜为20～25mm；(3) 周边眼单位长度的装药量应根据岩性，按照经验取值（如采用硝铵炸药软岩110～165g/m，中硬岩165～220g/m，硬岩220～330g/m）或按照不同类型炮眼装药量比值确定。根据不同炮眼装药量比例通常为掏槽眼：崩落眼：周边眼＝4（3）：2：1，可按照总装药量（单位体积炸药耗药量×掘进体积）/炮眼总数目（三类炮眼间按同心圆布置后可确定三类炮眼的具体数量）＝崩落眼的平均装药量，根据炸药规格选择并确定崩落眼的药卷数（装药量），进而确定周边眼和掏槽眼的药量。掏槽眼装药量较多，一般采用连续装药结构；崩落眼和周边眼通常采用不耦合、间隔装药结构，空气间隔较大时，可敷设导爆索加强传爆能力；三类炮孔采用微差爆破，起爆总时间控制在130ms以内。

③ 《煤矿井巷工程施工规范》GB 50511—2010 4.3.3条。一般情况下应优先选用中心回转式抓岩机，条件受限时，可选择长绳悬吊抓岩机；井径大于8.0m的井筒宜装备两台装岩设备，也可装备小型防爆挖掘机配合清底。

对于单钩提升：$T=54+8\sqrt{H-h_{ws}}+\theta_d$

式中 C_t——提升系数，一般取 1.25；

A_{Zh}——抓岩机抓岩效率；

h_{ws}——吊桶无稳绳运行高度，40m；

θ_d——提升休止时间，取 90s；

H——井筒提升高度（含卸矸平台和吊桶过卸矸平台提起高度）。

根据表 5-8 及五沟矿井条件，计算后选用凿井专用提升机和主提 $3m^3$、副提 $2m^3$ 吊桶各一个。抓岩机选用 HZ-6 型中心回转抓岩机，其抓斗容积为 $0.6m^3$，技术生产率为 $50m^3/h$。

井口用座钩式自动翻矸装置。矸石吊桶提至卸矸台后，通过翻矸装置将矸石卸出，卸载后的矸石经过溜矸槽直接落于地面矸石仓，再集中时间用铲车和自卸汽车排运。

4）井壁砌筑①

本井筒采用了短段单行作业，取消了临时支护。为便于机械化施工，加快砌壁速度，砌壁采用整体下放式金属模板，模板由 3 台稳车悬吊，脱模装置为油压千斤顶，模板高度 3.6m。

混凝土搅拌站布置在井口附近，搅拌好的混凝土经由吊桶送到井下吊盘上的分灰系统，送入模板。采用三八作业制，每循环砌壁段高 3.6m，砌壁月进度 90m。施工工期为 2 个月。

4. 井筒基岩段掘进进度

五沟矿井各井筒掘进进度见表 5-9。②

井筒掘进进度表 **表 5-9**

井筒	表土段(月)	基岩段(月)	合计(月)
主井	5	4(含巷道连接处、箕斗装载硐室 2 个月)	9
副井	5	4(含马头门 1.5 个月)	9
风井	5	3.5(含巷道连接处 1.5 个月)	8.5

5. 施工辅助生产系统

提升、压风、通风、排水、掘砌吊盘、凿井井架是立井施工的主要辅助工作，若处理不好，会影响施工速度、工程质量和人员安全。

---

① 基岩井壁砌筑可以使用组合钢模板或整体活动钢模板（《煤矿井巷工程施工规范》GB 50511—2010 4.4.2 条）。当采用组合钢模板时，高度不宜大于 1.2m，钢板厚度不应小于 3.5mm；当采用整体活动钢模板时，高度宜为 2～5m，钢板厚度应根据模板刚度计算结果确定，过地面稳车或吊盘悬吊时，其悬吊点不应少于 3 个。根据《煤矿井巷工程施工规范》GB 50511—2010 4.4.2 条：输送混凝土可使用底卸式吊桶，也可使用溜灰管。对于干硬性高强混凝土，不宜采用溜灰管输送；使用溜灰管输送混凝土，石子粒径不得大于 40mm，混凝土坍落度不应小于 150mm。混凝土应对称入模、分层浇筑，并及时进行机械振捣。当采用滑升模板时，每层浇筑高度宜为 0.3～0.4m；脱模时的混凝土强度应控制为：整体组合钢模 0.7～1.0MPa，滑升模板 0.05～0.25MPa。

② 根据《建井工程手册》第二卷第五篇第一章及目前工程经验：立井井筒成井平均月进度指标为 70～100m，但是整个井筒工期还需要考虑是否有工作面预注浆时间、与井筒毗连硐室同时施工时间来进行确定。

1）提升系统①

采用两套单钩提升，主提为双滚筒，以备临时改绞用。这样可以满足出矸和提伞形钻架的共同需要。凿井用绞车稳车和钢丝绳情况见表 5-10。

凿井用稳车和钢丝绳一览表 **表 5-10**

序号	名称	规格	钢丝绳		提升机或凿井绞车			
			型号	根	型号	卷筒中心	台数	电机功率
1	主提吊桶	$3m^3$	18×7-37-170-特	1	2JKZ-3/15.5	0.80	1	800
2	副提吊桶	$2m^3$	18×7-28-155-特	1	JK-2.5/15.5	0.80	1	450
3	主提稳绳		6×7-30-155-Ⅰ	2	$2JZ_2$-16/800	1.05	1	55
4	副提稳绳		6×7-30-155-Ⅰ	2	$2JZ_2$-16/800	1.05	1	55
5	吊泵	80DGL50×10	6×19-40-155-Ⅰ	2	2JZ-16/800	1.05	1	55
6	吊盘	3 层	6×19-37-170-Ⅰ	2	$2JZ_2$-25/800	1.05	2	75
7	压风管	ϕ159×4.5	6×19-40-155-Ⅰ	2	2JZ-16/800	1.05	1	55
8	供水管	ϕ57×3.5	6×19-40-155-Ⅰ	2	2JZ-16/800	1.05	1	55
9	排水管	ϕ108×4	6×19-40-155-Ⅰ	2	2JZ-16/800	1.05	1	55
10	风筒	胶质风筒 ϕ600	6×19-31-155-Ⅰ	2	2JZ-16/800	1.05	1	55
11	安全梯	5 段 500×600	18×7-23-155-Ⅰ	1	$JZA_2$5/1000	1.05	1	22
12	抓岩机	HZ-6	18×7-37-170-特	1	JZ_2T10/700	1.05	1	45
13	模板	金属活动下行模板	6×19-23-155-Ⅰ	3	JZ-10/800	0.80	3	45
14	电缆	放炮电缆一趟	18×7-12.5-155-Ⅰ	1	JZA5/1000	0.68	1	22

2）压风

在工业广场内设置集中压风机站，内设 4 台风冷式螺杆空气压缩机，3 台工作，1 台备用。地面压风干管选用 ϕ219×8mm 无缝钢管，下井压风干管选择 ϕ159×4.5mm 无缝钢管。

3）通风②

凿井期间通风常有抽出式和压入式两种。由于压入式通风具有新鲜空气直接送入工作

① 凿井绞车的能力，应按悬吊设施及附属装置的大静荷重计算；滚筒上钢丝绳出绳的大偏角不应大于 2°。吊桶提升钢丝绳宜选用多层异形股或多层股不旋转钢丝绳，专为升降物料的安全系数为 6.5，专为升降人员的为 9，升降人员和物料时，升降人员为 9，升降物料为 7.5。悬吊设施的钢丝绳宜采用 6 股 19 丝或每股 19 丝以上的钢丝绳；稳绳宜采用三角股钢丝绳或椭圆股钢丝绳；双绳悬吊时，应采用捻向相反的钢丝绳；悬吊设施的钢丝绳，应在滚筒上留有 3～5 圈绳。根据《煤矿井巷工程施工规范》GB 50511—2010 10.2.4 条：提升天轮直径与钢丝绳直径的比值；当天轮的钢丝绳围抱角大于 90°时，不应小于 60 倍，围抱角小于 90°时，不应小于 40 倍；天轮直径与钢丝绳中粗钢丝直径的比值不应小于 900 倍；天轮的安全荷重应大于其实际选用的大钢丝绳的钢丝破断拉力的总和。悬吊天轮直径与钢丝绳直径的比值不应小于 20 倍，与钢丝绳中粗钢丝直径的比值不应小于 300 倍；天轮的安全荷重应大于其实际选用的钢丝绳的大静拉力。

② 根据《煤矿井巷工程施工规范》GB 50511—2010 10.4 条：井筒掘进期间常采用的通风方式有压入式、抽出式和混合式通风，有瓦斯时，应优先考虑压入式通风。压入式通风的入风口应位于空气洁净处，距地面的高度不得低于 1.5m；抽出式通风的出风口，宜位于该地区主导风向的井口下方，距地面的高度不得低于 0.5m；瓦斯矿井抽出式通风机的扩散器与入风井的距离，不应小于 30m。掘进工作面需要的风量，应满足放炮后 15min 内能将工作面的炮烟排出；按掘进工作面同时工作的多人数计算，每人每分钟的新鲜空气量不应少于 $4m^3$；采用混合式通风时，必须在炮烟全部排出工作面后，方可停止压入式局部通风机的运转。

面，放炮后经短暂间隔人员就可返回工作面等优点，故拟采用压入式通风，井筒内吊挂高强度胶质风筒，用短接钢丝绳悬吊于封口盘钢梁下。主、风井风筒直径为 ϕ600mm，副井风筒直径为 ϕ800mm。地面安设 BKJ66-11$N_0$5.6 型风机压风，向工作面送风。

4）排水①

凿井期间排水设备选用 DC50-80×7 型卧泵一台和 QOB-15 型气动膜片泵。卧泵和水箱设在吊盘上，工作面采用气动膜片泵转水。

5）吊盘②

采用工字钢和钢板焊接而成。3 层 ϕ4700mm，外加扇形活页，钢丝绳悬吊。

6）凿井井架③

Ⅳ型加高钢管井架，为满足伞钻提升要求基础顶面至第一层平台高度加高至 10.4m。

5.3.4 井筒安装

1. 井筒安装作业方式

井筒安装有分次安装和一次安装两种方式④。井筒装备的分次安装是指先从井口向下安装全部罐道梁、梯子间、平台、梯子和管路电缆卡子等。再由下向上在吊架（吊笼）上安装罐道，最后由井底向上安装管路。这种作业方式的优点是：每次安装内容单一，工作组织简单，能适应各种罐道梁层格布置形式。缺点是：安装分三次进行，每次都需改装安装设施，工序重复，施工时间长。

井筒装备的一次安装是在吊盘上自下向上，将全部井筒装备一次安装完毕。与分次安装相比，一次安装简化了工序，安装速度大大提高，从而缩短了建井工期。但这种安装方式施工组织复杂，所需设备较多。

结合五沟矿实际井筒装备情况和施工队伍的技术水平，为加快施工速度，提高工效，本矿井主、副、风井均采用一次安装作业方式。在施工中可通过合理布置设备、加强组织管理来克服一次安装的不足之处。

---

① 根据《煤矿井巷工程施工规范》GB 50511—2010 10.5 条：深井井筒施工采用接力排水时，其转水站可采用腰泵房、弓形盘和吊盘水箱三种形式。采用腰泵房转水时，腰泵房入口应靠近吊桶提升和排水管悬吊的位置，其高程应根据水泵的扬程和所处的围岩情况确定；腰泵房入口处的高度不得小于 1.8m，宽度不宜小于 3m，自井壁向里支护的长度不得小于 4m，入口处应设固定盘。采用吊盘水箱转水时，吊盘上设卧泵，在设计井筒布置和吊盘时，应考虑上层盘设置水箱和下层盘安设水泵的位置；工作面可采用电动或风动潜水泵，将工作面的水排到吊盘上的水箱中；吊盘的强度应进行验算。

② 根据《简明建井工程手册》第三篇第六章中关于“凿井在井筒中的布置与吊挂”相关介绍，吊盘结构的强度，应按全荷载计算，施工荷载不应大于设计规定；吊桶通过各层吊盘的孔口，上下均应设置喇叭口；同一层吊盘的稳盘装置，不应少于 4 个，并应均匀分布在同一层吊盘的周边上；双层或多层吊盘的上、下层间距，宜与永久罐梁的层间距相适应或为其整倍数。

③ 凿井井架应能安全地承受施工荷载；天轮平台的尺寸，应满足提升及悬吊设施的天轮布置要求；井架高度及角柱的跨度应满足提升悬吊施工机械和设施以及作业方式的要求。选用伞钻打眼时，井架天轮平台高度应该满足下放伞钻的需要，故选择$Ⅲ_G$型以上井架（《简明建井工程手册》第三篇第五章“立井凿井井架及附属设施的选型与布置”）；超深、超大井筒施工时，常采用Ⅵ型井架（非标准凿井井架）。利用永久井架时，应简化天轮平台的布置，可使用地轮；凿井绞车、提升设备、天轮的布置，应适应永久井架结构及其受力特点；对井架受力较大的杆件及整个井架的受力状态，应进行验算，当需要临时加固时，对新增结构要进行验算，不应破坏原结构；安全间隙及过卷高度，应符合有关规定。

④ 井筒安装作业方式主要有一次安装和分次安装两大类，其主要安装内容及比较见表 5-11。

安装作业方式分类与比较 表 5-11

安装方式	分次安装	一次安装
内容	利用多层吊盘(或吊盘带吊架)由井底向上一次将井筒内的全部装备安装完毕	先从上向下在吊盘上安装罐道梁及其钢梁、托架、电缆卡等,再从下向上安装罐道,最后从井底向上安装管路
优缺点	(1)工时利用率较高,施工速度快; (2)有利于提高工程质量; (3)工作组织较复杂,但近年来采用树脂锚杆固定井筒装备,为一次安装提供了有利条件; (4)需用的设备、设施多,吊盘结构复杂; (5)适用于端面布置罐道及无罐梁层格结构的井筒	(1)劳动组织简单,施工安全; (2)适用于任何复杂的罐道梁层格布置; (3)安装设施需两次改装; (4)施工工序重复,烦琐,施工时间长

2. 主要设备和设施①

主、副井一次安装采用五层吊盘：第一层用于模具找正、固定，打锚杆眼和测孔；第二层用于安装罐道梁锚杆，并进行拉力试验，安装托架、罐道梁和电缆架；第三层用于安装梯子间；第四、五层用于安装罐道。待本工序施工到底后，将一、二盘进行小改装后，再由下而上安装排水、压风、洒水管路及敷设电缆。吊盘间距 4m，层间有行人梯，四周设有安全栏杆。

风井所需安装的设备较少，故采用二层盘即可。

吊盘层数及各层作用 表 5-12

层数	4层	5层	6层
第一层	定眼位、打锚杆眼、装锚杆、放置通信设施	定眼位、打锚杆眼、装锚杆	做保护盘、安设信号、电缆等
第二层	装托架、罐道梁、梯子间、管路托梁等	装托架、罐道梁、电缆架等	打锚杆眼、装锚杆
第三层	装罐道和管路	装罐道和管路	装各种梁、梯子间
第四层	装罐道和管路	装罐道和管路	装罐道、管路和梯子间
第五层		装罐道和管路	装罐道、管路和梯子间
第六层			装罐道、管路和梯子间

分次安装一般采用双层吊盘或 3～4 层吊架。吊盘层间距与罐道梁层间距相同，下层盘用于打锚杆眼和装锚杆，上层盘用于装罐道、管路和梯子间。

3. 井筒安装工期

主井安装工期为 5 个月，副井安装工期为 5 个月，风井安装工期为 2 个月。②

---

① 一次安装采用多层吊盘进行安装，吊盘的层数与安装井筒的类型及直径有关，常见吊盘层数及各层作用见表 5-12（参考《矿井施工组织设计指南》“立井永久装备施工”）。

② 采用井架时，主井若采用钢丝绳罐道安装工期约为 3～4 个月，采用刚性罐道约为 4～6 个月；副井一般采用刚性罐道且包括梯子间的安装，安装内容较多，约为 6～8 个月。主井采用井塔时，因井塔施工和绞车吊装困难，井筒安装工期为 10～12 个月。

5.4 井筒过渡期与井底车场施工组织

5.4.1 井巷过渡期施工组织

当井筒掘进到底后，为了及时转入井底车场及主要巷道的施工，由井筒施工转入井底车场平巷施工的时期称为井巷过渡期。其主要内容有：主副井短路贯通；进行服务于井底车场用的提升、通风、排水和压风设备的改装；井下运输、供水及供电系统的建立；劳动组织的交换等。

1. 井筒毗连硐室施工

1）副井马头门施工

副井马头门是直接与副井井筒相连的主要硐室。它的施工必须考虑与井筒施工的关系和对凿井设备的利用。马头门的施工一般安排在凿井阶段进行。

本矿井副井马头门位于3-2煤层底板、5-1煤层顶板的粉砂岩和泥岩中，围岩比较稳定。马头门总长度59.8m，半圆拱形断面。

（1）施工方案

根据与井筒施工顺序的不同，马头门的施工方案一般有三种：①

① 与井筒交错施工

该方案适用于马头门断面较小，深入长度较短，围岩坚硬稳定的情况。该方案不需设临时施工工作盘，能较大部分地利用凿井机械设备，井壁质量较好，但占用井筒工期较长，施工工序转换较多，劳动组织相对复杂，围岩不稳定时，施工难度较大。

② 与井筒同时施工

这种方案在岩中等稳定以上，马头门断面较大，净高较高，深入长度较长，井下设双层进出车水平的马头门情况下采用。该方案不需搭设临时工作盘，可以充分利用凿井设备，施工较方便，效率高，进度快，施工成本较低，井筒与马头门一体，井壁质量易于保证。但占用井筒工期长，马头门掘进出矸不太方便，围岩不稳定时，安全性较差。

③ 预留开口与井筒顺序施工

各种稳定的围岩，任何断面和长度的马头门，井筒工期紧张时采用。该方案马头门施工工艺单一，占井筒工期较短，在马头门施工时，即可进行上部的井筒装备。井壁和硐室围岩暴露时间短，围岩易于维护，对破碎不稳定围岩更显其优点。但是工作面较小，施工不方便，劳动条件较差与井筒分别浇筑永久支护，接口处永久支护质量不易保证，不能有效利用凿井设备。

根据五沟矿井实际情况，本矿井井筒围岩条件较好，故拟采用马头门施工与井筒施工同时进行方案。

（2）施工方法

---

① 井筒与井底车场连接处（马头门）的施工方案选择，一般应考虑下述因素：连接处的工程及水文地质条件，特别是围岩的破碎程度与稳定性；充分利用凿井设备情况；井筒工期的紧迫程度；连接处的长度与断面等。具体选择可参考《建井工程手册》第三卷第十四篇第二章“主要硐室的施工方法”。

马头门因与井筒相连接，断面较大，又受施工条件的限制，故一般采用自上而下的分层施工法，见图5-2由于围岩稳定，分层高度取2～2.5m。当井筒掘进到马头门上方5～10m处时，井筒停止掘进，将上段井壁砌好。继续下掘井筒至第一分层底板处，用钻眼爆破法掘出马头门拱顶，喷混凝土临时支护。拱全做出后，由里向井筒方向砌筑拱，并与上段井筒整体浇筑好。随井筒下掘马头门各个分层，同时浇筑各层的侧墙和井壁。穿过马头门部分后，井筒继续施工到底，剩余工程在主副井贯通后随车场巷道一起施工。①

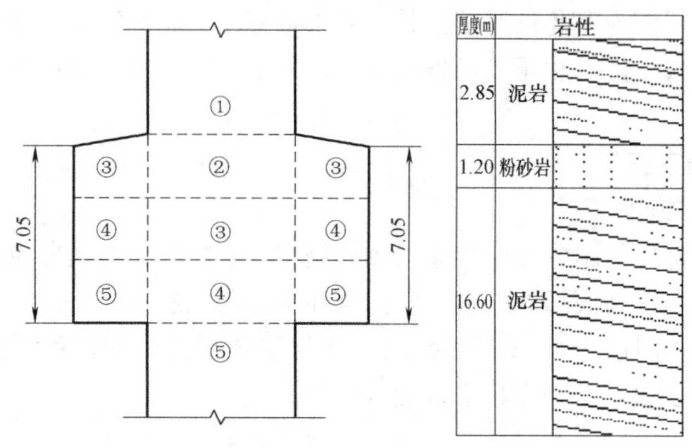

图5-2　马头门地质条件及施工顺序

（3）施工工期②

马头门施工工期为1.5个月。

2）箕斗装载硐室

箕斗装载硐室是直接与主井井筒相连的主要硐室。它的施工必须考虑与井筒施工的关系以及对凿井设备的利用。

箕斗装载硐室基本位于粉细砂岩中，岩层比较稳定。

（1）施工方案

根据箕斗装载硐室与井筒施工顺序的不同，一般有以下三种施工方案：

① 装载硐室与井筒顺序施工

井筒施工时，在和硐室相连部分预留硐口，并做临时支护，井筒到底后，再掘砌硐室。该方案适用于硐室工程量较大，各种围岩情况，井筒工期要求不紧的情况；可以利用

---

① 根据《煤矿井巷工程施工规范》GB 50511—2010 9.3.3条，马头门、箕斗装载硐室位于Ⅰ、Ⅱ类围岩中，可采用与井筒同时掘砌施工，位于Ⅲ类围岩中，宜采用分层施工法，位于Ⅳ、Ⅴ类围岩中应采用分层导硐施工法。采用与井筒同时施工时，当井筒掘至马头门顶板3～5m处，停止井筒掘进，将上段井壁砌好，然后继续下掘井筒。到马头门顶板位置时，放一茬炮，出矸后开始马头门第一分层顶板的掘进。马头门与井筒同时分层下掘，分层的数目视马头门的净高决定，一般层高不大于2m，特别稳定的岩层，也可按井筒基岩段施工的循环段高作为分层的层高。马头门与井筒同时掘进的长度与永久马头门的设计相同。采用与井筒交错施工时，考虑到马头门的长度和断面较大，一次同时施工全断面安全性较差，马头门与井筒下掘的长度为5m左右，而非马头门的永久设计全长。井筒通过马头门后，井筒再下掘一到两个正规循环，将井壁砌好后，吊盘提至马头门底板位置，进行马头门剩余工程的施工。剩余马头门的施工可视围岩情况用全断面或部分断面（导硐或分层等）施工，锚喷临时支护，开始掘进时用人工将矿石扒入井内或用了推车推入井筒，当掘至5m以后，可用耙斗装载机耙入井内。

② 马头门施工工期，可根据连接巷道断面大小和支护结构形式共同确定，一般为1.5～3个月，比如断面大于$20m^2$钢筋混凝土结构马头门工期约为3个月，普通混凝土结构工期约为2个月。

凿井设备，硐室施工方法不受井筒施工方法限制，掘进效率较高，硐室本身施工速度较快；但占用井筒工期较长，矸石全部落井对下段井壁有一定的影响。

② 装载硐室与井筒同时施工

这种方案的优点是能充分利用凿井设备，一次成井，工作简单，效率较高；不足之处是要求硐室围岩稳定，允许大面积暴露，而且组织管理较为复杂，硐室施工占用井筒施工工期；适用于装载硐室工程量较小，围岩较稳定，井筒工期要求不太紧的情况。

③ 临时改绞拆除后永久装备前施工

该方案适用于上提式装载硐室，工程量较大，井筒工期要求紧，主井需优先短路贯通的情况；不能充分利用凿井设备，需增加临时设施或二次改绞，成本较高，后期高空作业，施工安全性较差；但其施工不占井筒工期，便于井筒早日到底进行贯通。

根据本矿井的实际情况，确定采用箕斗装载硐室和井筒同时施工方案。①

（2）施工方法②

井筒掘至箕斗装载硐室上方 4～6m 处停止掘进，将上段井壁砌好，然后继续向下掘进井筒，并同时施工箕斗装载硐室。硐室施工采用上行分层掘砌交叉作业施工方法，分层高度为 2.5～3.0m。按图 5-3 所示的顺序依次施工。具体施工工艺如下：采用光面爆破技术，掘完一分层，进行锚喷支护，待硐室完全掘出后，自下向上，一次整体浇筑混凝土。

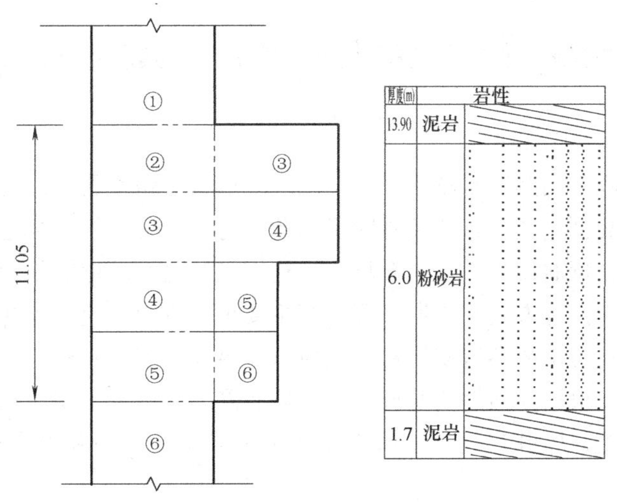

图 5-3　箕斗装载硐室地质条件及施工顺序

① 箕斗装载硐室施工方案选择应考虑下面的因素：（1）所处位置的工程地质条件与水文地质条件，特别是围岩的破碎与稳定程度；（2）工程量大小；（3）利用凿井设备情况；（4）施工安全要求；（5）占用井筒工期的长短；（6）施工方便程度；（7）综合成本。当不同施工方案对建井总工期有影响时，应综合考虑建井工期、综合成本、装备情况等，经比较后确定合理的施工方案。考虑到箕斗装载施工安全性和充分利用凿井设备，一般采用与井筒同时施工的方案，但为了保证井筒尽量同时到底便于贯通，通常采用主井提前开工的方案来与之匹配。

② 根据《建井工程手册》第三卷第十四篇第二章中主要硐室的施工方法相关内容：施工方案根据围岩稳定性情况选择与马头门相同。井筒掘到装载硐室上部 3m 左右时停止掘进，将上面井壁砌好，然后向下掘进井筒一到两个段高。出矸后掘进井筒的下一个分层和装载硐室的上分层，每段段高的长度可视围岩稳定情况和施工设备情况确定。掘砌可视情况采用逐层掘砌交叉作业或短段单行作业；掘进时，井筒内的掘进总超前硐室掘进一个分层。

(3) 施工工期

箕斗装载硐室施工工期为1个月。①

3) 井底煤仓

五沟矿井的井底煤仓为立煤仓，通常有以下两种施工方案：②

① 反井钻机施工

该方案机械化程度较高、施工安全性较好，施工工艺简单，掘进效率较高，适用围岩范围广，但需要反井钻机，并且上口的装载硐室高度要求大，若永久设计高度不够时需临时加高，既增加成本，又对装载硐室的稳定性构成一定威胁，适用于各种稳定的围岩，煤仓断面较小，施工工期较紧，卸载硐室净高较大的情况。

② 吊笼施工

该方案无须装卸和提升设备，爆破效率较高，掘进进度较快但不适用松软不稳定岩层，施工反复、工序多，综合成仓速度不高，适用于中等稳定以上围岩，不适宜安装反井钻机的煤仓施工。

五沟矿井−370m辅助水平便于运输和安装反井钻机，施工时间安排也有利于反井法的施工，所以选择利用反井钻机法施工煤仓。利用反井钻机开挖井筒直径到1.2m后，利用爆破法咨商而下开挖至设计断面，排矸从煤仓下口的胶带输送机巷至井底车场通过副井永久系统排出。

4) 其他硐室

管子道，在副井掘砌时向管子道掘进5m作预留段，其余部分等到施工中央变电所和中央排水泵房时再施工。

2. 主、风、副井短路贯通③

主、风、副井施工到井底车场水平后，应首先进行短路贯通，以便为提升、通风、排水等设施的迅速改装创造条件。选择临时贯通巷道时，应考虑的原则是：主、风、副井之间的贯通距离最短，弯曲最少，便于车场施工初期三井之间的运输、调车；巷道位置要考虑主井临时改绞时的提升方位和二期工程重车主要出车方向；应充分利用矿井设计中原有的辅助硐室和巷道；与永久巷道或硐室之间应留有足够的安全岩柱。

按照上述原则，根据井筒地质情况和主、风、副井的施工工期以及箕斗装载硐室、马头门的施工进度，主、风井贯通点选择在十号交叉点，主、副井贯通点选择在三号交叉

---

① 箕斗装载硐室施工工期可以根据掘进体积和支护结构形式共同确定，可按每月掘进400～600m^3进行估算，混凝土砌碹支护较锚喷支护工期长，施工工期一般按照0.5个月整数倍取值，多为2～3个月。

② 井底煤仓分立煤仓和斜煤仓，煤仓的施工方案选择一般应考虑煤仓所在围岩的工程地质及水文地质条件，煤仓的断面与体积，施工设备的布置空间，施工的安全性、方便程度与综合成本。煤仓倾角大于60°时，宜采用反向钻井法，钻出反井后，由上往下刷大，对围岩进行临时支护，由下向上砌筑仓壁；也可由上往下分段刷大并砌筑仓壁；反井的直径不宜小于1200mm。斜煤仓分为上导硐施工和下导硐施工两种方案。上导硐法适用于中等及以上稳定的围岩，煤仓倾斜度适中的煤仓；下导硐法适用于中等以下较稳定岩层，倾斜较大的不稳定岩层，井筒不能提升的煤仓施工，煤仓倾斜长度较短时的施工。

③ 主、风、副井施工到井底车场水平后，应首先进行短路贯通，以便为提升、通风、排水等设施的迅速改装创造条件。《煤矿井巷工程施工规范》GB 50511—2010 3.3.2条，立井井筒应利用凿井设施一次施工完成，箕斗装载峒室宜与井筒同时施工；其他硐室、巷道与井筒相交部位也宜一并施工；工业广场有多个井筒时，应安排两个井筒到底后先行贯通。

点。贯通线路为，主井系统：主井→十号交叉点；主井→三号交叉点；风井系统：风井→十号交叉点；副井系统：副井进车侧→三号交叉点。主、风、副井到底后，应迅速组织队伍施工贯通线路上的工程，以尽早实现短路贯通。

3. 主、风、副井改绞方案

由主井掘进到底及开拓巷道时，提升矸石量增多，运送材料、设备及人员上下增多，需要提升的能力一般约为井筒掘进时期的 3～4 倍。另外，转入平巷施工时，需用矿车运输，要与吊桶提升相结合，困难很多。因此，一般情况下，必须先有一个井筒改装临时罐笼，以加大提升能力。改装的主要原则是：保证过渡期短；使井底车场及主要巷道能顺利地开工；使主、风、副井井筒永久装备的安装和提升设施的改装相互衔接；改装后的提升设备应能保证井底车场及巷道开拓时期的全部提升任务。

改绞考虑以下两种方案①：

1）主井-风井-副井的改装顺序

主风井短路贯通后，主井改装为临时罐笼。临时改绞时，主井暂用 V 形矿车通过溜槽向风井吊桶内翻矸。主井临时改绞半月罐笼能正常运行，可以担负井下施工的提升任务时，副井此刻到底。临时水仓投入使用后，风井临时改绞以完成担负－360m 水平提升任务。副井与主井贯通后即停下来进行永久提升设施安装。等副井安装完毕能担负井下施工任务时，主井再拆去临时罐笼进行永久设备安装。

该方案的优点是：随着主副井提升的交替转换，提升能力在不断增强，缺点是改绞工程量大。

2）风井-副井-主井的改装顺序

主风井短路贯通后，风井改装为临时罐笼。临时改绞时，风井暂用 V 形矿车通过溜槽向主井吊桶内翻矸。当主副井短路贯通后，先把副井停下来进行永久提升设备安装。在副井安装的这段时间内，井底车场施工的提升任务暂由风井的罐笼来维持，待副井安装完毕，运转正常后再进行主井永久提升设施的安装。

该方案的优点是：一次改绞，工程量小，费用少。但最大的不足之处是风井提升担负两个水平的任务，副井永久装备期间提升工作较为紧张。

考虑本矿井实际情况，为保证改绞期间的提升能力，决定采用方案 1，即主井-风井-副井的改装顺序。

4. 主井临时改绞提升能力验算

主井临时改绞后利用双层单车临时罐笼提升，配 1t，600 轨距矿车。副井永久改绞后，用 1 台 JKMD-3.5×4（Ⅲ）落地摩擦式提升机，提升容器为一套 1t 双层四车宽、窄

① 为满足二期工程平巷施工中提升、供风、供水、排水及通风需要，需将原吊桶提升改为罐笼提升，并将其他辅助设施如天轮平台、封口盘及井筒内吊挂钢丝绳等进行相应改装与变动。根据井筒的属性，一般选择主井和风井进行临时改绞。当三个井筒同在一个工业广场时，根据车场开拓工程量的大小，可以选择 1 个井筒改绞或 2 个井筒改绞；当采用对头掘进方案时，为加快风井向车场（采区）方向的施工速度，一般需对风井进行临时改绞；对于高瓦斯矿井为尽快形成永久通风系统，故一般仅对主井进行临时改绞。《煤矿井巷工程施工规范》GB 50511—2010 3.3.2 条，2 个井筒永久设施的施工，应交替进行，宜先副井后主井，需要临时改装提升系统时，宜改装箕斗提升的主井。当副井永久系统形成后即可拆除临时改绞系统，但若主井永久装备不在主要矛盾线上，可在自由时差范围内适当延长临时系统的服务时间。

罐笼。①

JKMD-3.5×4（Ⅲ）型落地式多绳摩擦提升机，由 1 台 800kW 直流低速电动机拖动，提升速度 9m/s。

在副井永久提升系统形成以前，主井罐笼承担井下巷道施工矸石的提升任务。

按现有的 2JKZ-3/15.5 绞车，配备 800kW 电机，对改绞后提升能力进行计算如下：

电机转速为 580 转/分，转速比 15.5，滚筒直径为 3m，则最大绳速：

$$v_{mb}=\frac{580\times\pi\times3}{15.5\times60}=5.88\text{m/s} \tag{5-1}$$

加速及减速距离：

$$h_1=\frac{v_{mb}^2}{2\times a}=\frac{5.88^2}{2\times0.6}=28.8\text{m} \tag{5-2}$$

式中，a 为加速度及减速度，均取 0.6m/s^2。

等速运行距离：

$$h_2=H-h_1=473.7-28.8=444.9\text{m} \tag{5-3}$$

式中 H 为罐笼提升高度。

一次提升循环时间：

$$T=2\frac{v_{mb}}{a}+\frac{h_2}{v_{mb}}+\theta=2\times\frac{5.88}{0.6}+\frac{444.9}{5.88}+60=155.3\text{s} \tag{5-4}$$

提升能力：

$$A_i=\frac{3600\cdot Z\cdot k_m\cdot v_{ch}}{K\cdot T}=\frac{3600\times2\times0.9\times1.7}{1.2\times155.3}=59.1\text{m}^3/\text{h} \tag{5-5}$$

式中 Z——每次提升矿车辆数；

K——提升不均匀系数，取 1.2；

v_{ch}——矿车容积，取 1.7；

K_m——矿车装满系数，取 0.9。

三八制作业，每小班上下人员及运送设备 1.5h，原班检修 1h，则日提升能力为 $A=59.1\times18.5\approx1096.3\text{m}^3/\text{d}$。取平均掘进断面 20m^2，独立施工月平均按 100m 计，则一个施工队日出矸量为：

$$V=\frac{100\times20\times k_s}{30}=\frac{100\times20\times1.9}{30}=126.67\text{m}^3/\text{d} \tag{5-6}$$

式中 k_s——岩石松散系，取 1.9。

---

① 立井提升罐笼提升能力应该满足多头掘进的排矸需求，提升能力可按下式计算：

$$A_T=\frac{3600\cdot Z\cdot 0.9\cdot V_{ch}}{K\cdot T_1}$$

式中 V_{ch}——矿车容积；

0.9——装满系数；

Z——一次提升矿车数；

K——提升部均匀系数，$K=1.15\sim1.25$；

T_1——一次提升循环时间。

要求提升能力 $A_T\geqslant A_s$（实际提升矸石量）。

因此，可满足8个队施工提升任务。

在副井提升系统形成后，矿井提升能力将十分富余。

5. 改绞内容及工期①

临时改绞内容：拆除井内部分管路及所有凿井设备，拆除吊盘、抓岩机、吊桶、伞钻、砌壁模板、放炮电缆、固定盘口及封口盘等；保留压风管、电缆、供排水管等；需安装井口的摇台、罐道架等；井底的托罐梁、双层单车罐笼及钢丝绳罐道等；需移位的有天轮，此外，需增设胶质风筒一趟，并进行梯子间的永久安装。

主井临时改绞工期为0.5个月，副井永久改绞工期为4个月，主井永久改绞工期为4个月。主井临时改绞平面布置见图5-4。

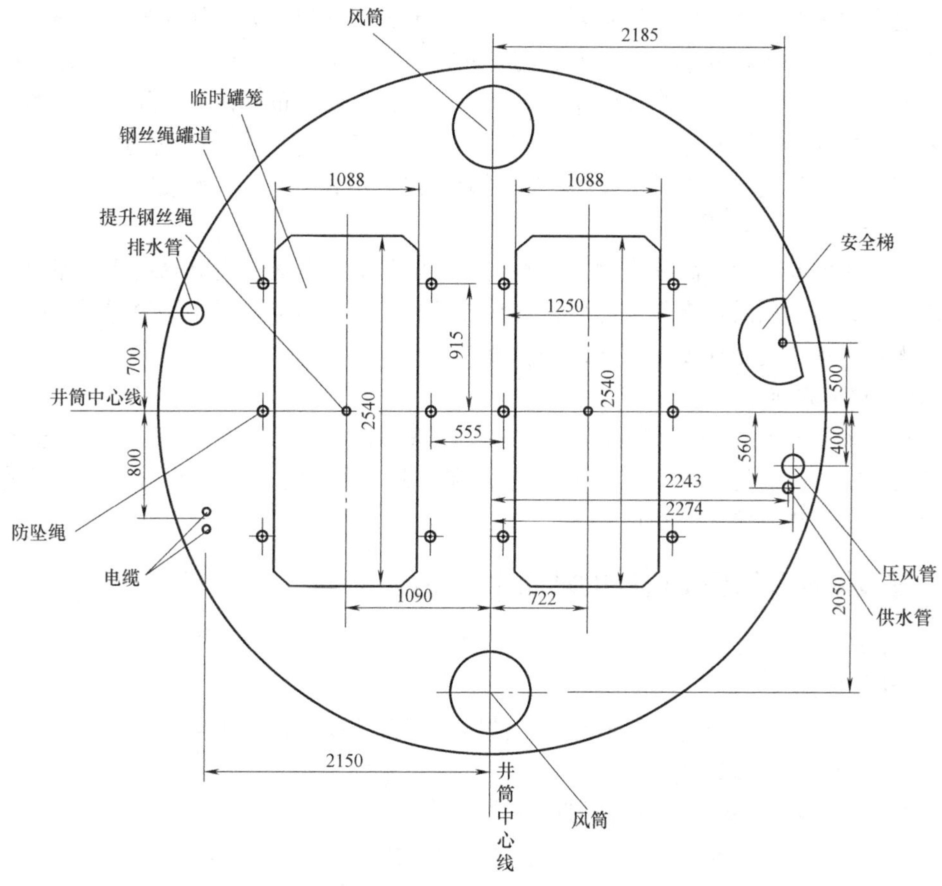

图5-4　主井临时改绞平面布置图

5.4.2　井底车场巷道及硐室的施工顺序

1. 车场硐室及巷道的施工原则

在组织井底车场硐室和巷道的施工时，应遵循以下原则：

① 临时改绞具体内容：拆封口盘、固定盘、吊盘，安装稳绳梁、改装风筒、排水管，安装下井口罐笼承接装置框架，安装卧泵，改装天轮平台，安装拉紧装置，挂罐试运行和安装井口安全门等。临时改绞工期根据工程量一般为0.5～1个月。

（1）井筒到底后，首先应进行主、风、副井短路贯通；

（2）关键线路上的工程应保证快速不间断施工且安排高等级队伍；

（3）优先安排井底车场绕道的贯通，解决车场施工的运输及调车困难；

（4）各机械设备硐室开凿顺序应根据使用先后和安装工程的需要来安排；

（5）施工时尽量不要反复调动一个施工队；

（6）非关键线路上某些工程如炸药库等作为平衡工程施工。

2. 井底车场巷道及硐室的施工安排

1）与井筒毗连的硐室①

井底车场与井筒毗连硐室主要有主井系统的箕斗装载硐室、煤仓，副井系统的马头门、管子道及中央变电所、中央排水泵房等。箕斗装载硐室和马头门分别与主、副井井筒同时施工。煤仓工程比较复杂，设备安装需要的时间比较长，应尽早施工。煤仓位于粉砂岩、细砂岩、泥岩中，设1个井底煤仓，煤仓距主井30.0m，布置在主井井筒的西侧，采用圆形断面直立煤仓，煤仓净直径6.0m，垂高32m，容量800t，采用钢筋混凝土结构，反井法施工。为早日利用永久排水设备，应尽量先施工井下变电所、水泵房和水仓。

2）井底车场主要巷道②

井底车场主要巷道包括副井清理撒煤斜巷、主副井空重车线、绕道以及炸药库回风巷等。主副井短路贯通以后，在保证通风、排水要求和连锁工程不间断施工的同时，尽可能组织多头掘进，加快施工速度，节省建井投资。

3）辅助硐室的施工安排

井底车场辅助硐室包括等候室、保健站、工具保管室、医疗室、调度室以及整流硐室、爆破材料库等。其施工先后对建井工作影响不大，施工时间上应考虑工作队伍的平衡，同时考虑满足提升能力及通风。

5.4.3 过渡期及车场施工阶段的辅助生产系统

1. 运输③

1）短路贯通前

在距井口8m以内，利用人工出矸，用铁锨装矸石入吊桶；当距离大于8m时，铺设临时轨道，用前卸式矿车运输。

2）主井临时改绞、风井吊桶提升期

这一时期是指主风井贯通后，主井正进行临时改绞，采用V形矿车运输。矸石用V形矿车翻装到吊桶内。

---

① 井筒毗连硐室主要包括马头门、箕斗装载硐室和管子道平台等。

② 车场内的连锁工程一般为运输大巷或运输石门，调车线以及井筒与它们直接相连的其他巷道工程。对连锁工程的施工应安排重点施工队伍，配备机械化作业线，组织快速施工，其施工方法应视情况尽可能一次成巷，对连锁工程工期较紧时，在连锁工程过大断面硐室或大型交岔点时，也可以组织小断面通过，以后再扩至永久断面的方法施工。需要注意的是，连锁工程的掘进一般离井筒较远，为便于通风，应尽可能组织双巷掘进。

③ 井巷过渡期运输根据贯通前、后和改绞前后主要分成三个阶段。第一阶段为井口附近（0～8m）施工，利用人工出矸，用铁锨或抓岩机装矸入吊桶；当距离大于8m时，以井底水窝作为临时矸石仓，铺设临时轨道，用前卸式（V形）矿车运输至井底水窝，后利用立井装岩设备装矸入吊桶；临时罐笼提升时，直接利用耙斗装岩机装矸，普通矿车运输。

3）副井永久改绞、主井临时罐笼提升期

这一时期副井正进行永久改装，主井使用临时罐笼提升，采用 1t U 形矿车运输。副井永久改装完毕后，使用副井永久罐笼提升，主井进行永久改绞。

2. 提升①

1）主井临时改绞前

主风井到底后，应迅速组织队伍向贯通点掘进，尽早实现短路贯通。这段时间内，主风井仍采用两套单钩吊桶提升。其中主、风井主提升均采用 $3m^3$ 吊桶，副提升均采用 $2m^3$ 吊桶。

2）主井临时改绞后，副井永久改绞时

主井采用双层单车罐笼提升，此时副井正进行永久改绞，井下各掘进头的矸石提升任务均由主井承担。

3. 压气

主井临时改绞时将压风管移向井壁，在主井井底延长压风管供车场施工。井底车场施工时，所需风量大于两个井筒施工时的用风量，车场施工用风由地面压风机房供应。采用 4 台风冷式螺杆空气压缩机，配 250kW 异步电动机。压风管自主井引入，设置两路（1 路备用），车场各巷道施工用风均引自该干管。

4. 通风②

车场掘进时，通常有两种通风方案，一是主副两井筒进风，风筒回风，二是一个井筒进风，一个井筒回风，主扇设于地面，其优缺点见表 5-13。

车场掘进时主贯穿风流系统布置　　**表 5-13**

风流系统	风流系统概述	风流系统示意	优缺点
两井筒进风，风筒回风	双井筒进风，风筒回风，新风由主副井井筒进入井下，污风通过设于副井内的风筒排出	回井 大气 地面风机 大气 地面风机 上井 风筒 风流方向	(1)两井筒内均为新鲜风，副井不需要密封；(2)污风从风筒排走、通风阻力大；(3)适用于两井筒内多段平等作业时采用

① 贯通前，和井筒施工期间一样，各个井筒井底水窝作为临时矸石仓，分别承担相应的提升任务；井筒贯通且临时改绞完成后，所有排矸任务由临时改绞井筒承担。

② 根据《简明建井工程手册》第三篇第十章“建井期间的通风及热害防治技术”，通常将建井通风分为如下几个阶段：开凿井筒时的通风（第一阶段）；井底车场掘进时的通风，大巷及上山掘进时的通风（第二阶段）；与风井贯通后采区准备阶段的通风（第三阶段）。第一时期是主副井未贯通前巷道掘进通风，这一时期的掘进通风仍依靠井筒开凿时的通风设施。若井筒通风采用的是压入式通风，可直接接长风筒送风至巷道掘进工作面；若井筒通风采用的是抽出式通风，则可在吊盘上另安设风机作压入式通风送风至巷道掘进工作面，污风则仍由地面风机抽出；第二时期是主副井贯通后的通风，此时已具备形成一个井筒进风，另一个井筒出风的主贯穿风流系统的条件，车场掘进时主贯穿风流系统常见布置见表 5-13，一般情况下多采用副（主）井进风、另一个贯通井筒回风。

续表

风流系统	风流系统概述	风流系统示意	优缺点
一个井筒进风，一个井筒回风，主扇设于地面	主副井贯通后，拆除井筒内风筒，在副井口加盖，安装临时主扇作抽出式通风，新风自主井进，污风自副井出		（1）回风阻力小，节能；（2）回风井空气污浊，对副井的井筒安装不利

1）主风井贯通前

主风井到底后，迅速组织施工队伍施工贯通线路上的巷道。此时，利用凿井期间的通风系统通风。延长主风井的胶质风筒至掘进工作面前。该阶段的通风系统见图 5-5。

2）主风井贯通后

主、风井短路贯通以后，集中队伍施工主井绕道、临时水仓、回风联巷。井下各独头巷道的掘进通风通过安装在风井附近的局部通风机进行通风。采用风井进风，主井排风。该阶段的通风系统见图 5-6。

3）主副井贯通后

主副井短路贯通以后，即开始副井绕道和南翼巷道的施工。井下各独头巷道的掘进通风通过安装在距交叉点、副井、风井一定距离的进风巷道的局部通风机进行通风。采用副、风井进风，乏风汇集后由主井排出。该阶段的通风系统见图 5-7。

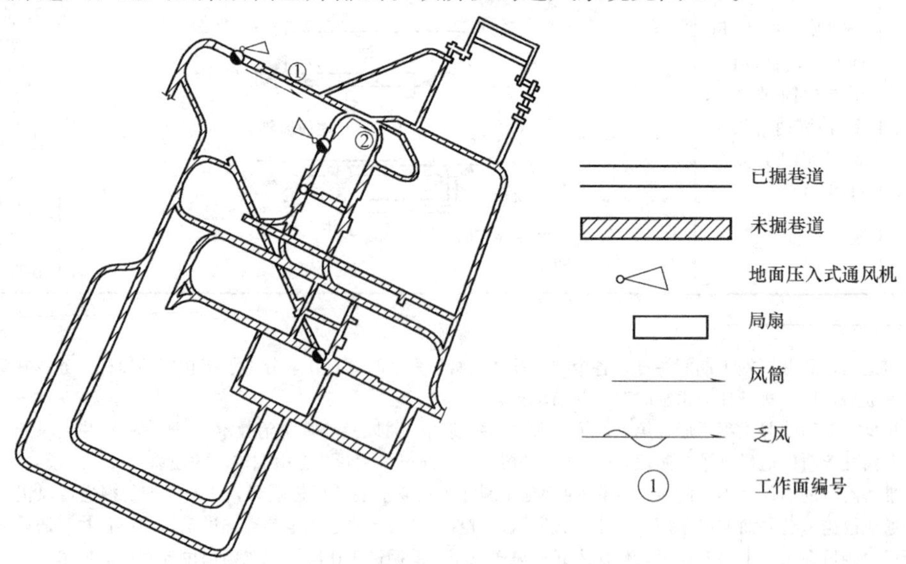

图 5-5 主风井贯通前通风图

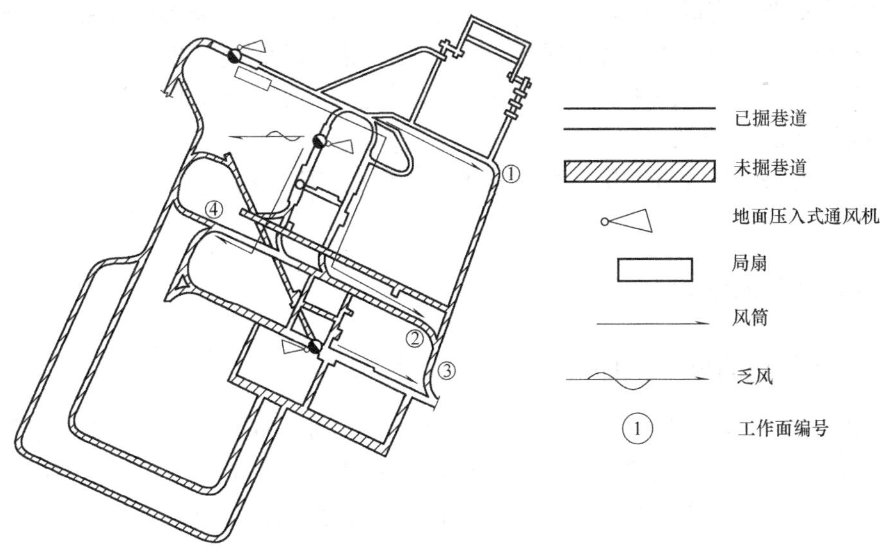

图 5-6 主风井贯通后通风图

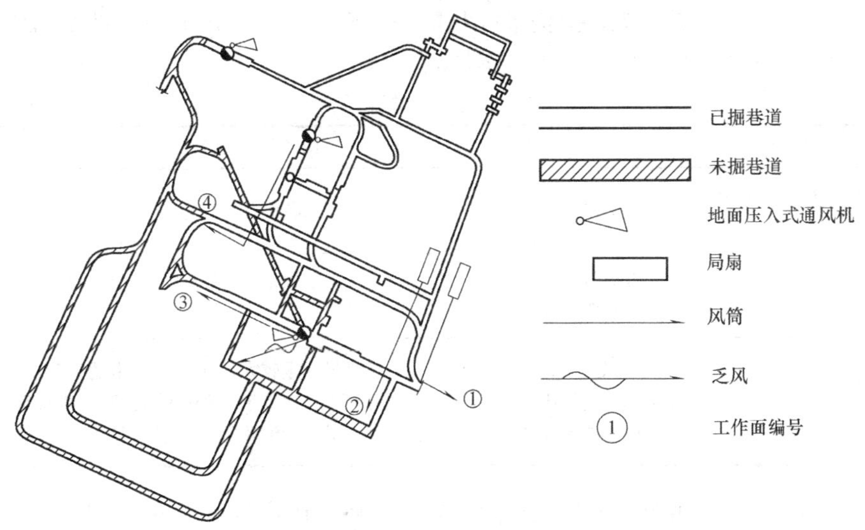

图 5-7 主副井贯通后通风图

5. 排水①

在主风井未贯通时，利用凿井期间排水系统排水。为满足井下排水的需求，临时水仓要加快施工。

在主风井贯通以后，主井进行临时改绞，拆除排水卧泵，这一阶段主要利用风井的排水吊泵排水。另在主井绕道掘一条临时水仓巷道，以满足主、风井临时排水的需要。

① 井筒贯通改绞后，主要由改绞井筒承担临时排水任务。临时排水硐室（临时泵房、临时变电所、临时水仓）应尽量利用永久硐室和巷道。井筒到底后，尽可能创造条件尽早掘出永久水仓、泵房或附近的一段下山巷道用以储水。也可在联络巷内开凿临时水仓，等候室作为临时变电所，临时泵房设在联络巷内。对于风井，应单独设立排水系统，巷道内的涌水一般用小卧泵或经水沟流入临时水仓内集中排至地面。

在副井永久改装完成之前，永久排水系统已经形成。井下中央水泵房和管子道已经完工，可以利用永久水仓、水泵房和副井井筒中的永久排水管路进行排水。主、风、副井井底的水，利用卧泵排至巷道水沟中，再流入永久水仓，最后由中央排水泵房排出。

6. 井底车场工程量及进度①

五沟矿井井底车场及进度见五沟矿井井底车场进度安排图。

5.5 采区巷道施工

5.5.1 采区巷道的施工顺序②

采区巷道工程包括：轨道顺槽、胶带机顺槽、开切眼、采区变电所、采区车场、溜煤眼等。这些巷道几乎都是煤巷。它们的服务年限一般比较短。轨道、胶带机顺槽的突出特点是掘进距离长，对巷道定向和安全工作提出了更高的要求。因此，在煤巷掘进工作中，必须做好通风、防火、防沼气、防煤尘及测量工作。

采区上山主要有轨道上山和胶带机上山，由于采区煤层赋存比较简单，先开拓轨道上山，以便提前安装上山提升机，担负采区开拓提升任务。胶带机上山对坡度的要求较高，可在轨道上山后开拓。采区常见施工方案如表 5-14 所示。

采区施工方案 表 5-14

施工方案	适用条件
贯通前仅安排一个队伍施工	风井数量不限。采区工程量不大，风井担负的井巷贯通巷道较短
贯通前安排两个队伍施工	风井数量不限，采区工程中采区上下山工程量占采区总工程量比重较大，风井担负的井巷贯通距离较长
贯通前即安排多个队伍施工	两个以上风井，采区工程占井巷工程量比重较大，采区工作面巷道成为影响矿井建设工期的主要矛盾线，或只有一个风井但工作面巷道工程量较大，而风井断面较大，到底后经改造能形成临时通风系统，且井巷贯通巷道较短，无煤尘瓦斯突出危险

为达到早投产、早出煤，并尽快形成良好的通风、运输等施工条件的目的，采区设计采用双巷同时掘进的方法施工。以南一采区为例，一个掘进队伍施工南翼轨道顺槽，另一个队伍同时施工南翼胶带输送机顺槽。为了防止采动的影响，将轨道顺槽先行开工，超前距离为 30m。轨道顺槽施工完后，施工开切眼，与胶带机顺槽贯通，形成南一采区投产工作面。

---

① 根据《建井工程手册》第二卷第五篇第一章：车场巷道施工，硐室和交岔点工期按掘进体积进行估算，一般进度指标为 800～1000m^3/月；贯通前巷道（岩巷）掘进速度为 30～50m/月，贯通改绞后按照 80～100m/月进行估算；当采用综掘设备及围岩条件较好、锚喷支护参数比较简单时，掘进速度可适当提高。

② 采区施工方案选择应考虑的因素有：(1) 风井的位置与数量；(2) 采区工程量占井巷总工程量的比重；(3) 采区的施工总工期；(4) 风井与主副井的贯通时间；(5) 煤层有无煤尘与瓦斯突出危险；(6) 施工队伍与机械装备情况等。采区施工方案的选择，应以安全可靠，经济节约，采区工期不拖延建井总工期，尽量使用机械化施工为原则，采区施工方案见表 5-14。为进一步探明和校核地质条件，考虑不同类型巷道的坡度要求，通常安排采区的回风上、下山和采面的回风顺槽优先施工，运输上、下山和运输顺槽滞后施工。

5.5.2 采区巷道施工技术①

根据采区巷道的特点，利用煤巷掘进机配合机械化作业线施工，选用AM-50型掘进机，配可伸缩双向胶带输送机，掘出的煤经由桥式转载机，经矿车运至井底车场，由副井提至地面。其主要优点是，可把破煤、装煤、转载等工作一次完成，提高煤巷的掘进速度，减少了施工工序，同时提高劳动效率。与钻眼爆破法相比，该方案施工安全，优势明显。煤巷施工中采用混合压入式通风方式。煤巷支护采用锚网喷支护技术，对于顶板破碎的煤巷区段，采用锚网喷加金属支架联合支护。采区巷道布置见图5-8。

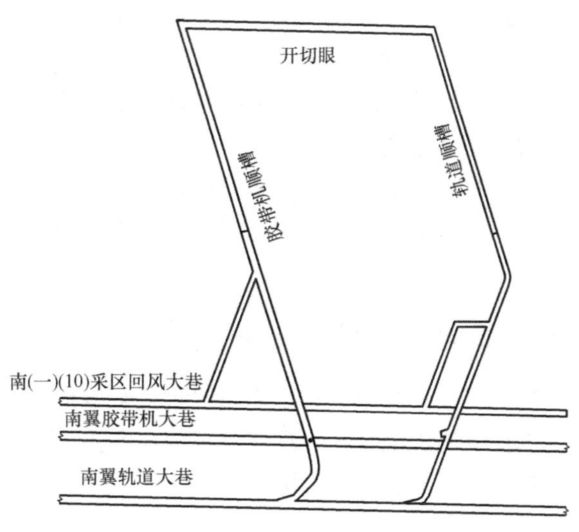

图5-8 采区巷道布置图

5.5.3 采区巷道施工安全措施②

由于采区煤层富含瓦斯，顺槽施工时会有大量煤尘，所以应加强煤巷施工时的安全管理工作。

1. 防煤尘与瓦斯爆炸

加强煤巷掘进时的通风和瓦斯安全检查工作，煤巷必须安设瓦斯报警仪，矿井因故通

① 根据《煤矿井巷工程施工规范》GB 50511—2010 8.1.4条：煤巷和煤岩巷道施工，应符合下列规定：(1) 巷道掘出后，应及时进行支护，放炮前和放炮后，工作面与支护间的距离，应在作业规程中明确规定；(2) 在松软的煤层中施工时，应采取前探支护或其他特殊措施；(3) 在有条件的情况下，宜采用掘进机掘进。根据《煤矿井巷工程施工规范》GB 50511—2010 8.2.3条：采用掘进机掘进，应符合下列规定：①根据巷道断面和岩石的硬度，选择不同型号的掘进机；②掘进机的后配套设备，宜采用桥式胶带转载机和可伸缩带式输送机，也可采用桥式胶带转载机和轨道式矿车；③在巷道中截割的原则是：先软后硬、由下而上、先掏槽、后落岩（煤）；④采区顺槽巷道施工，宜采用煤巷联合掘进机施工。采区巷道优先考虑矩形或梯形断面，通常采用锚网支护。松软、膨胀岩体、破碎带中巷道的支护施工，宜采取以下措施：采用柔性或可缩性支护；临时支护宜采用前探梁、板桩、管棚等超前支护；预留收敛断面，变形后保证不小于安全使用断面；宜采用二次支护和联合支护等。

② 《煤矿井巷工程施工规范》GB 50511—2010 8.4.1条：当掘进工作面遇有下列水量大的含水层、老空区或水文地质复杂地段时，应先探水后掘进；当掘进工作面发现有异状流水、异味气体、发生雾气、水叫、巷道壁渗水、顶板淋水加大、底板涌水增加时，应停止作业，找出原因，进行处理。《煤矿井巷工程施工规范》GB 50511—2010 10.4.5条：压入式局部通风机和启动装置，必须安装在进风巷道中，距回风口不得小于10m；凡有煤与瓦斯突出、煤尘爆炸危险或有其他有害气体矿井的通风工作，必须按国家现行安全规程的规定执行。《煤矿井巷工程施工规范》GB 50511—2010 10.7.5条：在有瓦斯或煤尘爆炸危险的矿井，井口及井下信号装置和通信设备，应采用防爆型或安全火花型；在井底车场总进风道或主要进风道，低瓦斯矿井可采用矿用一般型，高瓦斯矿井可采用矿用增安型。《煤矿井巷工程施工规范》GB 50511—2010 10.8.1条：高瓦斯、煤（岩）与瓦斯（二氧化碳）突出及水患严重的矿井进入二期工程、其他矿井进入三期工程必须形成双回路供电。《煤矿井巷工程施工规范》GB 50511—2010 11.3.2条：井巷工程施工，必须采取湿式凿岩、水封爆破、放炮喷雾、洒水出矸、冲刷岩帮、加强通风等综合防尘措施，对主要进风大巷、掘进工作面及局部通风机的入风口附近应设置水幕。

风系统遭到破坏后，必须有恢复通风排除瓦斯和供电的安全措施。恢复通风后，经瓦斯检查符合安全规定后，方可恢复正常施工；各掘进头不得出现循环风，巷道内应设隔爆水棚，掘进工作面设降尘帷幕；杜绝一切明火作业，严格执行防尘措施。

2. 防火和防水

(1) 严禁带火源入井，采区巷道严禁一切明火；

(2) 加强电缆管理；

(3) 在巷道中部设置消防器材，以备不测；

(4) 采区要根据涌水量选择合理的排水设备，在接近含水层或断层时，须钻孔探水。

5.6 工业广场建筑物的布置

矿井工业广场施工总平面布置直接影响地面建筑设施的总体布局和矿建、土建、安装三类工程的施工配合，合理规划场地，安排工业广场各类建筑项目，优化设计施工，有助于缩短工期，节省建井投资。

5.6.1 工业广场建筑物布置原则①

(1) 合理规划，少占农田，充分利用场地；

(2) 各种建筑布置应满足各种现行规范及防火要求，统一考虑炸药库、油脂库、加油站与一般建筑物的布置关系；

(3) 合理确定临时建筑和永久建筑的关系，避免临时建筑占用永久建筑的位置，临时建筑的标高尽可能按永久场地标高施工；

(4) 工业建筑与其他建筑应分开布置，临时工业建筑要尽量靠近井口；

(5) 确定临时设施应以在最短时间内完成其辅助功能为原则；场内窄轨铁路、公路布置，应满足需要且方便施工。窄轨铁路应以主副井为中心，可直接通到材料库、坑木房、机修厂、水泥库、混凝土搅拌站、排矸场等，主要运输线路和人流线路应尽可能避免交叉；

(6) 各类工程共用的临时工程应与相应的永久建筑就近布置，这样可利用部分设施。

5.6.2 工业广场建筑物布置

1. 永久建筑物的利用

矿井建设期间，为了安装施工设备及满足施工单位及人员生活需要，往往要建成大量的临时工程。等工程结束以后，这些临时工程要拆除，因此造成人力、物力、财力的大量浪费，增大基建投资。如果能用部分永久建筑（设施）代替临建工程，就可节省资金和材

---

① 根据《简明建井工程手册》第七篇第三章“工业场地施工总平面布置”：施工总平面布置的原则包括：(1) 必须充分掌握现场的地质、地形资料，统筹规划，合理布局，远近兼顾；(2) 合理、充分地利用永久建筑、道路、各种动力设施和管线，以减少临时设施，简化施工场地的布置；(3) 临时设施的布置应尽可能避开永久建、构筑物的位置；(4) 临时建筑的布置要符合施工工艺流程的要求，做到布局合理；(5) 工程煤堆放场地及混凝土搅拌站、混凝土预制厂等尽可能布置在场地的边缘，以防止环境污染，并方便施工；(6) 临时工程应尽量布置在工业场地内，节约施工用地，少占农田。

料，取得可观的经济效益，而且可以简化工业场地的平面布置，改善施工人员的工作、生活条件。本设计考虑利用通风办公楼、单身宿舍楼、食堂、压风机房、35kV 变电所、副井井架等部分工业场地内的永久建筑物及设施作为临时设施和各种施工用房。这样既可以节省人力、物力和财力，简化工业场地施工总平面的布置，也有利于加快矿井建设速度，减少收尾工程量，改善建井职工的生活条件。各建筑物平面位置按永久位置确定。建井期间可以用的永久工程见表 5-15。

可利用的永久工程 **表 5-15**

工程系统	可利用的工程
凿井系统	永久井塔(架)、提升机房、井口房、矸石道与排矸场
辅助施工系统	空压机房、通风机房、水源井泵房、锅炉房、机修厂、坑木加工厂、材料库、矿灯房
生活福利系统	办公楼、单身宿舍楼、家属综合楼、食堂、医务室、浴室及更衣室、排污及污水处理系统、围墙、大门、学校等
四通系统	场外公路、通信设施、输变电工程、供水工程等
永久设备	提升机、井筒永久装备、排矸设备、通信设备、输变电设备、供水管路设备、锅炉、机加工设备、广场永久管网、污水处理设备等

2. 临时工程布置

本矿井施工期间，除利用部分永久工程外还需建如下临时工程以满足施工需要，冻结站、凿井提升机房、稳车房、混凝土搅拌站、水泥（库）棚、施工前期的临时宿舍和食堂等。下面分别加以简述：

1）主井井口：根据主井临时改绞和井上下出车方向，为使绞车稳车布置不影响永久建筑物施工，设计将主、副提升机房及稳车对称布置在主井井口东、西两侧。

2）风井井口：根据风井临时改绞、井上下出车方向及地面通风机房、风道的布置要求，设计将主、副提升机及稳车对称布置在风井井口南、北两侧。

3）副井井口：主、副提升机房及稳车对称布置在副井南、北两侧。这样不占永久绞车房位置，有利于永久提升系统尽早投入运行；在井筒到底后，可保证永久绞车房的施工场地和井口进出口所必需的通道。

4）冻结站：为了缩短冻结管长度，冻结站布置位置应尽量靠近井筒。但由于该站建（构）筑物较多，为少占场地，便于管理，将冻结站集中布置在靠近主、副井施工区的北侧，各种管线进出方便，路径短捷。

5）主、副、风井混凝土搅拌站：分别布置在主、副、风井口附近，井筒施工期间混凝土搅拌好后由底卸式吊桶直接下井。平巷施工期用临时窄轨铁路从材料堆场运送材料。地面土建工程施工使用单独的混凝土搅拌站。

6）临时住房和食堂：集中布置在工业场地的北侧，临时储煤场位置。

主要临时建筑物见表 5-16。

临时建筑及布置 **表 5-16**

临时建筑名称	一般安排位置
临时提升机房	井口附近，以不影响永久提升机房或改绞方便为原则
井口棚	井口附近
空气压缩机房	一般布置在主副井附近，离井口不超过 50m。但不宜离提升机房太近

续表

临时建筑名称	一般安排位置
变电所	一般应毗邻于电源，设在场外引入输电线路的一侧，靠近负荷中心，避开人流，线路和空气污染较严重的地段，并应避开永久变电所位置
机修厂	一般设在材料库与动力车间附近，且附近应有较大面积的场地
锅炉房	一般应靠近主要用户并设置在交通运输较方便的地方，周围要有较大的场地，且应处于下风口
混凝土搅拌站	一般应在井口附近和供水供电较方便的位置，周围应有较大的能满足生产需要的沙石堆放、筛选场地
炸药库	根据《爆破安全规程》GB 6722—2014，炸药库（小于 5t）至围墙或村庄边缘的距离不得小于 300m
临时仓库	各种临时仓库的位置视其使用性质的不同，设于不同的位置以方便存放和提取为位置确定的原则
临时矿灯房、浴室及更衣室	工业广场内尽可能靠近井口

3. 材料及设备堆放场地①

矿井施工期间各种材料的供应，大部分是由汽车直接运至场区，利用永久材料（库）棚和机电设备修理车间，作为施工期间的材料及设备的堆放场地。在施工期间要根据各项工程的安装地点及在工程排队中的安装时间，分别计划出各项工程设备到货后的存放场地，设备预组装场地和试验场地，以及安装工具、器材的临时存放场地，前后期要统筹安排，力求做到一址多用。

4. 排矸场布置②

矿井施工期间的矸石，除部分用于回填工业场地、进场道路和修筑准轨铁路路基外，其余矸石可堆放在临时矸石山。临时矸石山布置在工业广场东侧，距主井施工区约 80m，用地面积为 1.61hm^2。

依据矿井初步设计提供的工业场地（包括风井场地）总平面布置图，考虑永久的场内道路、地下管线沟、架空线路建筑物等，布置临时建筑及设施、场内运输线路、材料堆放场地、利用永久建筑物等。注意临时工程应避开永久工程的位置，或与永久工程的施工时间相错开，为永久工程的施工创造条件。

---

① 根据场内运输的工艺流程、永久工程施工需要的器材场地宜布置在运输线路短、需要器材量大的永久工程附近；场内库房、加工厂房区，尽可能利用永久建筑，或在永久仓库、厂房附近布置少量的临时库房、加工厂房。

② 施工总平面布置可参考《简明建井工程手册》第七篇第三章“工业场地施工总平面布置”，布置的内容和要求如下：(1) 运输线路的布置：初期以公路运输为主。有条件时尽早利用铁路运输临时道路的布置应避开永久工程，布置在没有管道网的地段。一般情况下，应先考虑利用永久道路，辅以必要的临时道路。场内永久道路应一次按设计路面施工，条件不具备时，可先在永久道路路基上铺以矸石，泥结碎石路面，以后再按永久路面建成。(2) 标明永久建筑物、构筑物施工年度及施工需要的预留场地范围：根据矿井建设施工部署安排，在每一建（构）筑物上标明施工年度；根据主要建、构筑物施工方案设计确定该工程施工时，需要预留的场地范围，在该范围内一般不要布置临时设施，以保证永久工程的顺利施工。(3) 器材堆放、库房加工厂房位置：场内库房、加工厂房区，尽可能利用永久建筑，或在永久仓库、厂房附近布置少量的临时库房、加工厂房。(4) 临时建筑的合理布置：临时建筑位置应避开永久建筑位置选定合理的场区，最好较为集中的布置，形成一个临时建筑群区，以便于管理。稳车棚、提升机房等占用永久建、构筑物位置时应考虑到临时与永久工程施工的交替。

5.7 建井总进度计划

5.7.1 矿建、土建、机电安装工程安排原则[①]

矿井建设由矿建、土建、安装三类工程组成。合理安排三类工程施工，做到重点突出，照顾一般，综合平衡，才能保证矿井建设有计划地完成。三类工程的安排应该遵循以下原则：

(1) 安排要尽可能保持连续性、稳定性和均衡性；

(2) 工程安排要有利于早出煤、早见效益；矿建工程在总工程中工作量最大，所需工期最长，是建井的主要矛盾线，因此，在工程排队中，应以矿建工程为中心，土建及安装工程与矿建工程协调进行；

(3) 对各类工程施工进度、工程质量及投资进行动态管理，发现问题及时处理；

(4) 工程综合平衡，协调各方面的部署和进度，尽量保证各工程的人员需求、技术和物资供应，使工程顺利进行。

5.7.2 建井总进度具体安排情况

矿井建设的重点工程多为井巷工程[②]，本矿井关键井巷工程为：主井→充电硐室→三号交岔点→−440m南翼轨道大巷→南翼轨道斜巷→−360m南翼轨道大巷→采区车场→采区轨道顺槽→采区开切眼→工作面安装→联合试运转。主要矛盾线工程量最大，施工难度最大，施工工期最长，其决定建井总工期。因此，其他井巷工程的施工安排均围绕此线上工程展开，压风、通风、排矸、排水等辅助工作要到位。在具体施工中，主要矛盾线上的工程采用甲级队掘进，配备先进的掘进机具，以保证建井总工期和矿井建设质量。

做好主要矛盾工程施工安排的同时，还应满足下列要求：

(1) 首先保证主、风、副井筒到底后及时贯通，尽早形成通风和排水系统，以利于井下通风和排水。

(2) 保证关键路上的工程快速不间断施工；影响后续工程的项目尽量早开工；工程量大、施工技术难度大的工程项目应提前准备；无后续工程的项目在满足通风和提升条件下可作为平衡工程。

---

① 工程总排队原则：应用网络计划技术，对三类工程进行科学地排队，确定矿井建设主要连锁工程和关键线路的工期；抓紧关键路线上的连锁工程的施工，合理地安排施工顺序和工程进度，确保连锁施工；进行工程排队时，应遵循突出重大工程，兼顾一般工程的原则，充分利用时间和空间进行三类工程平行交叉作业和均衡施工；以井巷工程为主，合理安排土建、设备安装主要工程的施工时间，适时形成矿井各个生产系统；合理安排劳动组织，尽可能使施工单位的施工保持连续、稳定和均衡性。

② 井巷工程安排：结合矿井的施工特点、施工条件和施工队伍的施工方法、施工工艺和施工设备等条件，合理确定井筒、巷道、硐室的施工进度指标，根据施工方案设计所述的施工顺序安排原则与要求，进行安排与确定。根据施工顺序（井巷工程的逻辑关系）和单位工程或分部分项工程的工期，绘成时标网络图，以反映出整个工程工期的全貌。根据井巷工程开拓系统图，在提升能力等满足的前提下、确定同时施工的掘进工作面数，避免短期内施工队伍忽增忽减。

（3）充分利用时间和空间，创造条件，搞好多工种多工序平行交叉作业。地面建筑工程[①]根据施工力量、材料供应及施工需要等方面综合考虑，分期分批组织施工，尽量减少临时设施。

（4）协调安排井巷施工队伍，使劳动力及其他资源平衡使用，避免突然增减，造成窝工和劳动力闲置。

（5）机电安装[②]工程量大，技术难度高，矿建和土建工程施工时应积极为机电安装创造条件，并保证重点工程顺利施工。

5.7.3 建井工期

（1）准备工期：自2007年7月1日至2008年1月31日，合计7个月。

（2）主井井筒工期：自2008年2月1日至2008年10月31日，合计9个月。

（3）主、风井短路贯通：自2008年11月1日至2008年11月30日，合计1个月。

（4）主、副井短路贯通：自2008年12月15日至2009年2月28日，合计2.5个月。

（5）主井临时改绞：自2008年12月1日至2008年12月15日，合计0.5个月。

（6）总工期：自2007年7月1日至2010年12月31日，合计42个月。

5.7.4 加快建井速度的措施及意见[③]

为加快矿井的建设速度，缩短建井总工期，减少基本建设投资，保证工程质量，取得良好的技术经济效益，提出以下几点措施及意见：

---

① 土建工程排队：（1）施工准备期，除完成前期准备备阶段的“四通一平”、供施工准备期利用的永久建筑设施以及部分剩余工程外，还应完成属于建井期间（特别是井筒施工期）利用的部分永久建筑和设施；（2）井筒施工期（一期工程），井筒施工期间所需要的工业临时建筑及凿井设施较多，占用场地面积大，一些永久建（构）筑物难以施工，故在这一时期，可适当增加选煤厂或居住区工程，以调节施工单位的资源，减少施工及投资的不均衡现象；（3）二、三期工程（车场巷道施工期、采区巷道施工期）大约占设计工程量的70%左右，需在这一时期完成，包括井塔、煤仓、皮带走廊等以及选煤厂和铁路专用线。其中部分工程存在着矿、土、安相互交叉和相互平行作业的情况，对于需要矿建及机电设备安装工程配合施工的工程，如永久井塔（架）、提升机房、井口房、通风机房等，可按矿建、设备安装工程进度和工期安排的需要，统筹安排土建工程的开工时间，尽可能减少土建施工的占用工期。

② 机电工程排队：（1）按临时改绞方案及先形成副井永久系统、通风系统，最后形成主井系统的一般原则，在主（风）井进行临时改绞完成后，对主、副、风井交替装备；（2）井筒采用特凿法施工时，为了节省临时费用、35kV永久变电站可安排在准备期内施工，在井筒冻结（钻井）前投入运行；副井井口的6kV（10kV）变电所安排在井筒开凿前投入运行；如果建井初期采用临时变电站供电时，永久变电站（所）应在副井永久装备试运行前投入运行，井上、下永久供电系统在与相关的矿建工程完成后，即组织工程的安装；井下中央变电所硐室的施工和设备安装，应在副井永久装备期间内完成并与副井提升系统同步交付运行；（3）中央水泵房、水仓、管子道的施工和中央泵房排水设备的安装，原则上与副井永久系统安装工程相适应，与副井提升系统同步交付运行；（4）煤仓、皮带走廊、栈桥、筛分楼、选矸楼等生产系统工程的设备安装可安排在主井井塔（或永久井架）装备同时完成，井下箕斗装载硐室、井下煤仓、井底清理撒煤硐室、翻车硐室等设备安装应在主井水久装备完之前完成，以便使井上下生产系统做到同步竣工完成；（5）采区设备安装劳动强度高，且工作量大，时间上又受井巷工程的制约，设备安装时间短而集中，因此，多以集中队伍突击施工完成。

③ 缩短建井工期的方法包括：合理安排主要矛盾线工程的开工顺序，并应采取多头、平行交叉作业，积极推广先进经验，采用新技术、新装备、新工艺，加快施工速度；把重点队和技术力量过硬的施工队，放在主要矛盾线上施工；做好主要矛盾线上各项工程的施工准备工作，在人员、器材和设备方面给予优先保证，为主要矛盾线工程不间断施工创造必要的物质条件；加强主要矛盾线工程施工的综合平衡，搞好各工序衔接，解决薄弱环节，把辅助生产时间压缩到最少。由于关键线路并不是固定不变的，在施工过程中，随着客观条件和工程实际进度的变化，关键线路也可能随之变化。因此搞好三类工程进度的综合平衡、防止关键线路的转化，对缩短建井工期十分重要。

1）从矿井建设的全局把握选择最优施工方案。综合技术、经济两个方面，选择技术经济相对较优的施工方案。其中包括井筒开工顺序方案、井筒短路贯通方案、井筒临时、永久改绞方案、巷道及硐室施工顺序及施工方案等。

2）抓好施工准备工作，搞好对外协作，为正常施工创造条件。

3）合理地安排井筒开工顺序。设计安排主井先开工。主、风、副井到底后，迅速进行短路贯通。贯通后立即进行南一轨道运输大巷等主要矛盾线上的不间断施工，从而有效地保证主要工程的施工，确保建井总工期。

4）加快井筒的施工进度。井筒工程是整个矿井建设工程的关键工程。保证井筒的施工进度，有利于缩短建井总工期，提高矿井的投资效益。由于空间及地质条件的限制，一般进度比较慢，故应选择合理的施工方案及施工方法，合理地进行机械化配套施工。加强管理，确保按正规循环，从而保证施工按进度计划进行。

5）采用综掘机械化作业线，组织采区煤巷快速施工。本矿井采区煤巷施工中采用了综掘机械化设备，必须加强施工管理，加强通风、供水、防尘及辅助运料等工作，以保证综掘机械化作业线连续施工，发挥其最大的经济技术效益。

本章小结

（1）施工准备应围绕井筒的顺利开工做必要的工程、技术和管理准备工作，其中“五通一平”、井筒检查孔和凿井设施是井筒开工的必要条件，应作为关键工作进行管理；井筒的开工顺序和贯通点的选择应结合贯通方案、贯通点、井筒毗连硐室的施工方案、井筒施工工期等各方面因素综合考虑，错开井筒开工顺序有利于施工管理和安全控制，减少不必要的经济损失和窝工现象。

（2）井筒和车场巷道、硐室施工应围绕如何“安全、高效”开挖和维护进行方案的比较、选择，其中表土段特殊工法、基岩段治水方案、大断面硐室及交岔点施工方案、凿井设备配套方案是主要的设计内容和重点工作。

（3）井底车场施工顺序安排主要围绕“尽快进行短路贯通并进行临时改绞，形成足够的提升和通风能力，满足多个队伍平行施工，加快井底车场巷道施工速度”为目标。车场施工巷道、硐室施工顺序安排的原则中，短路贯通、临时改绞和关键线路上工程是施工控制的重点，多头掘进应综合考虑提升能力、通风能力和巷道贯通距离应符合规范要求，并考虑资源的平衡。

（4）施工总平面应重点围绕井口施工区进行大临工程的布置及工程准备。一般情况下可将生产区域先作为生活、办公系统进行布置，临时动力系统、材料与设备尽量布置在设计永久建筑物的附近或利用永久建筑物；涉及废气、粉尘的应重点考虑风频、风向的要求。

（5）建井总网络计划与进度安排重点围绕矿建工程开展，并将矿建工程按照施工准备期、建井一期工程（井筒施工期）、二期工程（车场施工期）和三期工程（大巷及采区巷道）分段进行分析，然后将重要的矿建、土建和机电的节点工程（如临时改绞、三个井筒永久装备、试生产等）进行逻辑衔接，实现全矿井的进度安排；部分土建工程和主井系统矿建工程可适当滞后安排施工，可实现年度投资计划和资源的平衡。

思考与练习题

5-1 我国矿山建设的基本程序是什么？具备哪些条件以后矿山企业才可以进行采矿作业？

5-2 建井施工准备中，供水、供电的准备需要根据初步设计中的哪些条件进行？

5-3 针对冻结法和钻井法特殊凿井施工的施工工程准备包括哪些内容？

5-4 主井、副井与风井的开工顺序与贯通方案之间有何关联？

5-5 车场施工过程中，若需要增设临时泵房、水仓，应该何时增设？何处增设？

5-6 临时改绞方案中，何时改主井？何时改风井？何时主井和风井同时改绞？

5-7 矿井建设过程中，三个井筒的永久装备的顺序如何？为什么？

5-8 准备巷道及回采巷道中，一般来说，回风巷、辅助巷及运输巷道中哪条巷道先开工较为有利？为什么？

5-9 影响工期的因素有哪些？如何控制？

5-10 施工阶段工期控制的措施有哪些？

5-11 矿井建设各阶段质量控制的重点是什么？

5-12 影响矿井建设投资的因素有哪些？如何控制？

5-13 矿井建设施工安全管理的特点、原则和要求是什么？

5-14 安全与质量、工期、投资之间有何关系？

5-15 矿井建设过程中应当如何保护环境？

第 6 章　轨道交通工程设计

本章要点及学习目标

本章要点

(1) 牵引质量与列车资料计算、线路定线方法;

(2) 铁路路基的结构组成及其防护方法;

(3) 轨道结构特点;

(4) 无缝线路设计。

学习目标

(1) 掌握铁路线路关键技术指标计算方法、线路平纵断面设计方法;

(2) 掌握铁路路基结构组成及其填筑要求、路基边坡防护设计方法;

(3) 了解铁路轨道结构基本组成;

(4) 掌握铁路无缝线路设计计算方法。

轨道交通设计是一项涉及多因素、多专业的复杂系统工程，需要根据国家政治、经济、国防需求，结合地形地貌、水文地质条件、资源与城镇分布等情况，综合运用线路、路基、轨道等相关专业知识共同完成拟建线路设计工作。

6.1　设计任务书

1. 毕业设计内容

根据给定的原始资料及地形图，完成线路总体设计及专册施工图设计，具体内容包括：输送能力计算及铁路等级确定、总体线路比选及定线、线路平面设计及纵断面设计、路基横断面设计、无缝线路轨道设计，其他建筑设施，如线路中布设有桥梁、隧道、支挡结构也应进行相关设计。完成专题研究论文 1 篇，英文文献翻译 1 篇。

2. 毕业设计成果

完成设计计算说明书一份，绘制图纸要求：①线路方案比选图；②线路平面图；③线路纵断面图；④长轨条布置图；⑤标准横断面图；⑥施工横断面图；⑦隧道爆破参数图表；⑧桥梁结构设计图；⑨支挡结构设计图。其中图纸①～⑥是必要成果，图纸⑦～⑨根据线路建筑设施设置情况选择完成。

完成论文一篇，要求格式规范、内容完整、结构清晰、观点明确。

翻译部分：翻译一篇近期公开发表的与设计或专题内容相关的外文参考文献，中文字数不少于 3000 字，并且附原文。要求语句顺畅，语意明确，符合专业用语要求。

其他：绘制的图纸中要求手工绘制 1 张。

6.2 设计原始资料与依据

6.2.1 原始地质资料

1. 地形、地貌

线路区位于南秦岭东段山区①，北部为中低山，南部为低山丘陵和河谷阶地，地势总体北高南低，地形起伏较大，海拔在 650～1460m 之间，相对高差约 800m。地貌单元可划分为流水切割褶皱-断块中山地貌，流水侵蚀、剥蚀-断块低山地貌，剥蚀低山-丘陵地貌和河谷阶地地貌四种类型。

流水切割褶皱-断块中山地貌单元位于杨岩至下官坊段，山脊线连续，山坡多为陡坡，沟谷狭窄，多呈 V 形，局部呈 U 形，海拔 820～1460m，相对高差 350～500m；流水侵蚀、剥蚀-断块低山地貌单元位于下官坊至王家坪段，山坡多为陡坡和中坡，沟谷较狭窄，多呈 U 形，海拔 680～1300m，相对高差 280～350m；剥蚀低山-丘陵地貌单元位于王家坪至高家村段，山岭低缓，山坡多为缓坡，沟谷呈 U 形，海拔 670～880m，相对高差 110～220m；河谷阶地地貌单元位于高家村至赵家村段，地形开阔平缓，河床较宽，一、二级阶地发育，海拔 650～780m，相对高差 20～30m。

2. 地质、地震、气候、水文等自然地理特征

1）地层岩性②

路线区出露第四系全新统、上更新统、中更新统，第三系下统山阳组，泥盆系上统桐峪释寺组、下统青石垭组和池沟组、牛耳川组地层。

2）地质构造

线路区位于秦岭复合造山带中段南秦岭造山带构造单元，北侧为北秦岭造山带，两构造单元以黑山断裂为界，属南北秦岭造山带拼接段和南秦岭造山带内，褶皱、断裂发育，地质构造复杂。南秦岭造山带由新元古界耀领河岩组变质过度基底和震旦系-石炭系沉积盖层组成，基底为太古界。岩浆活动较发育，以海西期闪长岩、印支期花岗岩为主，为叠瓦式推覆-褶皱构造带。断裂构造以东西向为主，北西向、北东向次之，南北向局部发育。

线路区主要地质构造有东西纬向构造体系、南北向构造和山阳红盆地。

东西纬向构造体系是区域内主要构造，其次级构造单元包括三十里铺断褶带、庙咀子-扁石河断裂-岩浆岩带和西芦山-桐峪寺复式向斜，主要断裂有庙咀子-西牛槽（老）断裂带、庙咀子-扁石河断裂带、沙河湾-九台字断褶带、刘岭槽-黑山断裂带和碾盘村-晚阳沟断裂，主要褶皱有王庄-桐峪寺褶皱带和崔家沟-九岔沟褶皱带。

---

① 这是设计标段所处地区的总体描述，具体标段的情况应详见地形图。地形地貌严重影响线路平、纵、横断面设计以及桥隧布设工作，必须掌握清楚拟设计区域具体地形地貌以及关键节点。

② 水文地质、气候条件对铁路线位选择、路基填挖与边坡综合防治加固密切相关，在区段线路各分项设计工作中都需要加以考虑，如河流存在则需要架桥，而桥梁的净空高度受河流海拔及当地降水量的影响，可参照教材《铁路选线设计（第四版）》对铁路线位进行选择；气候条件中的温度是影响无缝线路轨道强度检算、稳定性分析时要重点考虑的影响因素，不同的极端气温将会导致不同的锁定轨温，从而对设计造成影响。

南北向构造主要位于路线区西侧，包括原子街-耳扒沟带、大圣岭-雷家沟断裂带、大圣岭-冯家沟断裂带和扫帚沟-韩家山沟向斜。

山阳红盆地位于山阳县河南北，盆地经喜山运动隆起，形成宽缓褶曲。

3）工程地质

该区属秦岭造山带，地质单元多，构造活动强烈，晚近构造作用，使秦岭山脉不断抬升，河谷切割加剧，地势陡峻，地貌类型复杂，岩体类型多样，稳定性差。由于自然条件差异，本区基岩区风化程度高，基岩表层破碎强烈，松散堆积层非常广泛，构成滑坡、泥石流等自然灾害多发区，并具有活动性强、频次高、危害大等特点。沿线的不良地质现象主要有崩塌、滑坡、泥石流、软弱地基等类型。

4）水文地质

线路区除下桃源 2 号隧道属丹江流域麻池河水系外，其余隧道属汉江流域金钱河水系，涉线的主要河流为麻池河、西河、甘河和县河，县河为金钱江支流，发源于山阳县鹘岭，由东向西汇聚桐木沟河、甘河、西河、峒峪河后，在色河铺附近与二峪河相汇，折而向南汇入金钱河。西河、甘河为县河支流，流向由北向南，次级支沟众多。中山区河道狭窄，比降较大，低山区河道较宽阔，比降较小；南段主要沿县河河谷布设，河床宽阔平缓，比降小。县河及麻池河、西河、甘河均常年流水，枯水期流量较小，丰水期流量较大，汛期流量骤增，易形成洪水灾害。

（1）地下水主要类型

本区地下水主要类型可分为以下 3 类：

潜水，为最发育类型之一，是形成地表水径流的主要来源，赋存状态与第四纪松散堆积层特征有关。基本埋深为 15～20m，本区第四纪松散堆积层分布相对较少，厚度一般不大于 20m，主要由冲积、洪积层、一级阶地和少部分高阶地（二级或二级以上阶地）、坡积、残坡积组成。富水性在冲、洪积层中最好，阶地次之，坡积、残坡积中较差。基岩中潜水多赋存在风化壳或破碎构造岩中，比土体的富水性要差。

上层滞水，成于各类基岩岩体和构造破碎岩体风化带中，属大气降水受局部隔水层所阻，停滞于不同岩体、土体及风化层中所形成。富水性受气候（降水）、地形地貌、岩性及构造发育程度等因素控制。富水性中等。

承压水，工作区主要表现为泉水，与区域断裂结构、裂隙、节理构造、顺层剪切构造等密切相关，埋深较潜水、上层滞水要深。发育于山地断裂破碎带中的众多泉水，均属承压水。另外花岗质岩石、变质火山岩中的裂隙水也可形成承压水。承压水活动可导致岩体溶解、蚀变、风化及组构上的变化，造成岩体类别降低，形成软体岩石而不稳定。

（2）地下水补给、径流和排泄

路段内地下水主要流经于地表河道，主要补给源为大气降水，水体的丰沛和枯萎与大气降水的多寡成正比。

本路段位于秦岭南坡，水系的分布走向基本取向南北，地表水流向自北向南，地下水总体径流方向呈东北向西南流入金钱河，再归入汉江。地表水接受了大量大气降水后由地表快速下渗到岩层空隙和裂隙，沿裂隙和层隙自高向低排入河谷，后以泉水（多以下降泉）形式排出。

受补、径、排条件的综合控制，路段内基岩裸露，剥蚀和切割强烈，地下水的化学成分复杂多变。由于区内地形较陡，水力坡度大，地下水径流流程较短，水交换循环迅速，溶滤作用强烈，矿化作用相对微弱，致使区内出现单一低矿化度的重碳酸钙（$CaHCO_3$）型水。其次为重碳酸钙型和碳酸氢钠（HCO_3-Na）、钙型水（HCO_3-Na・Ca）形成低矿化度（≤1）的淡水资源。除上述类型水化学成分外，还有 HCO_3 ・SO_4-Ca・Mg 型、HCO_3 ・SO_4-Ca・Na 型。

5）地震

本区处于我国大陆地壳内古板块地体拼接的地带。有记录的地震活动，一般都与活动断裂，特别是形成并控制盆地的地体拼合带继承性活动断裂相关。

据陕西活动性断裂与地震震中分布图（1980）显示，区内规模较大的活动性断裂有7条（F1-F7），走向主要呈东西和北西西向，属板块边界和区域性深大断裂带，新生代以来有明显活动。这些断裂带与主干断裂的截切部位是潜在地震的多发区。地震灾害对该段铁路建设和防护影响不大，但不能忽视活动断裂带及其所造成的岩石破碎和诱发的其他地质灾害。

6）气象

路线地处山区，气候垂直变化较大，区内河谷年平均气温11～14℃，一月平均气温0.5℃，七月平均气温25.6℃，极端最高气温37.1～40.8℃，极端最低气温－12.1～18℃，年平均降雨量750～850mm，50％的降水集中于七、八、九三个月，夏多暴雨，间有春、伏旱，秋有连阴雨。山区气温相对河谷区较低。

7）水文

本项目区域属于汉水流域，区内一级支流水系为乾佑河、金钱河和丹江，大部分河段弯度较大，落差明显，省内金钱河年平均流量37.1m^3/s，最大洪峰量2040m^3/s，最小枯水流量3.26m^3/s。

路线沿线河流主要有南秦河、赤水峪、西河和县河。南秦河年平均流量49.6m^3/s，最大洪峰量1790.2m^3/s，最小枯水流量13.7m^3/s；赤水峪年平均流量8.3m^3/s，最大洪峰量299.2m^3/s，最小枯水流量2.3m^3/s；西河年平均流量31.2m^3/s，最大洪峰量866.6m^3/s，最小枯水流量9.4m^3/s；县河年平均流量66.7m^3/s，最大洪峰量1856.4m^3/s，最小枯水流量20.1m^3/s。

6.2.2 设计基本参数①

（1）铁路等级：Ⅱ级客货共运铁路。

（2）正线数目：单线线路。

（3）设计车速：100km/h。

（4）到发线有效长度：850m。

（5）闭塞方式：半自动闭塞方式。

（6）牵引类型：电力机车牵引，SS3型。

（7）运量资料（重车方向）：12Mt。

---

① 根据所给的原始资料，参照《铁路线路设计规范》TB 10098—2017进行选取，首先根据所给的客货运量依据《铁路线路设计规范》TB 10098—2017条文3.0.2确定铁路等级，根据选定的铁路等级依据《铁路线路设计规范》TB 10098—2017表3.0.3选择合适的设计速度，依据《铁路线路设计规范》TB 10098—2017条文3.0.6选择到发线有效长度，其余参数均为原始资料。

（8）抗震设防烈度：工程区域抗震设防烈度为 6 度。

（9）地基资料：设计区段内地基为弱风化软质岩，无软土地基。

（10）轨道资料：①钢轨条件：60kg/m 新钢轨，钢轨垂直磨耗量 0mm；②轨枕条件：Ⅲ型混凝土轨枕。

6.2.3 设计依据①

《铁路线路设计规范》TB 10098—2017；

《铁路工程图形符号标准》TB/T 10059—2015；

《铁路工程制图标准》TB/T 10058—2015；

《铁路工程基本术语标准》GB/T 50262—2013；

《铁路车站及枢纽设计规范》TB 10099—2017；

《列车牵引计算 第 1 部分：机车牵引式列车》TB/T 1407.1—2018；

《单线铁路区间通过能力计算方法》TB/T 2110—1990；

《铁路工程抗震设计规范》GB 50111—2006；

《铁路路基设计规范》TB 10001—2016；

《铁路特殊路基设计规范》TB 10035—2018；

《铁路路基支挡结构设计规范》TB 10025—2019；

《铁路路基工程施工质量验收标准》TB 10414—2018；

《铁路轨道设计规范》TB 10082—2017；

《铁路无缝线路设计规范》TB 10015—2012；

《铁路桥涵设计规范》TB 10002—2017；

《铁路桥涵混凝土结构设计规范》TB 10092—2017；

《铁路给水排水设计规范》TB 10010—2016。

6.3 铁路线路设计

6.3.1 牵引质量及列车资料计算②

1. 牵引质量计算

本设计中采用的机车（以为韶山 3 型机车为例），牵引种类为电力牵引。依据《列车牵引计算 第 1 部分：机车牵引式列车》TB/T 1407.1—2018 条文 3.1.1，电力牵引的 SS3 型机车的机车运行单位基本阻力采用下式计算：

$$\omega_0' = 2.25 + 0.00190v + 0.000320v^2 \tag{6-1}$$

依据《列车牵引计算 第 1 部分：机车牵引式列车》TB/T 1407.1—2018 条文 3.3，货车重车运行单位基本阻力由下式计算：

$$\omega_0'' = 0.92 + 0.0048v + 0.000125v^2 \tag{6-2}$$

① 根据实际设计需要进行罗列，但采用标准、规范、规程等必须是最新颁布的有效版本。

② 计算过程各参数按照《列车牵引计算 第 1 部分：机车牵引式列车》TB/T 1407.1—2018 选值。

依据《列车牵引计算 第1部分：机车牵引式列车》TB/T 1407.1—2018 条文 7.1.1 进行列车牵引质量计算，列车在限制坡道上以机车计算速度等速运行时的牵引质量由下式计算：

$$G=\frac{F_J \cdot \lambda_y - P(\omega_0' + i_x) \cdot g \cdot 10^{-3}}{(\omega''_0 + i_x) \cdot g \cdot 10^{-3}} \tag{6-3}$$

式中 G——牵引质量（t），取10t的整数；

F_J——机车计算牵引力，查《列车牵引计算 第1部分：机车牵引式列车》TB/T 1407.1—2018 表 10；

λ_y——机车牵引力使用系数，取0.9；

P——机车计算质量（t），查《列车牵引计算 第1部分：机车牵引式列车》TB/T 1407.1—2018 表 10；

ω_0'、ω_0''——计算速度下机车、车辆运行单位基本阻力（N/kN）；

v——运行速度（km/h），查《列车牵引计算 第1部分：机车牵引式列车》TB/T 1407.1—2018 表 10；

i_x——限制坡度（‰），查《铁路线路设计规范》TB 10098—2017 表 6.4.1；

g——重力加速度（m/s^2），取9.81。

2. 起动、到发线有效长度检算

1）起动检算

依据《列车牵引计算 第1部分：机车牵引式列车》TB/T 1407.1—2018 条文 11.2，列车牵引质量受起动条件影响的计算公式如下：

$$G_q=\frac{F_q\lambda_y - P(\omega_q' + i_q)g \cdot 10^{-3}}{(\omega_q'' + i_q)g \cdot 10^{-3}} \tag{6-4}$$

$$G_q > G$$

式中 G_q——受起动条件限制的牵引质量（t）；

F_q——机车计算起动牵引力（kN），查《列车牵引计算 第1部分：机车牵引式列车》TB/T 1407.1—2018 表 10 可知，F_q 取470kN；

ω_q'——机车起动单位基本阻力（N/kN），取5N/kN；

ω_q''——货车起动单位基本阻力（N/kN），取3.5N/kN；

i_q——起动地段加算坡度（‰）。

由上式计算可知计算出的牵引质量满足起动检算。

2）到发线有效长度检算

到发线有效长度对牵引质量的检算可由下式进行检算：

$$G_{yx}=(L_{yx}-L_a-N_J L_J)\times q \tag{6-5}$$

式中 G_{yx}——受到发线长度影响的牵引质量（t）；

L_a——安全距离（m），一般取30m；

L_{yx}——到发线有效长度（m）；

L_J——机车长度（m），查《列车牵引计算 第1部分：机车牵引式列车》TB/T 1407.1—2018 表 10；

N_J——列车中机车台数；

q——列车延米质量（t/m）。

判断牵引质量是否受到发线有效长度的限制。

3. 牵引定数的确定

根据计算结果，取其中最小值为牵引定数。

4. 列车长度、牵引净重、列车编挂辆数

列车长度：

$$L_L = L_J + \frac{G}{q} \tag{6-6}$$

牵引净重：

$$G_J = K_J \tag{6-7}$$

列车编挂辆数：

$$n = \frac{G}{q_p} = \text{取整} \tag{6-8}$$

式中 L_L——货物列车长度（m）；

G——牵引定数（t）；

G_J——货物列车牵引净重（t）；

K_J——货车净载系数，取 0.72；

n——货物列车牵引辆数；

q_p——每辆货车平均总质量（t），取 78.998t。

6.3.2 方案比选

1. 车站选择[①]

车站是有配线的分界点。客货共线铁路的车站在选择时，应尽量靠近较大城镇和工矿企业所在地；客货共线铁路的车站应设在地形平坦、地质条件较好、少占农田、便于三废的处理和水源、电源较为方便的地点。毕业设计应结合地形图和相关资料，对车站位置进行合理选择，并给出相应理由。

2. 沿线地形地貌概述

车站位置确定后，应认真分析站间地形地貌、水文地质等，确定线路关键控制节点。

3. 方案比选[②]

从线路技术指标、控制性工程数量及技术难度、经济性、环保、水文地质等方面量化阐述各方案，并给出最优方案。

6.3.3 选定方案定线说明

1. 定线原则[③]

1）紧坡地段定线原则

紧坡地段是指采用的最大坡度小于或等于地面平均自然坡度，线路不仅受平面障碍的

① 毕业设计应结合地形图和相关资料，对车站位置进行合理选择，并给出相应理由。

② 本章节重要内容，拟订方案应 2 个及以上；比选角度从线路技术指标、控制性工程数量及技术难度、经济性、环保、水文地质等方面量化阐述各方案，并给出最优方案。

③ 参考《铁路选线设计（第四版）》（易思蓉主编）相关教材，结合设计实际工况，遴选并罗列设计原则，指导本部分设计。

限制，更要受高程障碍控制的地段。

紧坡地段通常应用足最大坡度定线，以便争取高度使线路不至于额外展长。当线路遇到巨大高程障碍（如跨越分水岭）时，若按短直方向定线，就不能达到预定的高度，或出现很长的越岭隧道。为使线路达到预定高度，需要用足最大坡度结合地形展长线路。

在展线地段定线时，应注意结合地形、地质等自然条件，在坡度设计上适当留有余地。展线地段若无特殊原因，一般不采用反向坡度，以免增大克服高度引起的线路不必要的展长。

在紧坡地段定线，一般应从困难地段向平易地段引线。个别情况下，当受山脚的控制点控制时，也可由山脚向垭口定线。

2）缓坡地段定线原则

缓坡地段是指采用的最大设计坡度大于地面平均自然坡度，线路不受高程障碍限制的地段。

在缓坡地段，地形平易，定线是可以航空线为主导方向，既要力争线路顺直，又要节省工程投资，因此应注意以下几点：

（1）为了避免障碍而使线路偏离短直方向时，必须尽早绕避前方障碍。

（2）线路绕避山嘴、跨越沟谷或其他障碍时，必须使曲线正交点正对主要障碍物，使障碍物在曲线的内侧并使其偏角最小。

（3）设置曲线必须是确有障碍存在，曲线半径应结合地形尽量采用大半径。

（4）坡段长度最好不小于列车长度，应尽量采用下坡无须制动的坡度。

（5）力争减少总的拔起高度，单绕避高程障碍而导致线路延长时，则应认真比选。

（6）车站的设置应不偏离线路的短直方向，并争取把车站设在凸形地段。

2. 平面设计

1）平面设计技术指标表

本设计中的平面设计的主要指标见表 6-1。

平面设计技术指标表①　　**表 6-1**

项目	单位	线路指标
正线线路总长	km	15.77
曲线个数	个	4
曲线线路延长	km	0.68
曲线占线路总长比例	%	14.70
最大曲线半径	m	1500
最小曲线半径	m	1000

2）平面曲线要素计算②

平面曲线的选择主要分为圆曲线曲线要素的计算、缓和曲线长度的计算以及曲线位置的确定。

① 本表技术指标应根据已经确定的设计速度进行相应查询。

② 参考《铁路线路设计规范》TB 10098—2017，根据选用的设计速度，曲线半径及缓和曲线长度进行计算。

(1) 圆曲线曲线要素计算

依据《铁路线路设计规范》TB 10098—2017 中表 5.4.1 平面最小曲线半径中规定，本设计中以 1000m 为圆曲线最小半径，进行圆曲线直径的选取及计算。

圆曲线的曲线要素计算表达式如下：

$$T_y = R \times \tan\frac{\alpha}{2} \tag{6-9}$$

$$L_y = \frac{\pi \times \alpha \times R}{180} \tag{6-10}$$

$$E_y = R \times \left(\sec\frac{\alpha}{2} - 1\right) \tag{6-11}$$

式中 T_y——圆曲线切线长（m）；

R——圆曲线半径（m）；

α——偏角（°）；

L_y——圆曲线长（m）；

E_y——圆曲线外矢距（m）。

利用以上三式计算得到的圆曲线要素如表 6-2 所示。

圆曲线要素表 **表 6-2**

交点编号	曲线半径(m)	曲线偏角	圆曲线长度(m)	圆曲线切线长(m)	圆曲线外矢距(m)
JD1	1000	37°57′12″	562.41	374.01	57.9
JD2	1500	18°31′16″	404.89	284.60	20.0
JD3	1200	25°5′19″	403.57	285.15	25.0
JD4	1200	16°34′25″	267.12	214.81	12.9

(2) 缓和曲线长度计算

依据《铁路线路设计规范》TB 10098—2017 中表 5.4.3-1 缓和曲线长度表，进行本设计中最小缓和曲线长度的选取。选取的缓和曲线要素如表 6-3 所示。

缓和曲线要素表 **表 6-3**

交点编号	曲线半径(m)	曲线偏角	缓和曲线长度(m)	平面曲线长度(m)	圆曲线切线长(m)
JD1	1000	37°57′12″	100	762.41	374.01
JD2	1500	18°31′16″	80	564.89	284.60
JD3	1200	25°5′19″	80	563.57	285.15
JD4	1200	16°34′25″	80	427.12	214.81

(3) 曲线位置的确定

直缓点（ZH）的里程桩号可以在平面图中直接测量得到，缓直点（HZ）、圆缓点（YH）、缓圆点（HY）的里程桩号可以由下式计算得到：

$$\text{HZ 里程} = \text{ZH 里程} + L \tag{6-12}$$

$$\text{HY 里程} = \text{ZH 里程} + l_0 \tag{6-13}$$

$$\text{YH 里程} = \text{HZ 里程} - l_0 \tag{6-14}$$

式中 L——平面曲线长度（m）；

l_0——缓和曲线长度（m）。

利用上述3式进行计算可得曲线汇总表见表6-4。

曲线位置汇总表 **表6-4**

交点编号	起终点里程	曲线要素
JD1	ZH：DK5+98.10 HZ：DK5+860.51	$\alpha=37°57'12''$，$R=1000m$，$l=100m$ $T=374.01m$，$L=762.41m$
JD2	ZH：DK8+128.73 HZ：DK8+693.62	$\alpha=18°31'16''$，$R=1500m$，$l=80m$ $T=284.60m$，$L=564.89m$
JD3	ZH：DK9+733.86 HZ：DK10+297.43	$\alpha=23°5'19''$，$R=1200m$，$l=80m$ $T=285.15m$，$L=563.57m$
JD4	ZH：DK12+794.19 HZ：DK13+221.31	$\alpha=16°34'25''$，$R=1200m$，$l=80m$ $T=214.81m$，$L=427.12m$

3）曲线超高设计①

曲线超高是指列车在圆曲线上行驶时，受横向力或离心力作用会产生滑移，为抵消车辆在圆曲线上行驶时所产生的离心力，保证列车能安全、稳定、满足设计速度和经济、舒适地通过圆曲线，在该路段横断面上设置的外侧高于内侧的单向横坡。

曲线外轨顶面与内轨顶面的水平高度之差称为曲线超高。实际中，曲线外轨设计超高是根据平均速度确定的，而平均速度取各次列车的均方根速度，均方根速度可由下式计算确定：

$$V_{JF}=\beta V_{max} \tag{6-15}$$

式中 V_{max}——通过曲线的最大行车速度（km/h）；

β——速度系数，在客货共线铁路上总是小于1；根据我国运营统计资料，一般地段取0.8。

在均方根速度下，对于标准轨距铁路，超高值为：

$$h=11.8\frac{V_{JF}^2}{R} \tag{6-16}$$

欠超高值为：

$$h_q=11.8\frac{V_{max}^2}{R}-h \tag{6-17}$$

过超高值为：

$$h_g=h-11.8\frac{V_{min}^2}{R} \tag{6-18}$$

按照《铁路线路设计规范》TB 10098—2017规定，确定超过顺坡率、超过过渡方法等。曲线超高值详见表6-5。

① 依据《铁路线路设计规范》TB 10098—2017，根据选用的设计速度，曲线半径进行计算。

曲线超高过渡表（因篇幅原因只显示部分）　表 6-5

曲线位置	曲线超高值(mm)	备注
DK5+98.10	0	ZH
DK5+198.10/DK5+760.51	80	圆曲线
DK5+860.51	0	HZ

4）里程逐桩坐标表

计算各整桩及特殊控制点程桩的坐标详见表 6-6。

里程逐桩坐标表①（因篇幅原因只显示部分）　表 6-6

里程桩号	坐标		备注
	N(X)	E(Y)	
DK0+000	3704160.911	497052.6908	起点
DK0+100	3704158.737	497062.4516	
DK1+602.20	3704125.403	497211.310	桥梁 1 起点
DK4+657.80	3704059.264	497507.5043	桥梁 1 终点
DK5+098.10	3704050.075	497550.3064	ZH
K5+198.10	3704048.064	497560.101	HY
DK5+200	3704048.032	497560.2887	
DK5+760.51	3704054.27	497615.2558	YH
DK5+860.51	3704058.407	497624.3586	HZ
DK6+530	3704086.640	497685.0358	桥梁 2 起点
DK15+770.93	3704400.865	498543.3583	终点

3. 纵断面设计

1）设计原则②

本节主要介绍纵断面设计中最大坡度的折减方法。

客货共线铁路，当平面上出现曲线和遇到长度大于 400m 的隧道时，附加阻力增大、黏着系数降低。在需要用足最大坡度（包括限制坡与加力牵引坡度）的地段，如果纵断面的加算坡度超过最大坡度，则按限制坡度计算的牵引吨数的货物列车，在该设计坡度的持续上坡道上，最终会以低于计算速度的速度运行，发生运缓事故，甚至造成途停，这是不允许的。所以线路纵断面设计坡度值加上曲线和隧道附加阻力的换算坡度值，不能大于最大坡度值。为此，纵断面设计时，需将最大坡度值减缓，以保证普通货物列车以不低于计算速度或规定速度通过该地。

（1）曲线地段的折减

① 两圆曲线间不小于 200m 的直线段，可设计为一个坡段，不予减缓，按最大坡度设计。

---

① 除了常规间隔的桩号坐标列出之外，需要列出特殊点桩号及坐标，如果有重要关注桩号，坐标也应该一并列出。

② 参考《铁路选线设计（第四版）》（易思蓉主编）相关教材，结合设计实际工况，遴选并罗列设计原则，指导本部分设计。

② 长度不小于货物列车长度的圆曲线，可设计为一个坡段，曲线阻力的坡度减缓值为 $\Delta i_{\mathrm{R}}=\frac{600}{R}$（‰）。

③ 长度小于货物列车长度的圆曲线，设计为一个坡段，曲线阻力的坡度减缓值为 $\Delta i_{\mathrm{R}}=\frac{10.5\alpha}{L_{\mathrm{i}}}$（‰）。

④ 若连续有一个以上长度小于货物列车长度的圆曲线，其间直线段长度小于 200m，可将小于 200m 的直线段分开，并入两端曲线进行减缓，也可将两条曲线合并折减，减缓坡段长度不宜大于货物列车长度。

⑤ 当一个曲线位于两个坡段上时，每个坡段上分配的曲线转角度数，应按两个坡段上曲线长度的比例计算，相应的曲线坡度减缓值，按分配的曲线转角计算。

（2）隧道地段的折减

位于长大坡道上且隧道长度大于 400m 的地段，最大坡度应进行折减。

2）线路纵断面设计概述

从起点 A 站出发后，向南经一片耕地后到丹江北岸，在此设计过程中，为保证河流 6 级通航净空要求，因此从一开始采用 2‰的坡度上坡，之后跨过丹江以及国道 G206。为保证填挖平衡，采用 1‰的坡度上坡，并保证能以合适的高度通过私冒沟。最后为保证列车的牵引与制动方便采用平坡至终点 B 站。

3）纵断面主要技术指标计算

（1）纵断面设计主要技术指标表

本设计中纵断面主要的技术指标见表 6-7。

纵断面设计主要技术指标表① **表 6-7**

项目	单位	指标
全线坡段总数	个	3
最大坡度地段长度	km	6
最大坡度地段占线路总长比例	%	38.04
有害坡地段（i>6‰）长度	km	0
有害坡地段占线路总长比例	%	0

（2）竖曲线计算

在进行竖曲线设计时，应考虑是否要设置竖曲线。综合考虑各项因素，并参考国内外研究与实践，我国规定各级铁路需设置竖曲线的条件为：设计速度为 160km/h 及以上的区段，按相邻坡段的坡度差 $\Delta i \geqslant 1$‰时，设置竖曲线；设计速度小于 160km/h 的区段，按相邻坡段坡度差Ⅰ、Ⅱ级铁路 $\Delta i \geqslant 3$‰，Ⅲ级铁路 $\Delta i \geqslant 4$‰时设置竖曲线。而在本设计为设计速度小于 160km/h 的Ⅱ级铁路，并且相邻坡段的坡度差 $\Delta i \leqslant 3$‰，故不设置竖曲线。

（3）纵断面桥隧汇总表

依据纵断面设计的桥隧汇总表如表 6-8 所示。

---

① 本表技术指标应根据设计的纵断面图进行填入，其中设计过程中的设计坡度依据《铁路线路设计规范》TB 10098—2017 表 6.4.1 进行选取。

桥隧汇总表 表 6-8

中心里程	结构形式
DK3+175.00	3050m 钢桁连拱特大桥
DK6+915.00	770m 下承式简支钢桁梁特大桥
DK7+875.00	350m 下承式简支钢桁梁大桥

(4) 里程逐桩高程表

里程逐桩高程，详见表 6-9。

里程逐桩高程表①（因篇幅原因只显示部分） 表 6-9

里程桩号	地面线高程(m)	设计高程(m)	填挖高度(m)(+填、-挖)	设计纵坡(‰)	备注
DK0+000	400.52	405.00	4.48	2	
DK1+602.20	398.98	408.20		2	桥
DK1+800	399.07	408.60		2	桥
DK6+100	426.49	417.10	-9.39	1	
DK11+100	434.27	422.00	-12.27	0	
DK15+770.93	420.45	422.00	1.55	0	

6.3.4 站间输送能力检算②

1. 走行时分计算

列车在区间的速度和运行时分是铁路的重要运行指标之一，也是评价线路优劣及估算运营支出的一项重要指标。解算列车运行速度及运行时分的方法，实际上就是结合线路情况解算列车运动方程式。单位合力图是解算列车运动方程式的基础，本设计在进行走行时分计算时采用的方法是均衡速度法。

2. 单位合力图

坡道、曲线等阻力值不与速度成函数关系，而且因地而异。所以在绘制合力曲线时，应先按列车在平旷直道上的运行进行考虑，暂不计入坡道、曲线等附加阻力。

下坡限速采用下式计算：

$$V_x = 85 + 0.8i\,(\mathrm{km/h}) \tag{6-19}$$

按一定比例绘制的单位合力曲线图如图 6-1 所示。取纵轴为速度轴，横轴为单位合力轴，原点左侧为正，右侧为负。按式（6-19）规定绘出限速线。

1）均衡速度的确定

在合力曲线图上，速度轴与各工况 $c=f(V)$ 曲线相交处单位合力 $c=0$，这时列车就

① 除了常规间隔桩号之外，特殊点桩号高程数据也应该列出，另外，结构物段填挖高度为无。

② 绘制单位合理曲线图，采用均衡速度法计算 AB 站间走行时分计算表，确定站间往走行时分 t_W 和站间返走行时分 t_F，根据闭塞方式查表选择对向列车不同时到达间隔时分 t_B 和车站会车间隔时分 t_H，电力牵引日均综合维修天窗时间取 90min。

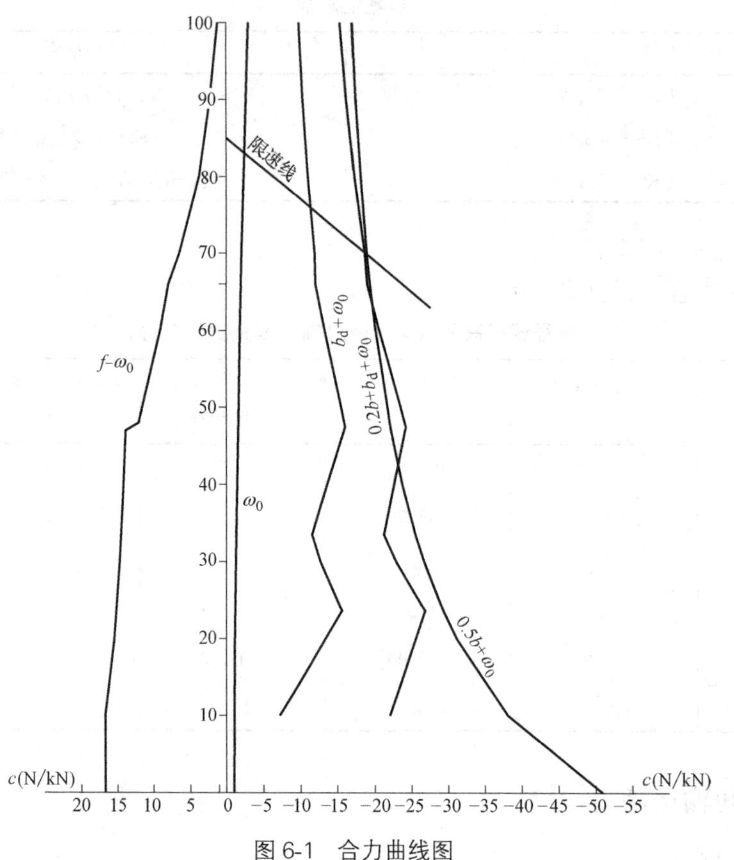

图 6-1 合力曲线图

以该点所对应的速度作等速运行，该速度称为均衡速度。线路状况不同（即加算坡道 i 不同），则均衡速度不同。机车操作工况不同，均衡速度也不同。使用时，先算出 i_j，根据 i_j 的正负将速度轴向左或向右移动 i_j，此时速度轴与单位合力曲线或限速线的交点即为对应坡道上的均衡速度或限制速度。

2）均衡速度法计算走行时分

均衡速度法是假定列车在每一个坡道上运行时，不论坡道长短，也不论进入坡段时的初速度高低，都按坡道的均衡速度或限制速度作为等速运行考虑。按这样的速度来计算列车运行时分的方法称为均衡速度法。根据这一假定，第 i 坡道上的行车时分可由下式计算：

$$\text{上坡:} t_{iL}=\frac{60L_i}{V_{jh}}(\text{min}) \tag{6-20}$$

$$\text{下坡:} t_{iL}=\frac{60L_i}{V_x}(\text{min}) \tag{6-21}$$

式中 L_i——第 i 坡段的长度（km）；

V_{jh}、V_x——第 i 坡道上的均衡速度、限制速度（km/h），可以在合力曲线图上确定；

t_{iL}——第 i 坡道上走行时分（min）。

依据以上公式及合力曲线图计算如表 6-10 所示。

行车时分计算表 **表 6-10**

方向	坡段长度（km）	设计坡度 i(‰)	曲线当量坡度 i_R(‰)	隧道当量坡度 i_s(‰)	计算坡度 i_j(‰)	均衡速度（限制速度）(km/h)	每公里走行时分(min/km)	该坡道走行时分(min)
1	2	3	4	5	6	7	8	9
A→B	5.0981	2	0	0	2	86.60	0.693	3.532
	0.7624	2	0.523	0	2.523	87.00	0.690	0.526
	0.1395	2	0	0	2	86.60	0.693	0.097
	2.1287	1	0	0	1	85.80	0.699	1.489
	0.5649	1	0.344	0	1.344	86.00	0.698	0.394
$\sum t_{iL}=$—min								
B→A	2.5496	0	0	0	0	85.00	0.706	1.800
	0.4271	0	0.407	0	0.407	85.30	0.703	0.300
	1.7942	0	0	0	0	85.00	0.706	1.266
	0.7026	−1	0	0	−1	84.20	0.713	0.501
$\sum t_{iL}=$—min								

表 6-10 中：

第 4 栏的曲线当量坡度可由下式计算：

$$i_R=\frac{10.5\sum\alpha}{L_i}(‰) \tag{6-22}$$

式中 $\sum\alpha$——化简坡段内曲线转角和（°）；

i_R——曲线当量坡度（‰），恒为正值。

第 5 栏的隧道当量坡度可有下式计算：

$$i_s=\frac{\sum(w_s\times l_s)_i}{L_i}(‰) \tag{6-23}$$

式中 $\sum(w_s\times l_s)_i$——化简坡段范围内，各隧道的单位空气附加阻力及其隧道长度乘积之和；

i_s——隧道当量坡度（‰），恒为正值。

3. 通过能力计算

在计算通过能力时，列车按一个方向起停，另一个方向通过考虑，而均衡速度法计算的行车时分是按双方向通过计算的。因此，计算运行图周期时，还应加上起停附加时分。本设计中 A、B 两站均为中间站，按一个方向停车，一个方向起动考虑，故列车往返走行时分为：

$$t_W=t_{A\text{-}B}=\sum t_{iL}+t_q+t_t \tag{6-24}$$

$$t_F=t_{B\text{-}A}=\sum t_{iL}+t_q+t_t \tag{6-25}$$

依据《单线铁路区间通过能力计算方法》TB/T 2110—1990 规定，区间通过能力采用下式计算：

$$N=\frac{1440-T_T}{t_W+t_F+t_B+t_H} \tag{6-26}$$

$$N_{PT}=\frac{N}{1+\alpha}-(N_K\times\varepsilon_K+N_{KH}\times\varepsilon_{KH}+N_L\times\varepsilon_L+N_Z\times\varepsilon_Z) \tag{6-27}$$

$$N_H=N_{PT}+N_{KH}\times\mu_{KH}+N_L\times\mu_L+N_Z\times\mu_Z \tag{6-28}$$

式中 t_W、t_F——站间往返走行时分（min）；

t_q、t_t——起、停车附加时分，一般客货共线铁路电力牵引时取 $t_q=1.3\text{min}$，$t_t=1.2\text{min}$；

N——通过能力（对/d）；

1440——每一昼夜的分钟数；

T_T——日均综合维修“天窗”时间（min），电力牵引取 90min；

t_B——对向列车不同时到达的间隔时分（min）；

t_H——车站会车间隔时分（min）；

N_{PT}、N_K、N_{KH}、N_L、N_Z——普通货物、旅客、快运货物、零担、摘挂列车对数（对/d）；

α——通过能力储备系数，单线为 0.2；

ε_K、ε_{KH}、ε_L、ε_Z——旅客、快货、零担、摘挂列车的扣除系数，查相关规定可知，旅客列车的扣除系数为 1.1～1.3，快货列车的扣除系数为 1.2，零担列车的扣除系数为 1.5～2.0，摘挂列车的扣除系数为 1.3～1.5；

N_H——折算的普通货物列车对数（对/d）；

μ_{KH}、μ_L、μ_Z——快货、零担、摘挂列车的满轴系数，一般取 $\mu_{KH}=0.75$、$\mu_L=0.5$、$\mu_Z=0.75$。

4. 输送能力检算

输送能力：

$$C=\frac{365N_H\times G_j}{10^6\beta}+n \tag{6-29}$$

$$C>12\text{Mt/a}$$

式中 N_H——折算的普通货物列车对数（对/d）；

G_j——普通货物列车净载（t）；

β——货运波动系数，由经济调查确定；

n——客运列车折算的货运量，一辆列车折算为 1Mt 货物。

满足Ⅱ级铁路输送能力要求，并且可以满足本地区重车方向的货运量要求，并且有一定量的富余。

6.4 铁路路基设计

铁路路基是铁路线路的重要组成部分，是为满足轨道铺设和运营条件而修建的土工结构物。路基必须保证轨顶所需的标高，与桥梁、隧道连接，组成完整贯通的铁路线路。经统计本线路中有 11.15km 路段需要设置路基，其中路堤占 30.27%，路堑占 69.73%。

6.4.1 路基本体[①]

路基本体工程是直接铺设轨道结构并承受列车荷载的部分，是路基工程的主体建筑物。路基本体工程包括路基面、路肩、边坡、基床、基床下部及地基等。

1. 路基面构筑要求、形状和宽度

1）路基面构筑要求[②]

在路基本体中，路基面是为使轨道能按线路设计要求铺设和在线路运营中能保持良好状态而构筑的工作面，因此，路基面的构造应满足以下条件：

（1）路基面的高程应使轨面标高和线路纵断面设计要求相一致，当路基面的高程可因路基面以下土体压密等出现变化时，应先做好加大路基面宽度等的预处理工作，以便用加厚道床的措施保持轨面标高不变。

（2）路基面的宽度，除了应满足轨道铺设的要求外，还应按路基面以下土体稳固、线路养护、设置线路标志、通信、电力设施和其他需要而决定。

（3）路基面形状应便于轨道的铺设与养护，由于大气降水在路基面上积聚下渗和流动，会使路基性状不良，因此路基面的形状应有利于排水。

2）路基面形状[③]

根据《铁路路基设计规范》TB 10001—2016 中 3.2.1 条规定，本设计为有砟轨道，路基面形状采用三角形，两侧横向排水坡采用 4%。

3）路基面宽度[④]

区间单线铁路路基面宽度由铺设轨道部分和路肩组成。区间路基面宽度应根据铁路等级、正线数目、线间距、远期采用的轨道类型、路基面形状、曲线加宽、路肩宽度等计算确定。

（1）路肩宽度

路肩是指在路基面上未被道床覆盖的那部分。依据《铁路路基设计规范》TB 10001—2016 条文 3.2.1，客货共线铁路设计速度 200km/h 以下铁路路肩宽度不应小于 0.8m。本设计中路肩宽度 1.35m。

（2）直线地段路基面宽度

根据已知条件：Ⅱ级单线铁路，重型轨（无缝线路，60kg/m 轨），轨枕采用Ⅲ型混

---

① 路基设计的重点部分，路基面的构筑要求、形状和宽度；路基基床结构；路基填料选择和压实；路堤和路堑边坡的稳定性检算；过渡段设计（包括路基与桥梁过渡段、路基与横向构筑物过渡段设计、路堤与路堑过渡段、路基与隧道过渡段）。

② 参考相关教材《铁路路基工程》（宫全美主编），结合设计实际工况，遴选并罗列构筑要求，指导本部分设计。

③ 参考《铁路路基设计规范》TB 10001—2016 3.2 节。路基面形状设置应符合下列规定：（1）有砟轨道路基面形状应设计为三角形，两侧横向排水坡不宜小于 4%。（2）无砟轨道支承层（或底座）底部范围内路基面可水平设置，支承层（或底座）外侧路基面应设置不小于 4%的横向排水坡。

④ 参考《铁路路基设计规范》TB 10001—2016 3.2 节。有砟轨道两侧路肩宽度应根据设计速度、边坡稳定、养护维修、路肩上设备设置要求等条件综合确定，并符合下列规定：（1）客货共线设计速度 200km/h 铁路不应小于 1.0m、设计速度 200km/h 以下铁路不应小于 0.8m。（2）高速铁路双线不应小于 1.4m，单线不应小于 1.5m。（3）城际铁路不应小于 0.8m。（4）重载铁路路堤不应小于 1.0m，路堑不应小于 0.8m。

凝土枕，旅客列车设计行车速度100km/h，采用单层道床结构。查《铁路路基设计规范》TB 10001—2016 中表 3.2.5-1 客货共线电气化铁路直线地段标准宽度表，可取道床顶面宽度 3.4m，道床厚度取 0.30m，路基面宽度为 8.1m。

（3）曲线地段路基面宽度

在曲线地段，因线路的外轨设有超高，道床加厚，道床坡脚外移，因此在曲线外侧的路基宽度宜随超高的不同而相应加宽才能保证路肩所需的宽度标准，曲线外侧路基面的加宽量应在缓和曲线范围内向直线递减。

查《铁路路基设计规范》TB 10001—2016 中表 3.2.7-1 客货共线铁路曲线地段路基加宽值得本设计中用到的加宽值如表 6-11 所示。加宽值在缓和曲线范围内线性递减。

客货共线铁路曲线地段路基面加宽值 **表 6-11**

铁路等级	设计速度(km/h)	曲线半径	路基面外侧加宽值(m)
Ⅱ级铁路	120	$800 \leqslant R < 1200$ $1200 \leqslant R < 1600$	0.4 0.3

本设计中曲线地段路基宽度详见表 6-12。

曲线地段路基面宽度（篇幅原因显示部分） **表 6-12**

起止里程桩号	曲线半径(m)	曲线类型	加宽值(m)	路基面宽度(m)
DK5+98.10 DK5+198.10	1000	缓和曲线	0～0.4	8.1～8.5 线性递增
DK5+198.10 DK5+760.51	1000	圆曲线	0.4	8.5
DK5+760.51 DK5+860.51	1000	缓和曲线	0.4～0	8.5～8.1 线性递减

2. 路基基床结构①

路基基床是指路肩高程以下、受列车荷载作用影响显著的上部结构。路基基床结构应由基床表层和基床底层构成。

1）路堤段基床结构

依据《铁路路基设计规范》TB 10001—2016 中表 6.2.2 常用路基基床结构厚度规定，本设计中基床表层厚度为 0.6m，基床底层厚度为 1.9m，路基基床总厚度为 2.5m。

2）路堑段基床结构

进行路堑段基床结构设计时，应根据场地工程地质情况分别选择不同的路基基床结构。进行路堑基床结构设计可将地质情况分为四类：土质（极软岩）、强风化软岩、弱风化软岩（强风化硬岩）、硬岩。前三种情况需要设置 0.6m 厚基床表层，基床底层可根据情况进行不同深度的换填；硬岩地基可设置 0.2m 碎石作为表层，也可以采用混凝土进行找平。

3）基床填料选择

（1）路堤基床填料选择

根据《铁路路基设计规范》TB 10001—2016 中表 6.3.1 基床表层填料选择标准和 6.3.2 基床底层填料选择标准可知本设计中基床可选择的填料见表 6-13。

---

① 参考《铁路路基设计规范》TB 10001—2016 第 6 章，路基基床结构应满足强度和变形的要求，保证其在列车荷载、降水、干湿循环及冻融循环等因素的影响下具有长期稳定性。

基床填料选择标准　　表 6-13

铁路等级及设计速度		位置	粒径限值	可选填料类别
客货共线铁路	≤120km/h	基床表层	≤100mm	优先选用砾石类、碎石类中的 A1、A2 组填料，其次为砾石类、碎石类及砂类土中的 B1、B2 组填料，有经验时可采用化学改良土
		基床底层	≤200mm	可选用砾石类、碎石类及砂类土中的 A、B、C1、C2 组填料或化学改良土

(2) 路堑段基床填料选择

根据《铁路路基设计规范》TB 10001—2016 中 6.4 节中的规定可知，土质、易风化的软质岩、强风化硬质岩路堑的基床表层填料选择与路堤段基床表层填料选择标准一致；基床底层填料的选择要保证基床底层的天然承载力不小于 150kPa，其他选择标准与路堤基床底层的选择标准一致。

4) 基床填料压实标准

(1) 基床表层填料压实标准

本设计选取的设计速度为 100km/h，根据《铁路路基设计规范》TB 10001—2016 中表 6.5.2 基床表层填料的压实标准可知依据设计速度为 120km/h 的铁路考虑基床表层的压实标准，基床表层填料压实标准见表 6-14。

基床表层填料压实标准　　表 6-14

铁路等级及设计速度		填料		压实标准		
				压实系数 K	地基系数 K_{30} (MPa/m)	7d 饱和无侧限抗压强度 (kPa)
客货共线铁路	120km/h	A1、A2 组	砾石类、碎石类	≥0.95	≥150	—
		B1、B2 组	砾石类、碎石类	≥0.95	≥150	—
			砂类土(除细砂外)	≥0.95	≥110	—
		化学改良土		≥0.95	—	≥500

(2) 基床底层填料压实标准

本设计选取的设计速度为 100km/h，根据《铁路路基设计规范》TB 10001—2016 中表 6.5.3 基床层填料的压实标准可知依据设计速度为 120km/h 的铁路考虑基床底层填料的压实标准，基床底层填料压实标准见表 6-15。

基床底层填料的压实标准　　表 6-15

铁路等级及设计速度		填料		压实标准		
				压实系数 K	地基系数 K_{30} (MPa/m)	7d 饱和无侧限抗压强度 (kPa)
客货共线铁路	120km/h	A、B、C1、C2 组	砾石类、碎石类	≥0.93	≥130	—
			砂类土、细粒土	≥0.93	≥100	—
		化学改良土		≥0.93	—	≥350

3. 基床以下路堤填料的选择和压实①

1）填料类型

路基填料应通过地质调绘和勘探、试验工作，查明料源岩土性质、分布和储量，确定填料来源、分类、分组名称、调配方案、改良措施等。依据《铁路路基设计规范》TB 10001—2016 条文 7.2.4 规定，设计速度 200km/h 及以下的有砟轨道铁路基床以下路堤填料可采用 A、B、C 组填料或化学改良土。当采用 C2 组中的砂类土及 C3 组时，应采取加固措施。路堤基床以下部位填料最大粒径不应大于摊铺厚度的 2/3，且不应大于 300mm。

2）压实标准

根据《铁路路基设计规范》TB 10001—2016 中表 7.3.2 基床以下路堤填料的压实标准可知，本设计中的基床以下路堤填料的压实标准见表 6-16。

基床以下路堤填料的压实标准　　**表 6-16**

铁路等级及设计速度		填料	压实标准		
			压实系数 K	地基系数 K_{30} (MPa/m)	7d 饱和无侧向抗压强度 (kPa)
客货共线铁路	120km/h	细粒土、砂类土	≥0.90	≥80	—
		砾石类、碎石土	≥0.90	≥110	—
		块石类	≥0.90	≥130	—
		化学改良土	≥0.90	—	≥200

3）填料设计的原则

在进行填料选择时主要有以下三点选择的原则：

（1）强度高，水稳定性好，压缩性小；

（2）易于压实；

（3）来源广，运距短；

（4）路堤宜用同一种填料填筑，以免产生不均匀沉降。

4）化学改良土的改良措施

路基填料根据对原土料的使用方法或加工工艺，可分为普通填料、物理改良土、化学改良土。路基填料的粒径或可压实性不满足相应部位要求的巨粒土、粗粒土，可采用破碎、筛分或掺入不同粒径材料等措施进行物理改良，改善颗粒级配、粒径和细粒含量等指标。路基填料不能满足相应部位要求的细粒土，宜根据土的性质，采用掺入适宜的外掺料进行化学改良，改变土的物理、力学性质。化学改良土应采用压实系数及 7d 饱和无侧限抗压强度作为控制指标。

化学改良土应符合下列规定：

（1）化学改良土应采用成熟的、可靠的技术。常用的外掺料有水泥、石灰、粉煤灰等无机料，其中粉煤灰不宜单独作为外掺料用于土的改良。

（2）填料改良应通过试验提出最适宜掺合料、最佳配比及改良后的强度等指标。

（3）设计及试验要求应符合规范规定。

① 根据设计所选用参数及《铁路路基设计规范》TB 10001—2016，结合项目中路堤的实际高度，选用不同填料。

（4）路堤基床以下部位填料采用化学改良土填筑时，填筑的含水率应接近最优含水率，否则可采取疏干晾晒或加水湿润等措施。

4. 路堤和路堑边坡形式和稳定性验算①

1）路堤边坡形式和稳定性验算

依据《铁路路基设计规范》TB 10001—2016 中表 7.4.1 路堤边坡形式和坡率规定，当路堤高度小于 20m，可以直接选用，并且不需要进行边坡稳定验算。本设计中路堤高度均小于 20m，故不需要进行边坡稳定性计算。

2）路堑边坡形式和稳定性验算

当路堑边坡高度小于 20m 时，边坡可分土质和岩石路堑边坡，依据《铁路路基设计规范》TB 10001—2016 中表 8.2.2 土质路堑边坡坡率和表 8.3.2 岩石路堑边坡坡率规定，只有当边坡高度大于 20m 时，才需要进行边坡稳定性验算，而本设计中路堑的边坡高度均小于 20m，故不需要进行边坡稳定性的验算。

按里程桩号汇总的路基边坡坡率见表 6-17。

路基边坡坡率汇总表 **表 6-17**

起止里程桩号	路基形式	边坡坡率	边坡形式	备注
DK4+657.71　DK5+098.10	路堤	1∶1.5	直线形	
DK5+098.10　DK6+328.76	路堑	1∶0.5	直线形	
DK6+328.76　DK6+530.00	路堤	1∶1.5	直线形	
DK7+300.00　DK7+443.96	路堤	1∶1.5	直线形	

注：1. 本设计中 DK0+000.00 至 DK1+602.20 为采用的路肩墙的路堤部分。

2. 本设计中的路堤填料采用粗粒土。

3. 本设计中的路堑边坡坡率依据地质条件进行选择。

5. 过渡段设计②

过渡段是路基与桥台、横向结构物、隧道及路堤与路堑等衔接处，需作特殊处理的地段。本设计中只出现了路基与桥台，路堤与路堑的过渡段，下面就对这两种情况分别进行介绍。

1）路堤与桥台过渡

按照《铁路路基设计规范》TB 10001—2016 中的规定，路基与桥台过渡段宜采用沿线路纵向倒梯形过渡形式，如图 6-2 所示；过渡段施工先于邻近路基时，可采用沿线路纵向正梯形过渡形式，如图 6-3 所示。

路基与桥台过渡段的长度应根据《铁路路基设计规范》TB 10001—2016 中式 9.2.2 进行计算，如下式：

$$L=a+(H-h)n \tag{6-30}$$

式中 L——过渡段长度（m）；

H——台后路堤高度（m）；

h——基床表层厚度（m）；

a——过渡段梯形底部沿线路方向长度，设计速度 200km/h 以下的有砟轨道城际

① 参考《铁路路基设计规范》TB 10001—2016 中表 7.4.1，路堤边坡形式和坡率应根据轨道类型和列车荷载、填料的物理力学性质、边坡高度及地基工程地质条件等由稳定分析计算确定。

② 参考《铁路路基设计规范》TB 10001—2016，对路桥、堤堑、桥隧等过渡段路基进行设计。

铁路和客货共线铁路取 3；

n——常数，设计速度 200km/h 以下的客货共线铁路取 2。

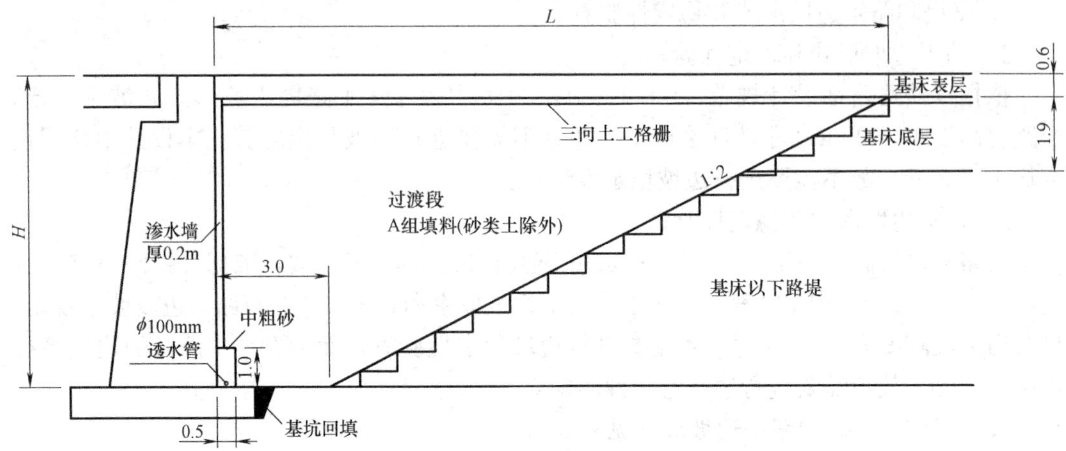

图 6-2　台尾倒梯形过渡段设置示意图（单位：m）

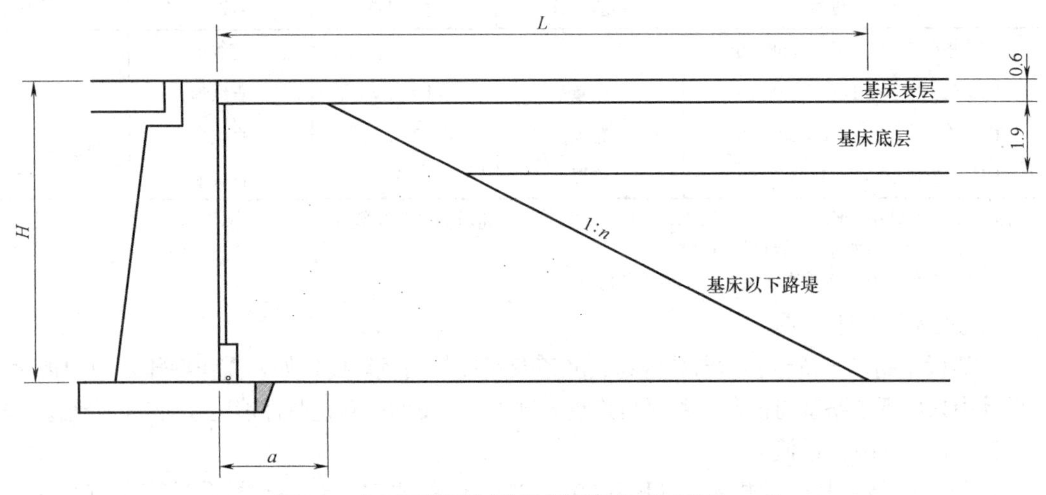

图 6-3　台尾正梯形过渡段设置示意图（单位：m）

2）路基与路堑过渡段

当路堤与硬质岩石连接时，在路堑一侧顺原地面纵向开挖台阶，每级台阶宽度不应小于 1.0m，并在路堤一侧设置过渡段，如图 6-4 所示。

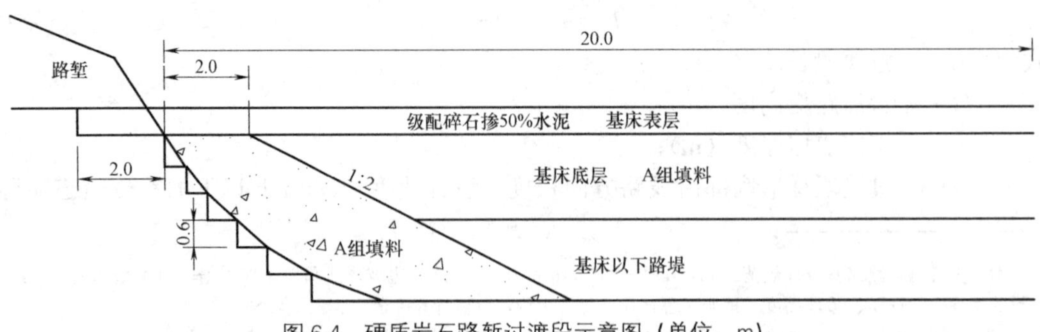

图 6-4　硬质岩石路堑过渡段示意图（单位：m）

当路堤与软质岩石或土质路堑连接时，应顺原地面纵向开挖台阶，每级台阶宽度不小于 1.0m，如图 6-5 所示。

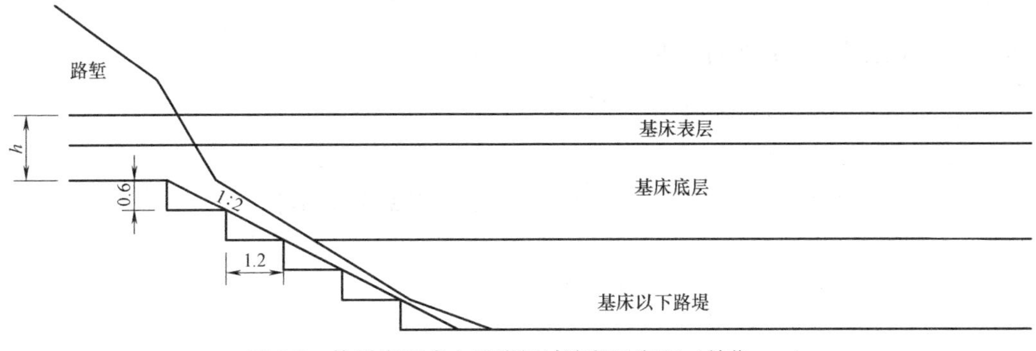

图 6-5 软质岩石或土质路堑过渡段示意图（单位：m）

6.4.2 路基支挡结构设计[①]

结合路基、边坡等设计需要，完成支挡结构选型、稳定性检算以及图纸绘制。

6.4.3 路基边坡防护设计

对应裸漏地表、坡面等给出防护方案。[②]

6.5 轨道结构设计

6.5.1 设计原始资料[③]

钢轨条件：60kg/m 新钢轨，钢轨垂直磨耗量 0mm。

机车条件：SS3 型电力机车。机车轴重 23t、轴列式 30-30，转向架固定轴距 230+200cm，机车全轴距 1580cm，机车最大重心高度 $H=2300$mm。

线路条件：线路设计速度 100km/h，线路共 4 处曲线，曲线半径及所在里程见表 6-18。

曲线位置表 表 6-18

交点编号	起点里程	终点里程	曲线半径(m)
JD1	DK5+98.10	DK5+860.51	1000
JD2	DK8+128.73	DK8+693.62	1500
JD3	DK9+733.86	DK10+297.43	1200
JD4	DK12+794.19	DK13+221.31	1200

① 根据线路沿途地形情况，从占地、开挖量、工程造价等几个方面进行经济技术方案论证；根据论证结果布置重力式挡土墙、悬臂（扶壁）式挡土墙、桩板结构挡土墙、锚杆挡土墙等；完成各类挡土墙的设计检算和结构设计。

② 对应裸漏地表、坡面等依据《铁路路基设计规范》TB 10001—2016 及《铁路路基工程》（宫全美主编）给出防护方案。

③ 依据选用的设计参数，根据毕业设计要求进行无缝线路轨道设计进行设计，结合给出的原始资料，依据《铁路无缝线路设计规范》TB 10015—2012 开展设计工作。

轨枕条件：Ⅲ型混凝土轨枕，1667 根/km。

本设计以半径为 1000m 的曲线 1 为例进行锁定轨温、伸缩区长度及缓冲区的预留轨缝计算，并对剩余 3 个曲线的锁定轨温、伸缩区长度及缓冲区的预留轨缝进行汇总。

6.5.2 钢轨强度确定允许温降

1. 列车荷载参数选取及计算①

1）轨道垂直动荷载

直线轨道上的垂直荷载采用准静态当量静荷载，计算公式如下：

$$P_d=(1+\alpha)\cdot P_j \tag{6-31}$$

式中 P_d——作用于钢轨上的车轮动荷载（kN）；

P_j——静轮载（kN）；

α——速度系数，按《铁路无缝线路设计规范》TB 10015—2012 表 A. 0. 2-1 进行计算。

2）轨道横向水平系数

直线地段转向架的蛇行运动和曲线地段的轮缘导向作用，可在轮轨之间产生横向水平力及垂直力的偏心作用，使钢轨承受横向水平弯曲和扭转，由此而引起的轨头及轨底的边缘应力相对于其中心应力的增量用横向水平力系数表示。按《铁路无缝线路设计规范》TB 10015—2012 表 A. 0. 2-2 进行选取，本设计中直线段的横向水平力系数为 1. 25。

3）偏载系数

$$\beta=\frac{2\cdot\Delta h\cdot H}{S^2} \tag{6-32}$$

式中 Δh——未被平衡的超高，按《铁路轨道设计规范》TB 100082—2017 中表 3. 2. 5-2 客货共线和重载铁路曲线欠超高、过超高允许值，取 70mm；

H——机车或车辆重心高度，取 2300mm；

S——内、外股钢轨中心距，取 1500mm。

2. 轨道参数选取及计算②

轨道参数主要是钢轨支点刚度的选取以及钢轨基础弹性模量的计算。

1）钢轨支点刚度

钢轨支点刚度表示钢轨支点的弹性特征，是使钢轨支点顶面产生单位下沉时作用于支点上的压力。按《铁路无缝线路设计规范》TB 10015—2012 表 A. 0. 3-1 有砟轨道钢轨支座刚度 D 值进行选取，本设计中钢轨支点刚度选用 33kN/mm。

2）钢轨基础弹性模量

钢轨为连续弹性基础上的等截面无限长梁时，钢轨的基础弹性模量表示单位长度钢轨基础的弹性特征，是使钢轨产生单位下沉时作用于单位长度钢轨基础上的均布压力。

---

① 根据机车类型查到静轴重，计算直线轨道上的准静态当量荷载、轨道横向水平力系数、偏载系数，依据《铁路无缝线路设计规范》TB 10015—2012 附录 A. 0. 2。

② 根据轨枕类型，结合技术标准合理确定钢轨支点刚度/钢轨基础弹性模量 u，《铁路无缝线路设计规范》TB 10015—2012 附录 A. 0. 3。

$$u=\frac{D}{a} \tag{6-33}$$

式中：u——钢轨基础弹性模量（N/mm^2）；

D——钢轨支点刚度（kN/mm），按《铁路无缝线路设计规范》TB 10015—2012 表 A. 0. 3-1 有砟轨道钢轨支座刚度 D 值；

a——扣件节点间距（m）。

3. 轨道结构静力计算①

钢轨基础与钢轨刚度比系数：

$$k=\sqrt[4]{\frac{u}{4EI_x}} \tag{6-34}$$

1）单个车轮作用下的计算

计算参数：

$$\eta_0=e^{-kx}(\cos kx+\sin kx) \tag{6-35}$$

$$\mu_0=e^{-kx}(\cos kx-\sin kx) \tag{6-36}$$

静轮载作用下的下沉量 y_0、钢轨弯矩 M_0 和枕上压力 Q_0 按下式计算：

$$\left.\begin{aligned}y_0&=\frac{P_0k}{2u}\eta_0\\M_0&=\frac{P_0}{4k}\mu_0\\Q_0&=\frac{P_0ka}{2}\eta_0\end{aligned}\right\} \tag{6-37}$$

式中　η_0——均匀连续弹性基础上无限长梁的下沉量影响系数；

μ_0——均匀连续弹性基础上无限长梁的弯矩影响系数；

k——钢轨基础与钢轨的刚比系数；

P_0——静轮载（N）；

u——钢轨基础弹性模量（N/mm^2）；

a——扣件节点间距（mm）。

利用上式计算的结果如表 6-19 所示。

不同位置单个轮载作用计算值　　**表 6-19**

计算值	轮位		
	1	2	3
P(N)	112800	112800	112800
x(mm)	0	2300	4300
η_0	1	−0.0346	−0.0029
μ_0	1	−0.0838	0.0078
y_0(mm)	1.22	−0.042	−0.004
M_0(N·mm)	23608549.78	−1978529.09	183615.2213
Q_0(kN)	40.41	−1.40	−0.12

① 参照《铁路无缝线路设计规范》TB 10015—2012 附录 A. 0. 4，结合机车轴型分布，计算单个车轮/群轮在静止时钢轨的最大下沉量、弯矩和枕上压力。

2）轮系作用下的计算

计算参数：

$$\left.\begin{aligned}\eta_i&=e^{-kx_i}(\cos kx_i+\sin kx_i)\\ \mu_i&=e^{-kx_i}(\cos kx_i-\sin kx_i)\end{aligned}\right\} \tag{6-38}$$

利用上式计算得到的参数见表 6-20。

计算参数表　　表 6-20

计算值	轮位			合计
	1	2	3	
x(mm)	0	2300	4300	
η_0	1	−0.0346	−0.0029	0.9625
μ_0	1	−0.0838	0.0078	0.9240

静轮系作用下的钢轨下沉量：

$$y_0=\frac{k}{2u}\cdot\sum P_i\cdot\eta_i \tag{6-39}$$

静轮系作用下的钢轨弯矩：

$$M_0=\frac{1}{4k}\cdot\sum P_i\cdot\mu_i \tag{6-40}$$

静轮系作用下的枕上压力：

$$Q_0=\frac{ka}{2}\cdot\sum P_i\cdot\eta_i \tag{6-41}$$

式中　P_i——静轮重（N）；

η_i——连续弹性基础上等截面无限长梁的下沉量影响系数；

μ_i——连续弹性基础上等截面无限长梁的弯矩影响系数。

其他符号意义同单车轮计算中的符号。

4. 钢轨强度条件允许温降计算

1）钢轨动弯矩①

$$M_d=M_0(1+\alpha+\beta) \tag{6-42}$$

式中　M_d——钢轨动弯矩（N·mm）；

M_0——钢轨静弯矩（N·mm）；

α——速度系数；

β——偏载系数。

2）钢轨最不利动弯应力②

钢轨的强度条件是要求轨头最外边缘压应力、轨底最外边缘拉应力为钢轨应力最大值。

轨头边缘最大可能动弯应力：

---

① 参考《铁路无缝线路设计规范》TB 10015—2012 附录 A.0.5，计算获取钢轨动弯矩。

② 参考《铁路无缝线路设计规范》TB 10015—2012 附录 A.0.5，计算获取钢轨最不利动弯应力。

$$\sigma_{头d}=\frac{M_d}{W_{头}}\cdot f \tag{6-43}$$

轨底边缘最大可能动弯应力：

$$\sigma_{底d}=\frac{M_d}{W_{底}}\cdot f \tag{6-44}$$

式中 $\sigma_{头d}$、$\sigma_{底d}$——分别为轨头、轨底边缘最大可能动弯应力（MPa）；

$W_{头}$、$W_{底}$——分别为轨头、轨底的截面参数，按《铁路无缝线路设计规范》TB 10015—2012 中附录 C，其值分别为 $W_{头}=339400\text{mm}^3$、$W_{底}=396000\text{mm}^3$。

3）钢轨强度条件允许温降①

钢轨容许应力：

$$[\sigma]=\frac{\sigma_s}{K} \tag{6-45}$$

钢轨强度允许温降：

$$[\Delta T_d]=\frac{[\sigma]-\sigma_d-\sigma_f}{E\cdot\alpha} \tag{6-46}$$

式中 $[\sigma]$——钢轨容许应力（MPa）；

σ_s——钢轨屈服强度（MPa），本设计中取用 U71Mn 钢轨，按《铁路无缝线路设计规范》TB 10015—2012 中表 3.2.4 规定②，钢轨屈服强度取 457MPa；

K——安全系数，取 1.3；

σ_d——钢轨动弯应力（MPa）；

σ_f——钢轨最大附加应力（MPa）；

E——钢轨钢的弹性模量；

α——钢轨的线膨胀系数。

6.5.3 轨道稳定性确定允许温升③

依据《铁路无缝线路设计规范》TB 10015—2012 附录 B.0.3，采用“统一无缝线路稳定性计算公式”，进行轨道稳定性分析，计算方法如下。

1. 温度压力计算

1）计算原始弯曲参数

换算曲率：

$$\frac{1}{R'}=\frac{1}{R}+\frac{1}{R_{0p}} \tag{6-47}$$

---

① 参考《铁路无缝线路设计规范》TB 10015—2012 第 4.1 节，计算获取钢轨强度条件允许温降。

② 参考《铁路无缝线路设计规范》TB 10015—2012 中表 3.2.4，可选取获得钢轨屈服强度。

③ 依据《铁路无缝线路设计规范》TB 10015—2012 附录 B.0.3，采用“统一无缝线路稳定性计算公式”。

轨道原始弹性弯曲的相对曲率矢度：

$$t=\frac{f_{0e}}{l_0^2} \tag{6-48}$$

2）计算参数

$$\omega=2\beta EI_y\pi^2\cdot\left(t+\frac{4}{\pi^3R'}\right) \tag{6-49}$$

3）计算轨道弯曲半波长

$$l^2=\frac{\omega+\sqrt{\omega^2+\left(\frac{4Q}{\pi^3}-\frac{\omega t}{f}\right)\cdot 2f\beta EI_y\pi^2}}{\frac{4Q}{\pi^3}-\frac{\omega t}{f}} \tag{6-50}$$

轨道原始弹性弯曲矢度：

$$f_{0e}=t\cdot l^2 \tag{6-51}$$

4）计算钢轨温度压力

$$P_W=\frac{2\beta EI_y\pi^2\cdot\frac{(f+f_{0e})}{l^2}+\frac{4}{\pi^3}Ql^2}{f+f_{0e}+\frac{4l^2}{\pi^3R'}} \tag{6-52}$$

式中　β——轨道框架刚度系数，有砟轨道取 1.0；

l——轨道弯曲变形半波长（cm），$l=10$；

f——轨道弯曲变形矢度，取 0.2cm；

f_{0e}——轨道原始弹性弯曲矢度（cm）；根据现场调查资料统计分析，轨道原始弯曲相对曲率$\frac{f_0}{l^2}=2.103\times10^{-6}$，其中塑性弯曲占 83%，弹性弯曲占 17%；

Q——等效道床横向阻力（N/cm），按《铁路无缝线路设计规范》TB 10015—2012 中表 3.2.3 取 115N/cm；

R——曲线半径（cm）；

R_{0p}——钢轨原始塑性弯曲半径（cm），$\frac{1}{R_{0p}}=8\times\frac{f_{0p}}{l^2}$；

t——轨道原始弹性弯曲的相对曲率，$t=\frac{f_{0p}}{l_0^2}$；

I_y——钢轨断面参数，按《铁路无缝线路设计规范》TB 10015—2012 中附录 C 取值；

E——钢轨钢的弹性模量。

2. 允许温升计算

1）两股钢轨的允许温度压力

$$[P]=\frac{P_W}{K} \tag{6-53}$$

式中 P_W——轨道稳定性计算温度压力（N）；

K——安全系数，取 $K=1.3$。

2）允许温升计算

路基上无缝线路的允许温升：

$$[\Delta T_u]=\frac{[P]}{2\cdot E\cdot \alpha\cdot F} \tag{6-54}$$

式中 E——钢轨钢的弹性模量，取 2.1×10^5 MPa；

α——钢轨的线膨胀系数；

F——钢轨截面面积（mm^2），按《铁路无缝线路设计规范》TB 10015—2012 中附录 C 取值。

6.5.4 设计锁定轨温确定①

1. 设计锁定轨温计算

有砟轨道铁路设计锁定轨温：

$$T_e=\frac{T_{max}+T_{min}}{2}+\frac{[\Delta T_d]-[\Delta T_u]}{2}\pm\Delta T_k \tag{6-55}$$

式中 T_e——设计锁定轨温；

T_{max}——当地历年最高轨温（℃）；

T_{min}——当地历年最低轨温（℃）；

$[\Delta T_d]$——轨道稳定性允许温降（℃）；

$[\Delta T_u]$——轨道强度允许温升（℃）；

ΔT_k——设计锁定轨温修正值，可取 0～5℃。

2. 设计锁定轨温上下限

1）设计锁定轨温锁定上限

$$T_u=T_e+(3\sim5) \tag{6-56}$$

2）设计锁定轨温锁定下限

$$T_d=T_e-(3\sim5) \tag{6-57}$$

3）设计锁定轨温锁定上、下限检算

最大升温幅度：

$$\Delta T_{umax}=T_{max}-T_d \tag{6-58}$$

最大降温幅度：

$$\Delta T_{dmax}=T_u-T_{min} \tag{6-59}$$

经检算，设计锁定轨温锁定上、下限满足条件。

无缝线路相邻单元轨节之间的锁定轨温之差不应大于 5℃，同一区间内单元轨节的最高与最低锁定轨温之差不应大于 10℃；左右股钢轨锁定轨温之差不应大于 5℃。

---

① 参考《铁路无缝线路设计规范》TB 10015—2012 4.4 节，进行设计锁定轨温确定。

3. 设计锁定轨温汇总

同理计算得到的设计锁定轨温见表 6-21。

设计锁定轨温汇总表 **表 6-21**

交点编号	设计锁定轨温上限(℃)	设计锁定轨温下限(℃)
JD1	28.05	18.05
JD2	27.65	17.65
JD3	28.41	18.41
JD4	28.41	18.41

6.5.5 轨道钢轨检算

1. 钢轨强度检算[①]

1）钢轨最大温度拉应力

$$\sigma_t = E \cdot \alpha \cdot \Delta T_{dmax} \tag{6-60}$$

2）无缝线路设计应进行钢轨强度检算

作用在钢轨上的应力应满足：

$$\sigma_{底d} + \sigma_t + \sigma_f \leqslant [\sigma] = \frac{\sigma_s}{K} \tag{6-61}$$

式中 σ_t——钢轨最大温度拉应力（MPa）；

E——钢轨钢的弹性模量；

α——钢轨的线膨胀系数；

ΔT_{dmax}——无缝线路最大降温幅度（℃）；

$[\sigma]$——钢轨容许应力（MPa）；

σ_s——钢轨屈服强度（MPa），本设计中取用 U71Mn 钢轨，按《铁路无缝线路设计规范》TB 10015—2012 中表 3.2.4 规定，钢轨屈服强度取 457MPa；

K——安全系数；

$\sigma_{底d}$——轮底边缘动弯应力（MPa）；

σ_f——钢轨最大附加应力（MPa）。

2. 钢轨断缝检算

依据《铁路无缝线路设计规范》TB 10015—2012 4.3 节规定，路基上钢轨断缝采用下式计算[②]：

$$\lambda = \frac{EF(\alpha \Delta T_{dmax})^2}{r} \tag{6-62}$$

式中 λ——钢轨断缝（mm）；

F——钢轨断面面积（mm^2），按《铁路无缝线路设计规范》TB 10015—2012 中附录 C 取值；

---

① 参考《铁路无缝线路设计规范》TB 10015—2012 附录 A.0.5，进行钢轨强度检算。

② 参考《铁路无缝线路设计规范》TB 10015—2012 4.3 节，计算获取路基上钢轨断缝。

α——钢轨的线膨胀系数；

ΔT_{dmax}——最大降温幅度（℃），$\Delta T_{d\max}=T_u-T_{min}$；

r——线路纵向阻力，有砟轨道参照相应线路开通验收时道床纵向阻力取值；

[λ]——钢轨断缝容许值（mm），一般情况取 70mm。

经检算，满足要求。

6.5.6 伸缩区长度及缓冲区轨缝计算

1. 伸缩区长度计算①

1）钢轨温度力计算

钢轨最大温度拉力：

$$P_{t\max 拉}=EF(T_e-T_{min}) \tag{6-63}$$

钢轨最大温度压力：

$$P_{t\max 压}=EF(T_{max}-T_e) \tag{6-64}$$

式中 E——钢轨钢的弹性模量；

α——钢轨的线膨胀系数；

F——钢轨断面面积（mm^2），按《铁路无缝线路设计规范》TB 10015—2012 中附录 C 取值；

T_e——设计锁定轨温；

T_{max}——当地历年最高轨温（℃）；

T_{min}——当地历年最低轨温（℃）。

2）伸缩区长度

无缝线路锁定后，长轨条的两端将随轨温的升降而伸缩，其伸缩范围的长度即为伸缩区长度。

$$l_s=\frac{P_{t\max}-P_j}{r} \tag{6-65}$$

式中 l_s——无缝线路伸缩区长度（m）；

$P_{t\max}$——钢轨最大温度拉力或压力（kN），根据第 1）部分的计算可得$P_{t\max 压}>P_{t\max 拉}$，取最大温度压力；

P_j——接头阻力（kN），接头螺栓扭矩不应小于 900N · m，接头阻力采用 400kN；

r——线路纵向阻力 [kN/(m · 轨)]，按《铁路无缝线路设计规范》TB 10015—2012 中图 3.2.2-1，本设计中取 15.0kN/(m · 轨)。

因为计算出的l_s<100m，根据我国的运营经验，本设计中取 100m。

3）伸缩区长度汇总

依据上述计算方法，同理可计算伸缩区长度，见表 6-22。

① 参考《铁路无缝线路设计规范》TB 10015—2012 4.7 节，计算获取伸缩区长度。

不同半径曲线伸缩区长度汇总表 表 6-22

交点编号	伸缩区长度计算值(m)	伸缩区长度选用值(m)
JD1	25.86	100
JD2	25.34	100
JD3	26.32	100
JD4	26.32	100

2. 缓冲区预留轨缝计算①

1）长轨段伸缩量计算

长轨条一端伸长量：

$$\lambda_1'=\frac{(P_{\text{tmax压}}-P_j)^2}{2EFr} \tag{6-66}$$

长轨条一端缩短量：

$$\lambda_1''=\frac{(P_{\text{tmax拉}}-P_j)^2}{2EFr} \tag{6-67}$$

2）缓冲轨伸缩量计算

缓冲轨一端伸长量：

$$\lambda_2'=\frac{1}{2EF}\left[(P_{\text{tmax压}}-P_j)\cdot L-\frac{1}{4}\cdot r\cdot L^2\right] \tag{6-68}$$

缓冲轨一端缩短量：

$$\lambda_2''=\frac{1}{2EF}\left[(P_{\text{tmax拉}}-P_j)\cdot L-\frac{1}{4}\cdot r\cdot L^2\right] \tag{6-69}$$

式中 $P_{\text{tmax压}}$、$P_{\text{tmax拉}}$——钢轨最大温度压力、拉力（kN）；

P_j——接头阻力（kN），接头螺栓扭矩不应小于 900N · m，接头阻力采用 400kN；

r——线路纵向阻力［kN/(m · 轨)］，按《铁路无缝线路设计规范》TB 10015—2012 中图 3.2.2-1 取值；

L——缓冲区标准长度钢轨长度（m）；

E——钢轨钢的弹性模量（kN/m^2）；

F——钢轨断面面积（m^2）。

3）预留轨缝计算

最低轨温时轨缝不超过构造轨缝：

$$\left.\begin{aligned}a_1&\leqslant a_g-(\lambda_1''+\lambda_2'')\\a_2&\leqslant a_g-2\lambda_2''\end{aligned}\right\} \tag{6-70}$$

最高轨温时轨缝大于零：

$$\left.\begin{aligned}a_1&\geqslant\lambda_1'+\lambda_2'\\a_2&\geqslant2\lambda_2'\end{aligned}\right\} \tag{6-71}$$

① 参考《铁路无缝线路设计规范》TB 10015—2012 附录 E，计算获取缓冲区预留轨缝。

式中 λ_1'、λ_2'——长轨条、缓冲轨一端的伸长量（mm）；

λ_1''、λ_2''——长轨条、缓冲轨一端的缩短量（mm）；

a_1——长轨条与缓冲区标准长度钢轨之间预留轨缝（mm）；

a_2——缓冲区相邻标准长度钢轨之间预留轨缝（mm）；

a_g——钢轨接头构造轨缝（mm），60kg/m 钢轨的构造轨缝为 18mm。

4）缓冲区预留轨缝汇总

依据上述计算方法，同理可计算得到的缓冲区预留轨缝值见表 6-23。

缓冲区预留轨缝汇总表　　表 6-23

交点编号	长轨条与缓冲区钢轨之间预留轨缝(mm)	缓冲区相邻标准钢轨之间预留轨缝(mm)
JD1	8(5.4mm≤a_1≤14mm)	6(4.6mm≤a_2≤14.4mm)
JD2	8(5.2mm≤a_1≤13.9mm)	6(4.5mm≤a_2≤14.3mm)
JD3	8(6mm≤a_1≤14.6mm)	6(5mm≤a_2≤14.8mm)
JD4	8(6mm≤a_1≤14.6mm)	6(5mm≤a_2≤14.8mm)

注：括号外为选用的预留轨缝值，括号内为计算得到的预留轨缝取值范围。

6.5.7　长轨条布置

普通无缝线路在进行长轨条布置时，区间单元轨节长度宜为 1000～2000m，最短不应小于 200m，长大桥梁及小半径曲线地段宜单独设计为一个或多个单元轨节。

6.5.8　位移观测桩布置

普通无缝线路的长轨条长度不大于 1200m 时，可按图 6-6 设置 5 组位移观测桩；长轨条长度大于 1200m 时，应适当增设位移观测桩且桩间距离不宜大于 500m。

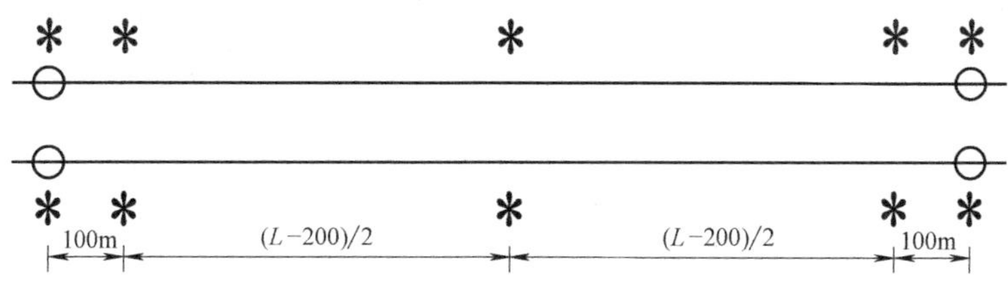

图 6-6　普通无缝线路位移观测桩设置图

本章小结

(1) 轨道交通设计是一项涉及多因素、多专业的复杂系统工程，需要根据国家政治、经济、国防需求，结合地形地貌、水文地质条件、资源与城镇分布等情况，综合运用线路、路基、轨道等相关专业知识共同完成拟建线路设计工作。

(2) 轨道交通设计主要内容包括线路主要技术标准确定、走向方案比选、线路定线、路基变形控制设计、轨道无缝线路锁定轨温与缓冲区预留轨缝计算以及长轨条布置设计等。

思考与练习题

6-1 如何进行列车牵引质量和到发线有效长度计算?

6-2 平面设计时线路三要素设置及其相互关系需要遵循的基本原则是什么?

6-3 线路平纵组合设计时需要注意的核心问题有哪些?

6-4 地形地貌、水文地质资料在铁路选线设计时是如何体现的?

6-5 铁路路基填料选择基本要求、边坡形式和稳定性分析方法主要有哪些?

6-6 如何确定路基无缝轨道的设计锁定轨温?

6-7 缓冲区预留轨缝设计需要遵循的基本原则是什么?

6-8 无缝线路设计时长轨条强度与断缝是如何检算的?

6-9 影响工期的因素有哪些? 如何控制?

第7章 地铁盾构区间隧道结构设计

本章要点及学习目标

本章要点：
(1) 衬砌选型设计；
(2) 盾构隧道内力计算；
(3) 断面和接缝张开设计计算；
(4) 抗浮验算。
学习目标：
(1) 了解隧道施工方案的对比与选择；
(2) 掌握盾构隧道内力计算；
(3) 熟悉断面和接缝张开设计计算；
(4) 了解千斤顶作用管片受力计算；
(5) 熟悉抗浮验算。

随着我国国民经济的飞速发展，城市地铁、轻轨、高速铁路、高速公路、水电、矿山、市政交通、高层建筑及地下商业建筑等都有了很大的发展。城市地下空间的利用范围相当广泛，包括居住、交通、商业、文化、生产、防灾等各种用途。合理开发利用地下空间，既可以拓展城市空间、节约土地资源，又可以缓解交通拥挤、改善城市环境，亦有利于城市的减灾防灾；既是有效解决城市人口、环境、资源等问题的重要举措，又是实现城市可持续发展的重要途径。

7.1 设计任务书

7.1.1 区间盾构隧道设计的主要内容

设计题目《无锡地铁4号线河埒口站～建筑路站区间隧道设计》。

根据隧道特征及工况资料、周边环境、工程地质和水文地质等勘察资料，完成典型地质和城市环境下的地铁区间隧道支护结构设计和施工组织设计，完成区间隧道的核心设计内容，施工方案比选、衬砌结构设计及稳定性验算以及经济概算等。

7.1.2 区间盾构隧道设计的基本要求

(1) 设计计算要求：完成设计计算书，包括隧道区间安全等级确定、工法选择、衬砌选型；荷载类型和组合验算；衬砌内力计算与稳定性验算；计算方法比选；内力验算；配筋验算；主要技术经济指标概算（开挖土方量、管片用量、钢筋用量、人工费用等）。

（2）完成设计图一套（隧道区间施工平面布置图、隧道施工总平面图、支护结构的平面图和剖面图、配筋图等），建议采用 A1 图纸。

（3）设计报告编制要求：文字通顺、图表清楚、符号规范、分析合理。

7.2　工程概况

此区间位于无锡地铁四号线，该线起于惠山区刘潭站，止于锡山区查桥站，途径北塘新城、盛岸片区、河埒口副中心、蠡湖风景区、太湖新城核心区、太科园、新加坡工业园、锡东新城等城市人口密集地带，为《无锡市城市快速轨道交通规划》中的第四条线路，其中一期计划于 2019 年前建成通车。4 号线一期工程线路全长 22.4km，全部为地下线。河埒口站～建筑路站区间隧道工程是无锡地铁 4 号线工程的一个重要组成部分，是无锡市的重大工程项目，区间走向及周边情况如图 7-1 所示。

本区间设计范围：区间隧道笔直连接河埒口站和建筑路站，左右线长度相等，起止点相同，河埒口站～建筑路站区间起点里程为 DK9＋977.478，终点里程为 DK11＋271.470，区间全长 1293.992m；1 号联络通道及泵房为 DK10＋548.500。车站端头井两端为盾构进出洞实施的地基加固等工程。根据沿线工程地质与水文地质条件、地层特性、地面环境等因素选择土压平衡式盾构机。

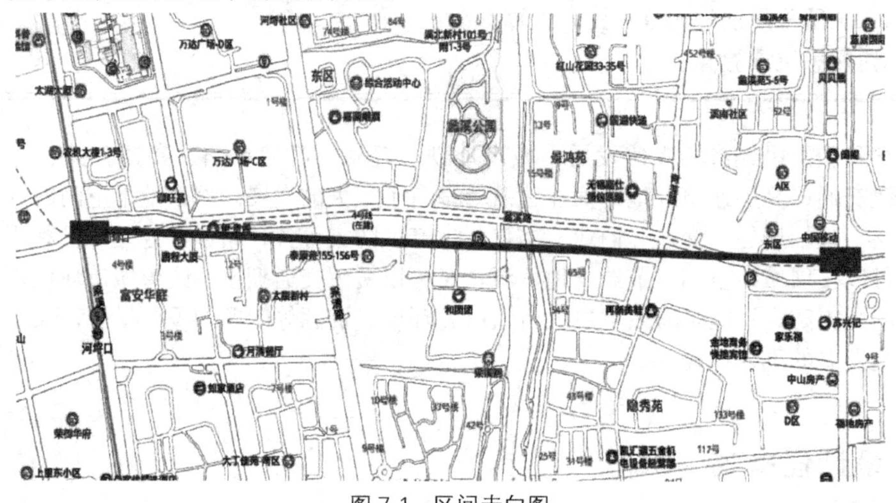

图 7-1　区间走向图

7.3　工程地质条件

7.3.1　地质条件

依据工程勘察报告，区间沿线基本为道路，地形基本平坦，地面标高约在 3.8～4.7m 之间。该区域地貌单元属冲湖积平原区。

河埒口站～建筑路站段的隧道埋深为 9.70～18.88m，主要地层为粉质黏土层和当地的黏土层，自顶向下的土层参数如表 7-1 所示。

各地层特征 表 7-1

层号	土层名称	含水率 ω (%)	天然密度 ρ (g/cm^3)	静止侧压力系数 K_0	直剪快剪 q		基床系数		热物理参数	渗透系数 (m/d)	透水性分级	地基的基本承载力 σ_0 (kPa)
					黏聚 c_q (kPa)	内摩擦角 φ_q (°)	垂直 K_v (MPa/m)	水平 K_h (MPa/m)	导热系数 λ [W/(m·K)]			
①$_1$	杂填土	30.0	1.85	(0.50)	20	24.5	(6)	(8)		(4.3×10^{-2})	弱透水	
③$_1$	黏土	24.2	2.00	0.45	14	25	36	38	1.31	2.0×10^{-4}	不透水	220
③$_2$	粉质黏土夹粉质粉土	27.5	1.95	0.43	18	24	21	23	1.38	9.8×10^{-3}	微透水	150
④$_1$	黏质粉土	30.6	1.88	0.43	17	28.0	20	22	1.05	1.5×10^{-1}	弱透水	130
⑤$_1$	粉质黏土	31.5	1.90	0.49	18	8.6	10	12	1.36	7.4×10^{-3}	微透水	110
⑥$_{1-1}$	粉质黏土	24.3	2.00	0.45	19	11.7	34	36	1.33	4.1×10^{-4}	不透水	180
⑥$_1$	黏土	24.0	2.01	0.43	24	18.4	45	43	1.34	1.0×10^{-4}	不透水	250
⑥$_2$	粉质黏土	27.9	1.91	0.46	18	12.2	36	34	1.34	4.9×10^{-4}	不透水	170
⑦$_1$	粉质黏土	31.2	1.91	0.50	15	5.3	12	(14)	1.42	9.6×10^{-3}	微透水	110
⑦$_2$	黏质粉土	28.7	1.90	0.43	8	27.3	26	(28)	1.02	3.2×10^{-1}	弱透水	150

7.3.2 水文地质条件

1. 全新统潜水含水层（二）

潜水含水层（二）主要由①$_1$ 层杂填土和①$_3$ 层淤泥质填土组成，全场分布，该层土厚度 1.70～7.10m、平均 3.74m。由于结构较松散、固结时间短、存在孔隙，成为地下水的赋存空间，其透水性不均匀。该层地下水埋深随地形及地貌等因素的控制具有一定的变化。其下部主要为不透水层：③$_{1\text{-}1}$ 层粉质黏土和③$_1$ 层黏土。

实测该含水层初见水位：埋深 0.39～1.24m、平均 0.96m；标高 2.48～3.71m、平均 3.07m。

稳定水位：埋深 0.65～1.35m、平均 1.0m。

2. 全新统微承压含水层（三）$_1$

该含水层由④$_1$ 层黏质粉土组成，评述如下：

其补给来源主要为上部潜水的垂直入渗及周围河（湖）水网的侧向补给、邻区的侧向补给。其排泄方式主要以向周围河（湖）水网的侧向经流或对深层地下水的越流为主。上、下普遍分布隔水层，分别为③$_{1\text{-}1}$ 层粉质黏土、③$_1$ 层黏土和⑥$_{1\text{-}1}$ 层粉质黏土，因此具微承压性。根据本次详勘采用现场注水试验资料，该含水层在勘察期间地下水稳定水位埋深 1.32～3.24m、平均 2.39m，水位标高 1.41～1.55m、平均 1.50m。

3. 上更新统承压含水层（三）$_2$

该含水层主要由⑦$_2$ 层黏质粉土组成。该含水层层顶埋深 29.30～34.00m、平均 32.07m；层底标高－32.46～－28.74m、平均－30.28m；厚度 1.00～6.60m、平均 2.50m。该含水层局部分布，水量一般。该含水层稳定水位埋深 7.58m，标高为－2.97m。建筑路站的Ⅳ3-JZL-W08 号注水孔资料，该含水层稳定水位埋深 6.83m，标高为－2.46m。

综上所述，地下水位取 1.0m。

7.3.3 地形地貌

无锡有着广阔的平原，辅以低山、丘陵等地形地貌特征。总的来说，地势从西北到中间逐渐降低。海拔最高处位于黄塔的顶端，海拔 611.3m。市区东北部与宜兴南部的山体为西南走向。除了广袤的较为平整的平原，还有一些负地形。无锡市的地形地貌是经过多次地质运动而形成，剧烈的褶皱运动形成了很多隆起，这也是无锡市地形地貌的轮廓。在早期，喜马拉雅山运动导致了无锡南部山岭地区的持续上升，南部平原慢慢沉降。第四纪是，地质运动主要以竖直方向为主。在海水陆地、江河湖等共同作用下，慢慢形成了如今的地形地貌。施工场地位于无锡市区，交通便捷，便于施工。

7.3.4 地基土的构成与特征

河埒口站～建筑路站地铁盾构区间处于无锡市梁溪区，隧道的最大埋深为 18.88m，地层的土壤条件是：表层杂填土、黏土和含粉质淤泥粉质黏土。隧道主要穿过地层为黏土和粉质黏土。

7.3.5 气象条件

无锡属于北亚热带湿润区。在季风的影响下，形成了四季分明、气候温和、雨水充沛、日照充足的特点。春季天气易变，秋季天气适宜，具体包括：

（1）气温：无锡市位于秦岭-淮河以南，亚热带季风气候，从 2019 年 7 月开始一直到 2020 年 7 月，气温合适，适宜施工等正常活动的组织。

（2）降水：无锡市年平均降雨大概在 1048mm，季节变化性大，夏天汛期的降雨量可以达到 1738mm，达到降雨总量的 60%左右。

（3）雾况：无锡的全年平均雾天在 20 天左右，一般出现在入夏的时候，基本不影响工程施工。

（4）风况：无锡处于季风性气候带。秋冬两季恶劣的季风条件可能导致施工现场开挖和干土中出现大沙尘等问题。因此，在这个季节应该采取相应的措施。

（5）日照：日照时间受季节性影响，夏天日照时长可达到 13 小时左右；冬天日照时长在 8 小时左右。

（6）湿度：无锡的湿度较大，因为无锡处于长江三角洲，受到太湖和长江水体带来的降水，在夏天在季风性气候的影响下，由海边带向陆地的空气中包含大量水分，综合因素影响下，使得无锡的湿度较大。

7.3.6 现场条件

隧道附近有很多重要的地上建筑，以及与隧道之间的关系：

（1）进出洞段最浅覆土深约 9.75m。盾构进洞穿越$⑥_1$黏土层及$⑥_2$粉质黏土层；出洞穿越$④_1$黏质粉土层、$⑤_1$粉质黏土层及$⑥_{1-1}$粉质黏土层。始发段线间距约 17m、接收段线间距 14m。

（2）双线长 2587.994m，隧道顶埋深约 9.75～18.88m。本盾构掘进主要穿越土层为$⑥_1$黏土层及$⑥_2$粉质黏土层；出洞穿越$④_1$黏质粉土层、$⑤_1$粉质黏土层及$⑥_{1-1}$粉质黏土层。施工过程中易产生涌水、涌砂，开挖面不稳等现象。$⑤_1$粉质黏土层中高压缩性，工程地质性能较差。线间距约 13.1m。

（3）长约 14.2m，深约 20.39m，位于道路下方。主要影响地层为$⑥_1$黏土层、$⑥_{1-1}$粉质黏土、$⑥_2$粉质黏土、$⑦_1$粉质黏土。在施工过程中，突水、沙晃动和开挖面的不稳定的表面都可能发生，工程地质性能较差。

（4）隧道附近蠡溪桥为多跨连续梁结构，桩基础，最小水平距离约为 9.5m；梁溪河水深约 4.5m，淤泥厚约 0.3～0.5m，河底最低处标高为－2.90m，驳岸为块石重力式挡墙结构。

（5）区间隧道下穿蠡溪路泵站，泵站外轮廓长 13.84m，宽 9.04m。池顶标高 3.50m，池底标高－5.90m，隧道左线下穿，距隧道顶约 10.526m。

（6）下穿重力流管：下穿 $DN800$、$DN1000$ 雨水管，埋深约 2.5～3.8m，与隧道竖向最小距离为约 7m。

具体周边环境如表 7-2 所示。

周边环境 表 7-2

序号	既有建(构)筑物名称	位置、范围	与隧道关系	基本状况描述
1	万达广场C区	ZDK10+121.400~ZDK10+203.23	侧穿	万达广场C区，地上建筑物为24层住宅楼，地下一层为车库；万达广场C区为剪力墙结构；桩基础，与隧道最小距离为20.93m  万达广场C区 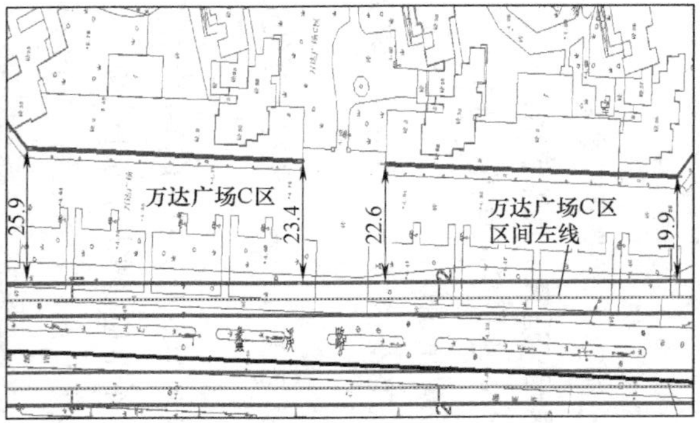 万达广场C区与区间平面关系图
2	太康新村	YDK10+129.345~YDK10+345.871	侧穿	太康新村，地上建筑物为8层住宅楼，万达广场C区为框架结构；桩基础，与隧道最小距离为7.4m  太康新村 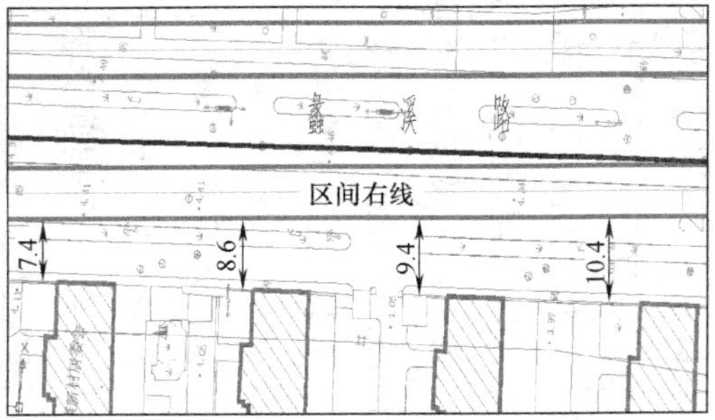 太康新村与区间平面关系图

续表

序号	既有建(构)筑物名称	位置、范围	与隧道关系	基本状况描述
3	阳光嘉园	ZDK10+341.721～ZDK10+558.201	侧穿	阳光嘉园,地上建筑物为18层住宅楼及4层商铺,阳光嘉园为框架结构;桩基础,与隧道最小距离为23.2m  阳光嘉园  阳光嘉园与区间平面关系图
4	泰康苑	YCK10+345.210～YCK10+477.801	侧穿	区间侧穿泰康苑,地上建筑物为6层住宅楼,泰康苑为框架结构;桩基础,与隧道最小距离为30.05m  泰康苑  泰康苑与区间平面关系图

续表

序号	既有建(构)筑物名称	位置、范围	与隧道关系	基本状况描述
5	蠡溪桥	YCK10+655.255～YCK10+750.319	侧穿	区间隧道侧穿蠡溪桥，多跨连续梁结构，上部采用预应力双箱双室断面，下部设置整理承台和肋板式桥台，承台下为d1500钻孔灌注桩群桩，桩长32.0m；桥台下为d1000钻孔灌注桩群桩，桩长18.0m。桥面宽28.0m，长85.52m。距隧道最近为9.2m 蠡溪桥 蠡溪桥与区间平面关系图
6	蠡溪路泵站	ZDK10+745.000～YCK10+760.000	下穿	隧道下穿蠡溪路泵站，其地下部分采用混凝土沉井结构。泵站外轮廓长13.84m，宽9.04m，池底标高−5.90m，距隧道顶10.318m 蠡溪路泵站 蠡溪路泵站与区间平面关系图

续表

序号	既有建(构)筑物名称	位置、范围	与隧道关系	基本状况描述
7	无锡嘉仕恒信医院	ZDK10＋900.000～ZCK10＋970.000	侧穿	区间侧穿无锡嘉仕恒信医院，地上建筑物为 6 层，无锡嘉仕恒信医院为框架结构；桩基础，与隧道最小距离为 22.6m 嘉仕恒信医院 无锡嘉仕恒信医院与区间平面关系图
8	隐秀苑	YDK11＋053.000～YDK11＋175.000	侧穿	区间侧穿隐秀苑居民区，隐秀苑距隧道最近为 5.60m 隐秀苑 隐秀苑与区间平面关系图

7.4 隧道施工方案与衬砌选型设计

7.4.1 隧道施工方案的对比与选择

根据《地铁设计规范》GB 50157—2013，无锡地铁4号线河埒口站到建筑路站区间隧道施工方案应该根据具体的施工环境，由三种主要的施工工法选择出最合适的，三种工法的优缺点分别列举如下。

1. 明挖法

明挖法是先从地表向下开挖至设计深度，再采取自下而上的施工办法从底部向上施工主体工程，当完成封顶，地下工程施工完毕后，采用覆土法对地下工程进行掩埋。

2. 顶管法

顶管法是一种地下开挖方法。其主要设备是预制钢筋混凝土管片、千斤顶和辅助推进设备，在推进中起着主要作用。主要施工程序为在隧道起始点开挖工作井至隧道深度，使用龙门吊将相应推进主体设备吊入工作井并安装完成，采用千斤顶依次将管片顶进到预定位置，直至管片全部到达预定位置。当管片受到很大摩擦，单靠千斤顶无法推进时，可以在管片中间安装中继器来增大推力。顶管法对周边扰动小，但是局限性很大。

3. 盾构法

盾构法是现代地铁隧道施工的主要方法，即通过一套完整的机械，完成掘进土体，安装管片衬砌的自动化设备，大大减少人力的投入与对周边环境的扰动。但是盾构法成本高，一次性投资可达到上亿元。

4. 方案确定

这几种施工方法优劣比较如表7-3所示，考虑到此段施工通过市区，环境十分复杂，明挖法对周边环境扰动太大，顶管法不适合于大断面隧道的施工，而盾构法在地下施工，对地表建筑等环境基本不存在扰动，为最优方法。

7.4.2 衬砌选型

1. 衬砌分类

由于球墨铸铁管段对加工设备的要求高、成本高，在国内很少使用。钢管板在施工应力作用下易变形，在地层中易腐蚀，故不考虑。如今国内用得最多的是钢筋混凝土管片，具有合适的强度、易加工、耐腐蚀、成本低的优点。它是地铁隧道中最常用的分段形式。本书采用钢筋混凝土管片。

施工方法比较 **表7-3**

施工工法	优点	缺点
明挖法	施工简单、快捷、经济、安全。初期都把它作为首选的开挖技术	对周围环境的影响较大
盾构法	对环境扰动影响小、施工不受地形影响、占地面积小、施工受埋深影响较小尤其适合埋深较大的隧道、不受气候条件影响、工期较短、隧道抗震性能极好、土质适应性强等	隧道曲线半径要求高、施工的噪声振动问题、地表沉降难控制、含水层施工对防水要求较高

续表

施工工法	优点	缺点
顶管法	占地面积小、土方开挖量少、安全、对交通影响小、施工完毕对道路影响小	速度慢工期长、在软土层中容易发生偏差且纠偏困难、需在管线周围降水、地下水易渗入管道内

2. 管片环宽

为了提高施工速度，节约造价，目前，国内的单圈中型地铁盾构主要为 1200mm 和 1500mm。此外，该段的运输是困难的。该段的宽度必须与盾构机相匹配：匹配盾构机的千斤顶冲程；宽度大，这需要将段装配机的容量相匹配；管片宽度大，为了提高挖掘的效率，渣土必须尽快运出。因此，水平运输系统和垂直输送系统应合理匹配以促进效率。根据无锡的土层条件及盾构和设备的选型等，本书采用 1200mm 环宽管片。

3. 管片分块

分段不宜过多，使组装时间长，材料消耗大，且不宜过小，使分段体积过大，不利于组装和运输。对于中等直径的盾构隧道，通常使用六个块体：一个顶部块体＋两个相邻块体＋三个标准块体。密封块的设计需要考虑分段的装配条件。一般情况下，K 块与两侧相邻块之间的最小水平间隙在密封块最终组装的任何部分不应小于 5mm。

4. 本区间管片特征

隧道段采用普通环形断面，单层组合式钢筋混凝土衬砌。衬砌圆环包括 1 块封顶块 F，2 块邻接块 B1、B2，3 块标准块（大三块）组成 A1、A2、A3。管片内径为 5500mm，外径为 6200mm，厚度为 350mm，环宽为 1200mm，如图 7-2 所示。

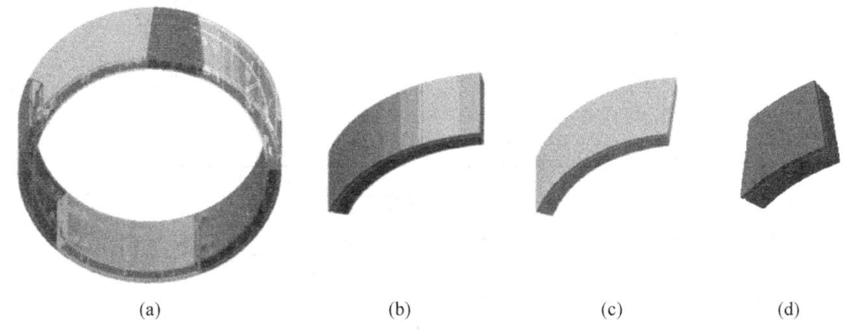

(a) (b) (c) (d)

图 7-2 区间管片分块及特征

(a) 管片分块；(b) A 块-标准块；(c) B 块-邻接块；(d) F 块-封顶块

5. 管片连接方式

分段通常用螺栓连接。块之间的螺栓连接数量一般为 2～3 个。一般来说，每个区块不少于 2 个区段。对于中小型盾构隧道，一个环控制在 10～16 个。有时为了满足错缝装配的要求，环间螺栓必须在 360°内均匀布置。目前，主要的连接方式是弯螺纹连接。无锡等城市部分隧道段采用直通式连接，采用直螺纹连接。隧道衬砌采用万向楔环错缝拼装。楔形衬环设计为双面楔形环。密封块的中间位置是段环的最小宽度，中间标准块（A2）的中间位置是段环的最大宽度。所述分段纵缝的接触面上设有凹凸榫。用弯曲螺钉连接，包括 16 个环接螺栓和 12 个纵向接头螺纹环接头。纵缝面上有弹性密封垫，槽段中部有吊孔，二次补强灌浆孔。

7.5　隧道计算

7.5.1　荷载计算

地下水位在地下 1.0m 处，土层分布如图 7-3 所示。

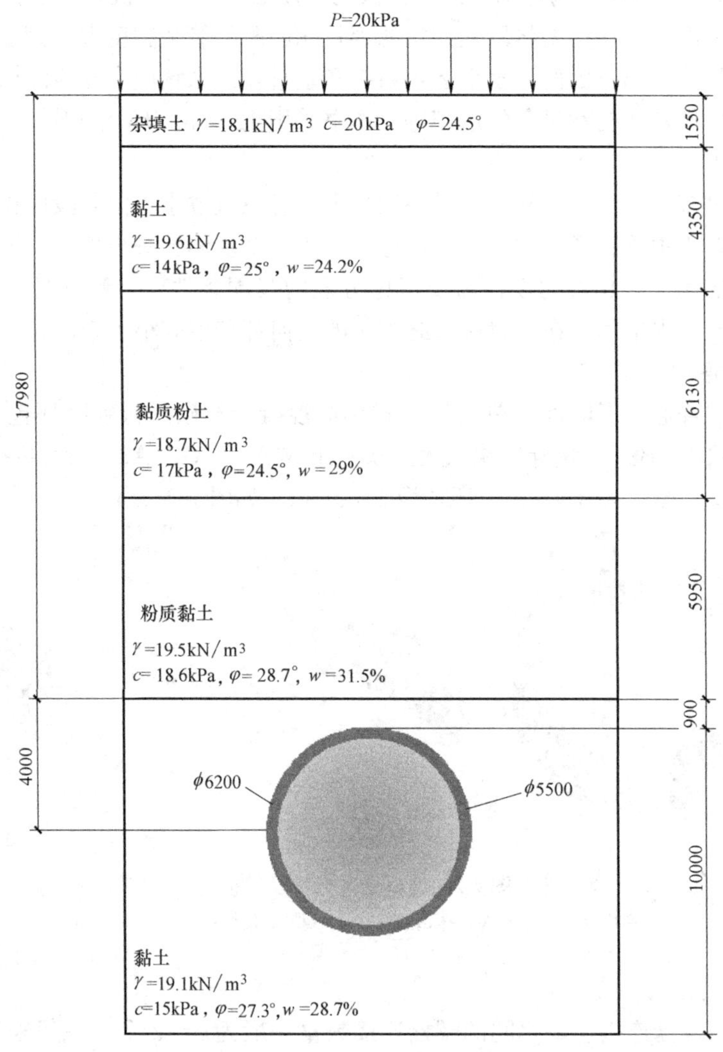

图 7-3　土层分布图

1. 基本使用阶段的荷载计算

1）衬砌自重

$$g=\gamma_{h}\cdot\delta \tag{7-1}$$

式中　g——衬砌自重（kPa）；

γ_h——钢筋混凝土重度（kN/m³），一般 γ_h 采用 25kN/m³；①

δ——管片厚度（m）。

计算可得：$g=25\times0.35=8.75$kPa。

2）衬砌拱顶竖向地层压力

拱顶部：

$$q=q_0+\sum_{i=1}^{n}\gamma_i h_i \tag{7-2}$$

式中 q——衬砌拱部顶端的竖向土层压力（kPa）；

q_0——地面超载（kPa），取地面超载为 20kPa；②

γ_i——衬砌顶部以上到地面图层的重度（kN/m³），地下水位以下取浮重度；

h_i——衬砌顶部以上各个土层的厚度（m）。

$$\begin{aligned} q &= 20+18.1\times1+8.1\times0.55+9.6\times4.35+8.7\times6.13+9.5\times5.95+9.1\times0.90 \\ &= 202.361\text{kPa} \end{aligned}$$

3）拱背土压

$$G=\left(1-\frac{\pi}{2}\right)R_H\gamma \tag{7-3}$$

式中 G——拱背均布荷载（kPa）；

γ——衬砌拱背覆土的加权平均重度（kN/m³）；

R_h——衬砌圆环计算半径（m）。

计算可得：

$$G=0.2146\times2.925\times7.7=4.833\text{kPa}$$

4）侧向水平均匀土压力

$$p_1=q\tan^2\left(45°-\frac{\varphi}{2}\right)-2c\tan\left(45°-\frac{\varphi}{2}\right) \tag{7-4}$$

式中 p_1——侧向水平均匀土压力（kPa）；

φ——衬砌环直径高度内摩擦角的加权平均值（°）；

C——衬砌环直径高度内聚力加权平均值（kPa）。

计算可得：

$$\varphi=27.3°$$

$$c=15\text{kPa}$$

$$p=202.361\times\tan^2 31.35°-2\times15.0\times\tan31.35°=105.003\text{kPa}$$

5）侧向三角形水平方向土压力

$$p_2=2R_H\gamma_0\tan^2(45°-\frac{\varphi}{2}) \tag{7-5}$$

式中 P_2——侧向三角形水平土压力（kPa）；

R_H——衬砌圆环计算半径（m）；

---

① 根据《地铁设计规范》GB 50157—2013，盾构法装配式钢筋混凝土管片强度等级不应低于 C50，本文选取强度为 C60 的管片，其重度一般采用 25kN/m³ 计算。

② 根据《地铁设计规范》GB 50157—2013，地面超载设计时宜采用 20kPa 计算。

γ_0——衬砌环直径高度内土重度加权平均值（kN/m^3）。

计算可得：

$$p_2=2\times 2.925\times 9.1\times \tan^2\left(45°-\frac{27.3°}{2}\right)=19.757\text{kPa}$$

6）静水压力

水位高为 18.88m。

7）衬砌拱底压力

$$p_R=q+0.2146R_H\gamma+\pi g-\frac{\pi}{2}R_H\gamma_w \tag{7-6}$$

式中 P_R——衬砌拱底反力（kPa）；

q——衬砌拱顶竖向地层压力（kPa）；

R_H——衬砌圆环计算半径（m）；

G——衬砌自重（kPa）；

γ_w——水的重度（kN/m^3），取 10kN/m^3。

计算可得：

$$p_R=202.361+0.2146\times 2.925\times 9.1+\pi\times 9.8-\frac{\pi}{2}\times 2.925\times 10=192.915\text{kPa}$$

2. 考虑特殊荷载作用

特殊荷载就是附近隧道的地基发生沉降和影响作用力等，采取竖向特殊荷载 100kN 和 40kN 的侧向荷载。

河埒口站到建筑路站区间隧道设计先计算基本使用时候的受力，然后计算特殊的荷载阶段，然后按照最有害的情况进行叠加。取左半部分的衬砌圆环均分为 12 个部分，0°表示衬砌圆环垂直半径处，15°是 0°处向左旋转 15°，以此类推。

计算中弯矩用 M 表示，轴力用 N 表示，弯矩以内侧受拉为正，外侧的受压为正；轴力正好相反。最后的结果就是各种荷载作用下的内力叠加。

各断面内力系数表见表 7-4，计算结果见表 7-5。内力分布如图 7-4 和图 7-5 所示。

截面内力系数表 **表 7-4**

荷载	截面位置	截面内力	
		M(kN·m)	N(kN)
自重	$0\sim\pi$	$gR_H^2(1-0.5\cos\alpha-\alpha\sin\alpha)$	$gR_H(\alpha\sin\alpha-0.5\cos\alpha)$
上部荷载	$0\sim\frac{\pi}{2}$	$qR_H^2(0.193+0.106\cos\alpha-0.5\sin^2\alpha)$	$qR_H(\sin^2\alpha-0.106\cos\alpha)$
	$\frac{\pi}{2}\sim\pi$	$qR_H^2(0.693+0.106\cos\alpha-\sin\alpha)$	$qR_H(\sin\alpha-0.106\cos\alpha)$
底部反力	$0\sim\frac{\pi}{2}$	$P_RR_H^2(0.057-0.106\cos\alpha)$	$0.106P_RR_H\cos\alpha$
	$\frac{\pi}{2}\sim\pi$	$P_RR_H^2(-0.443+\sin\alpha-0.106\cos\alpha-0.5\sin^2\alpha)$	$P_RR_H(\sin^2\alpha-\sin\alpha+0.106\cos\alpha)$
水压	$0\sim\pi$	$-R_H^3(0.5-0.25\cos\alpha-0.5\alpha\sin\alpha)\gamma_w$	$[R_H{}^2(1-0.25\cos\alpha-0.5\alpha\sin\alpha)+HR_H]\gamma_{\overline{w}}$
均布荷载	$0\sim\pi$	$P_1R_H^2(0.25-0.5\cos^2\alpha)$	$P_1R_H\cos^2\alpha$
三角形侧压	$0\sim\pi$	$P_2R_H^2(0.25\sin^2\alpha+0.083\cos^3\alpha-0.063\cos\alpha-0.125)$	$P_2R_H\cos\alpha(0.063+0.5\cos\alpha-0.25\cos^2\alpha)$

注：H 为地下水的表面到隧道圆环最顶部的距离。

管片内力计算表 **表 7-5**

角度(°)	基本使用阶段		特殊荷载阶段		合力		1.2m 管片合力	
	M(kN·m)	N(kN)	M(kN·m)	N(kN)	M(kN·m)	N(kN)	M(kN·m)	N(kN)
0	251.602	977.813	221.33	111.79	472.93	1089.60	567.523	1307.527
15	150.290	975.969	194.96	128.45	345.25	1104.41	414.307	1325.303
30	84.182	1027.336	122.12	174.23	206.30	1201.56	247.564	1441.881
45	−4.723	1097.220	19.96	237.67	15.24	1334.89	18.294	1601.873
60	−91.241	1167.047	−87.86	303.05	−179.10	1470.10	−214.929	1764.128
75	−151.362	1219.109	−177.3	354.53	−328.72	1573.64	−394.474	1888.373
90	−169.131	1241.492	−230.2	380.25	−399.36	1621.74	−479.235	1946.091
105	−140.952	1222.244	−237.7	387.91	−378.701	1610.15	−454.441	1932.190
120	−75.839	1196.898	−195.7	387.48	−271.620	1584.38	−325.945	1901.259
135	7.739	1148.057	−99.05	373.42	−91.317	1521.48	−109.580	1825.782
150	86.834	1099.989	56.948	339.10	143.782	1439.09	172.539	1726.915
165	139.814	1066.342	272.70	279.26	412.523	1345.60	495.027	1614.722
180	151.610	1056.614	541.65	192.40	693.267	1249.02	831.920	1498.825

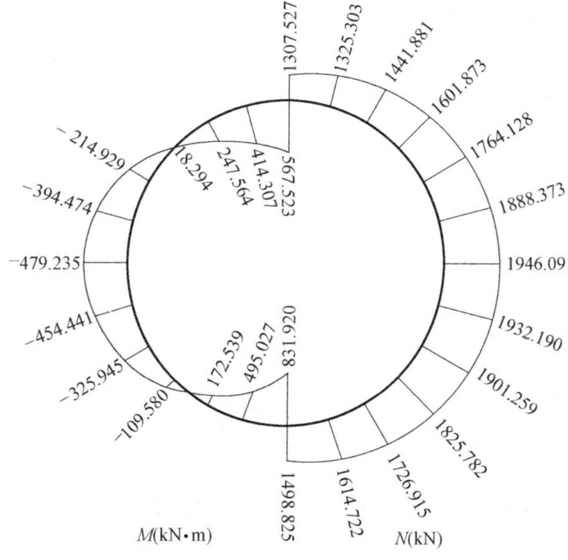

图 7-4 隧道断面内力图

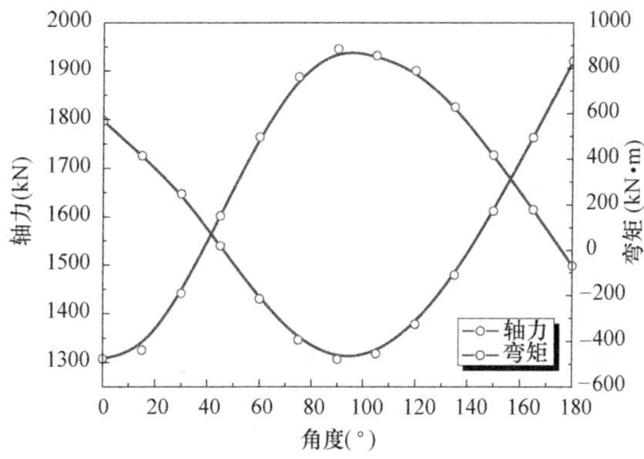

图 7-5 隧道断面内力图

7.5.2 断面和接缝张开设计计算

1. 管片断面

根据《混凝土结构设计规范》GB 50010—2010，按偏心受压的方式计算配筋，以截面 $\theta=180°$、截面 $\theta=90°$处为依据进行配筋计算。①

1）设计管片内排钢筋

在 $\theta=180°$处，弯矩 $M=831.920\text{kN}\cdot\text{m}$；轴力 $N=1498.825\text{kN}$。

热轧钢筋：HRB400(20MnSiV)，C60 强度的混凝土。

$$h=350\text{mm}, h_0=h-a_s=350-50=300\text{mm}$$

$$e_0=\frac{M}{N}=555.048\text{mm}$$

e_a 取 20mm 和$\frac{h}{30}=\frac{350}{30}=11.67\text{mm}$ 中的较大值，所以取 $e_a=20\text{mm}$。②

$$e_i=e_0+e_a=555.048+20=575.048\text{mm} \tag{7-7}$$

式中 e_0——截面初始偏心距；

e_i——修正的截面初始偏心距；

a_s——混凝土保护层厚度；

h——管片厚度；

e_a——轴心力在偏心方向上的附加偏心距。

$$e=e_i+\frac{h}{2}-a_s \tag{7-8}$$

式中 e——轴心力到收拉钢筋合力点的距离。

计算可得：

$$e=575.048+175-50=700.048\text{mm}$$

对受压面进行配筋：

$$A_s'=\frac{Ne-a_1 f_c b h_0^2 \xi_b(1-0.5\xi_b)}{f_y'(h_0-a_s)} \tag{7-9}$$

式中 a_1——等效矩形应力强度与混凝土受压区所受的最大压应力 f_c 的比值；

f_c——混凝土抗压强度设计值；

b——管片宽度；

ξ_b——界限相对受压区高度；

f_y'——钢筋受压屈服强度设计值；

h_0——截面有效高度。

选 HRB400 钢筋和 C60 混凝土，查表可得：

$a_1=0.98$；$f_c=27.5\text{N/mm}^2$；$b=1.0\text{m}$；$\xi_b=0.499$；$f_y'=360\text{N/mm}^2$；$h_0=300\text{mm}$。

---

① 根据《混凝土结构设计规范》GB 50010—2010，当构件截面上承受一偏心距为 e_0 的偏心力时，该构件即为偏心受力构件，计算时应按偏心受压的方式计算配筋。

② 根据《混凝土结构设计规范》GB 50010—2010，轴心力在偏心方向上的附加偏心距 e_a 应取 20mm 和偏心方向截面尺寸的 1/30 两者中的较大者。

代入计算可得：

$$A'_s=-2569.53\text{mm}<0$$

满足混凝土抗压强度。

按最小配筋率 ρ_{min} 计算：

查表得：

$$f_t=2.04\text{N/mm}^2;f_y=f'_y=360\text{N/mm}^2 \tag{7-10}$$

$$\rho_{min}=\max\left\{0.2\%,0.45\frac{f_t}{f_y}\right\}=0.255\% \tag{7-11}$$

式中 ρ_{min}——最小配筋率；①

f_t——混凝土抗拉强度值（N/mm^2）；

f_y——混凝土抗压强度值（N/mm^2）。

$$A'_s=\rho_{min}bh \tag{7-12}$$

式中 h——截面高度。

计算可得：

$$A'_s=0.255\%\times1200\times350=1017\text{m}^2$$

因此需再次计算受压区高度 x：

$$Ne=a_1f_cbx\left(h_0-\frac{x}{2}\right)+f'_yA'_s(h_0-a'_s) \tag{7-13}$$

式中 N——截面承受的最大轴力（N）。

代入可得：

$$x=92.991<2a_s=100\text{mm}，且x<h_0\xi_b=149.7\text{mm}$$

对受拉面进行配筋：

$$A_s=\frac{N|e_i-h/2+a_s|}{f_y(h_0-a'_s)} \tag{7-14}$$

式中 f_c——混凝土抗压强度值（N/mm^2）。

计算可得：

$$A_s=6536\text{mm}^2$$

2）外排钢筋设计计算

在 $\theta=90°$处，弯矩 $M=-479.235\text{kN}\cdot\text{m}$；轴力 $N=1946.091\text{kN}$。

$$e_0=\left|\frac{M}{N}\right|=246.255\text{mm}$$

$$e_a=20\text{mm}$$

$$e_i=e_0+e_a=246.255+20=266.256\text{mm}$$

$$e=e_i+\frac{h}{2}-a_s=266.256+175-50=391.255\text{mm}$$

对受压面进行配筋：

$$A'_s=\frac{Ne-a_1f_cbh_0^2\xi_b(1-0.5\xi_b)}{f'_y(h_0-a_s)}$$

---

① 根据《混凝土结构设计规范》GB 50010—2010，最小配筋率应取 0.2%和 $0.45f_t/f_y$ 的较大值。

计算可得：

$$A_s'=-4626.422\text{mm}^2<0$$

按最小配筋率 $\rho_{\min}$ 计算：

$$\rho_{\min}=\max\left\{0.2\%, 0.45\frac{f_t}{f_y}\right\}=0.255\%$$

重新计算受压区高度 x：

$$Nx=a_1 f_c bx\left(h_0-\frac{x}{2}\right)+f_y' A_s'(h_0-a_s')$$

代入上式得：$x=66.97\text{mm}<2a_s=100\text{mm}$。

对受拉面进行配筋：

$$A_s=\frac{N|e_i-h/2+a_s|}{f_y(h_0-a_s')}$$

计算可得：$A_s=3332.755\text{mm}^2$。

3）管片配筋

内筋：选择 5 Φ 35@150＋2 Φ 30@150 钢筋进行布置，$A_s=5089+1609=6698\text{mm}^2>6536\text{mm}^2$。

外筋：选择 7 Φ 25@150 钢筋进行布置，$A_s'=3436\text{mm}^2>3332.755\text{mm}^2$。

总的配筋率为：

$$\rho=\frac{A_s+A_s'}{h_0 b}=\frac{6698+3436}{300\times1200}=2.815\%>\rho_{\min}=0.255\%$$

配筋图如图 7-6 所示。

最大配筋率为：

$$\rho_{\max}=\xi_b\frac{a_1 f_c}{f_y}=0.499\times\frac{0.98\times27.5}{360}=3.74\%>\rho=2.815\%$$

2. 接缝张开量计算

河埒口站到建筑路站区间隧道接缝张开量主要是螺栓达到许用应力作为计算的目标。此时，$[\sigma]=\dfrac{400}{1.55}=258.1\text{N/mm}^2$。计算简图如图 7-7 所示。

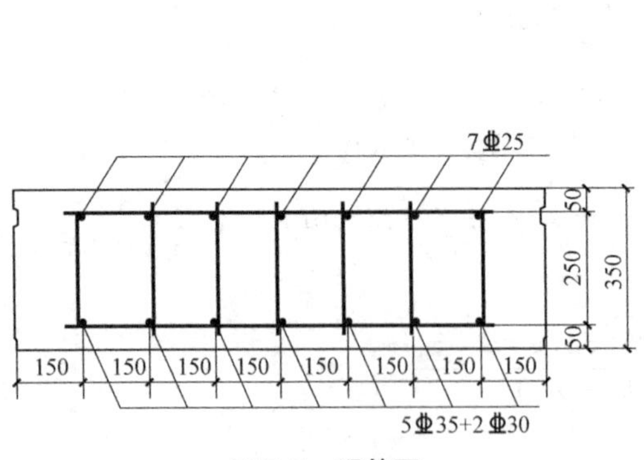

图 7-6 配筋图

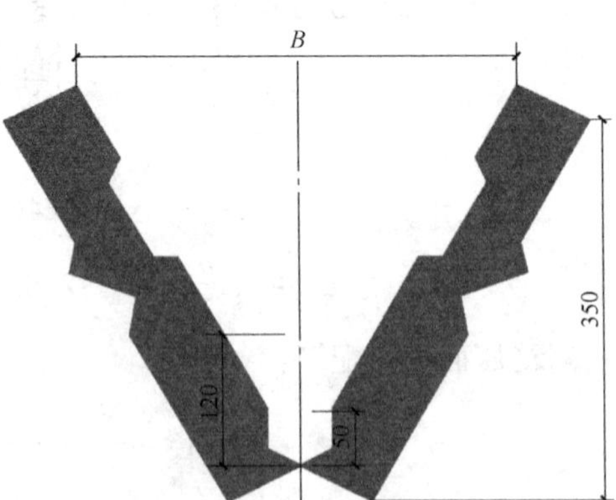

图 7-7 计算简图

内侧螺栓伸长量为：

$$l=\frac{[\sigma]\times l}{E}=\frac{258.1\times 350}{2.1\times 10^{5}}=0.43\text{mm}$$

衬砌外张开量为

$$B=l\times(350-50)/(120-50)=1.84\text{mm}<3\text{mm}$$ [①]

式中，l 为弹性密封垫的宽度。

螺栓钢筋（HPB300）的弹性模量，$E=2.1\times10^{5}\text{N/mm}^{2}$。

因此，接缝张开量满足弹性密封垫防水。

7.5.3 千斤顶作用管片受力计算

1. 局部承压计算

圆形衬砌外径为 ϕ6200mm，内径为 ϕ5500mm。盾构外径为 ϕ6340mm，千斤顶中心线直径为 ϕ5500mm。盾构机采用环向安装 24 台最大推力 1500kN 的千斤顶。根据混凝土结构设计规范：

$$[F]\leqslant 1.35\beta_{c}\beta_{l}f_{c}A_{ln} \tag{7-15}$$

式中 $[F]$——混凝土管片允许荷载（kN）

β_c——混凝土强度系数，$\beta_c=0.933$；[②]

β_l——混凝土局部受压强度系数，$\beta_l=1.0$；

f_c——混凝土抗压强度值（MPa），C55 的混凝土为 27.5N/mm^2；

A_{ln}——净面积（混凝土局部受压），$695\times300=208500\text{mm}^2$。

计算可得：

$$[F]=1.35\times0.933\times1.0\times27.5\times695\times300=7221.9\text{kN}>F=1500\text{kN}$$

满足局部承压要求。

2. 预埋件设计

计算重量最大的封底块：

$$\omega=\gamma_{h}v \tag{7-16}$$

式中 γ_h——衬砌管片的重度（kN/mm^3），取 25kN/mm^3；

v——管片的体积（mm^3）。

代入可得：

$$\omega=25\times\frac{84}{360}\times\pi\times(3.1^{2}-2.75^{2})\times1.2=45.027\text{kN}$$

2 根 HRB400(20MnSiV) 热轧钢筋，2Φ18，$A_g=509\text{mm}^2$。

$$K=\frac{f_{y}\times A_{g}}{\omega}=\frac{360\times509}{45.027\times10^{3}}=4.07>4\text{，满足要求。}$$

① 根据《地铁设计规范》GB 50157—2013 和《地下工程防水技术规范》GB 50108—2008，盾构衬砌设计纵缝张开量应按小于 3mm 控制，环缝张开量按小于 2mm 控制。

② 根据《混凝土结构设计规范》GB 50010—2010，β_c 为混凝土强度影响系数：当混凝土强度等级不超过 C50 时，取=1.0；当混凝土强度等级为 C80 时，取=0.8；其间按线性内插法确定，本设计采用 C60 混凝土，应取 0.933。

7.5.4 抗浮验算

在隧道施工中，由于隧道体积大，内部结构不是实体结构，隧道将处于不稳定状态。浮力大，应检查抗浮性能。覆土最浅部分用于抗浮验算，即河埒口站起点覆土埋深 9.7m。

1. 浮力

$$F=v\gamma_{w}=\frac{1}{4}\pi D^{2}l\gamma_{w} \tag{7-17}$$

式中 v——隧道衬砌圆环体积（m^3）；

D——隧道外径（m）；

l——管片宽度（m）。

代入可得：

$$F=\frac{\pi}{4}\times6.2^{2}\times1.2\times10=362.288\text{kN}$$

2. 结构自重

$$G_{1}=\pi(R_{外}{}^{2}-R_{内}{}^{2})l\gamma_{h} \tag{7-18}$$

式中 γ_h——衬砌重度（kN/m^3），取 $25kN/m^3$；

$R_{外}$——衬砌环外径（m）；

$R_{内}$——衬砌环内径（m）；

l——管片的宽度（m），取 1.2m。

计算可得：

$$G_{1}=\pi\times(3.1^{2}-2.75^{2})\times1.2\times25=192.972\text{kN}$$

3. 隧道覆土中

地层情况如表 7-6 所示。

地层情况系数 表 7-6

层号	地层名称	土层厚度（mm）	重度 γ（kN/cm^3）	孔隙比 e	固快峰值		塑限 W_P（%）	液限 W_L（%）	压缩模量（MPa）
					黏聚力 c（kPa）	内摩擦角 φ（°）			
①$_1$	杂填土	1550	18.1	2.12	20	24.5	24.2	46.3	2.84
③$_1$	黏土	4350	19.6	1.40	14	25	23.2	45.6	2.26
③$_2$	黏质粉土	3800	18.7	1.18	17	22	22.7	44.1	2.76

$$G_{2}=\gamma\times H\times D\times l \tag{7-19}$$

式中 H——覆土深度（m）；

D——隧道外径（m），取 6.2m；

l——衬砌片的宽度（m），取 1.2m；

γ——上覆土层加权平均重度（kN/m^3）。

代入上式可得：

$$\gamma=\frac{18.1\times1+8.1\times0.55+9.6\times4.35+8.7\times3.8}{9.7}+10=20.039\text{kN/m}^{3}$$

$$G_2=20.039\times9.7\times6.2\times1.2=1446.15\text{kN}$$

4. 抗浮系数

$$K=\frac{G_1+G_2}{F}=\frac{192.972+1446.15}{362.288}=4.52>1.05$$，满足要求。①

本章小结

(1) 无锡地铁4号线河埒口站到建筑路站区间隧道施工方案根据具体的施工环境，确定选用盾构施工方法。

(2) 钢筋混凝土管片，具有合适的强度、易加工、耐腐蚀、成本低的优点，是地铁隧道中最常用的分段形式。

(3) 在隧道施工中，由于隧道体积大，内部结构不是实体结构，隧道将处于不稳定状态，浮力大，应检查抗浮性能。

思考与练习题

7-1 简述该设计的工程地质概况及设计难点。

7-2 简述区间隧道设计断面的选取依据。

7-3 简述计算模型的选取依据。

7-4 隧道设计计算中是否需要考虑弹性抗力？

7-5 简述水土分算和水土合算及适用条件。

7-6 简述地下结构和地上结构的设计区别。

7-7 如何进行接缝张开量计算？

7-8 如何确定盾构机千斤顶的台数？

7-9 简述地下结构进行抗浮验算的必要性。

7-10 简述盾构隧道主要技术经济指标。

---

① 根据《建筑地基基础工程施工质量验收标准》GB 50202—2018，施工期的抗浮稳定安全系数 K 为 1.05，使用期的抗浮稳定系数 K 为 1.1，选取较大值 1.1。

附　　录

附录 1　第 5 章附录

土石方统计表　　附表 1-1

桩　号	挖方面积(m^2)	填方面积(m^2)	距离(m)	挖方量(m^3)	填方量(m^3)
K0+040	22.82	93.91			
K0+060	384.91		20.00	4077	9239
K0+080	460.15		20.00	8451	
K0+100	69.28	10.95	20.00	5294	109
K0+110	34.64	188.31	10.00	520	996
K0+320	0.77	339.88			
K0+340	207.13		20.00	2079	3399
K0+360	0.84	489.20	20.00	2080	4892
K0+380	1.01	263.90	20.00	18	7531
K0+400	407.66		20.00	4087	2639
K0+420	1328.80		20.00	17365	
K0+440	2016.41		20.00	33452	
K0+460	1638.86		20.00	36553	
K0+480	1105.86		20.00	27447	
K0+500	845.27		20.00	19511	
K0+520	1262.14		20.00	21074	
K0+540	951.12		20.00	22133	
K0+543.369			3.37	1602	
K0+560	94.55		16.63	786	
K0+580	0.88	537.90	20.00	954	5379
K0+600	0.89	458.01	20.00	18	9959
K0+620	156.61		20.00	1575	4580
K0+640	520.52		20.00	6771	
K0+660	626.98		20.00	11475	

续表

桩　　号	挖方面积(m^2)	填方面积(m^2)	距离(m)	挖方量(m^3)	填方量(m^3)
K0+680	429.77		20.00	10568	
K0+700	505.67		20.00	9354	
K0+720	259.62		20.00	7653	
K0+740	396.90		20.00	6565	
K0+760	0.47		20.00	3974	
K0+770	0.24	250.30	10.00	4	1251
K1+110	16.62	207.46			
K1+120	33.25	131.75	10.00	249	1696
K1+126.393	49.09	60.17	6.39	263	613
K1+140	0.91	237.84	13.61	340	2028
K1+160	0.93	769.19	20.00	18	10070
K1+180	37.16	125.41	20.00	381	8946
K1+200	287.91		20.00	3251	1254
K1+220	8.13	5.51	20.00	2960	55
K1+230	4.07	155.27	10.00	61	804
K1+460	2.43	400.51			
K1+480	105.54	222.40	20.00	1080	22309
K1+500	571.28		20.00	6768	2224
K1+520	550.46		20.00	11217	
K1+540	80.85		20.00	6313	
K1+560	151.93	79.48	20.00	2328	795
K1+580	55.23	308.95	20.00	2072	3884
K1+590	27.61	313.75	10.00	414	3113
K1+650	1.39	214.94			
K1+660	2.78	188.80	10.00	21	2019
K1+680	51.86	6.39	20.00	546	1952
K1+700	0.76	536.24	20.00	526	5426
K1+705	0.36	468.78	5.00	3	2513
K2+095	0.67	443.76			
K2+100	0.90	487.26	5.00	4	2328
K2+120	0.86	217.64	20.00	18	7049
K2+140	133.67		20.00	1345	2176

续表

桩　　号	挖方面积(m^2)	填方面积(m^2)	距离(m)	挖方量(m^3)	填方量(m^3)
K2+160	246.32		20.00	3800	
K2+180	0.79	185.10	20.00	2471	1851
K2+190	0.40	249.64	10.00	6	2174
K2+460	2.73	290.44			
K2+480	43.69		20.00	464	2904
K2+500	137.35	10.15	20.00	1810	101
K2+509.012	85.38	46.62	9.01	1004	256
K2+520	20.88	30.94	10.99	584	426
K2+540	344.48		20.00	3654	309
K2+560	901.87		20.00	12463	
K2+580	1536.55		20.00	24384	
K2+600	1153.19		20.00	26897	
K2+620	579.97		20.00	17332	
K2+640	159.99	8.17	20.00	7400	82
K2+660	340.04		20.00	5000	82
K2+680	343.55		20.00	6836	
K2+700	341.93		20.00	6855	
K2+720	607.06		20.00	9490	
K2+740	686.48		20.00	12935	
K2+760	1053.64		20.00	17401	
K2+780	916.31		20.00	19699	
K2+780.883	889.02		0.88	797	
K2+800	287.10		19.12	11242	
K2+820	9.00	254.77	20.00	2961	14758
K3+060	0.84	583.35			
K3+080	50.89		20.00	517	5834
K3+100	305.03		20.00	3559	
K3+120	674.55		20.00	9796	
K3+130.883	693.75		10.88	7446	
K3+181.756	0.94	393.02	1.76	2	683
总计				532631	165380

附录 2 第 6 章附录

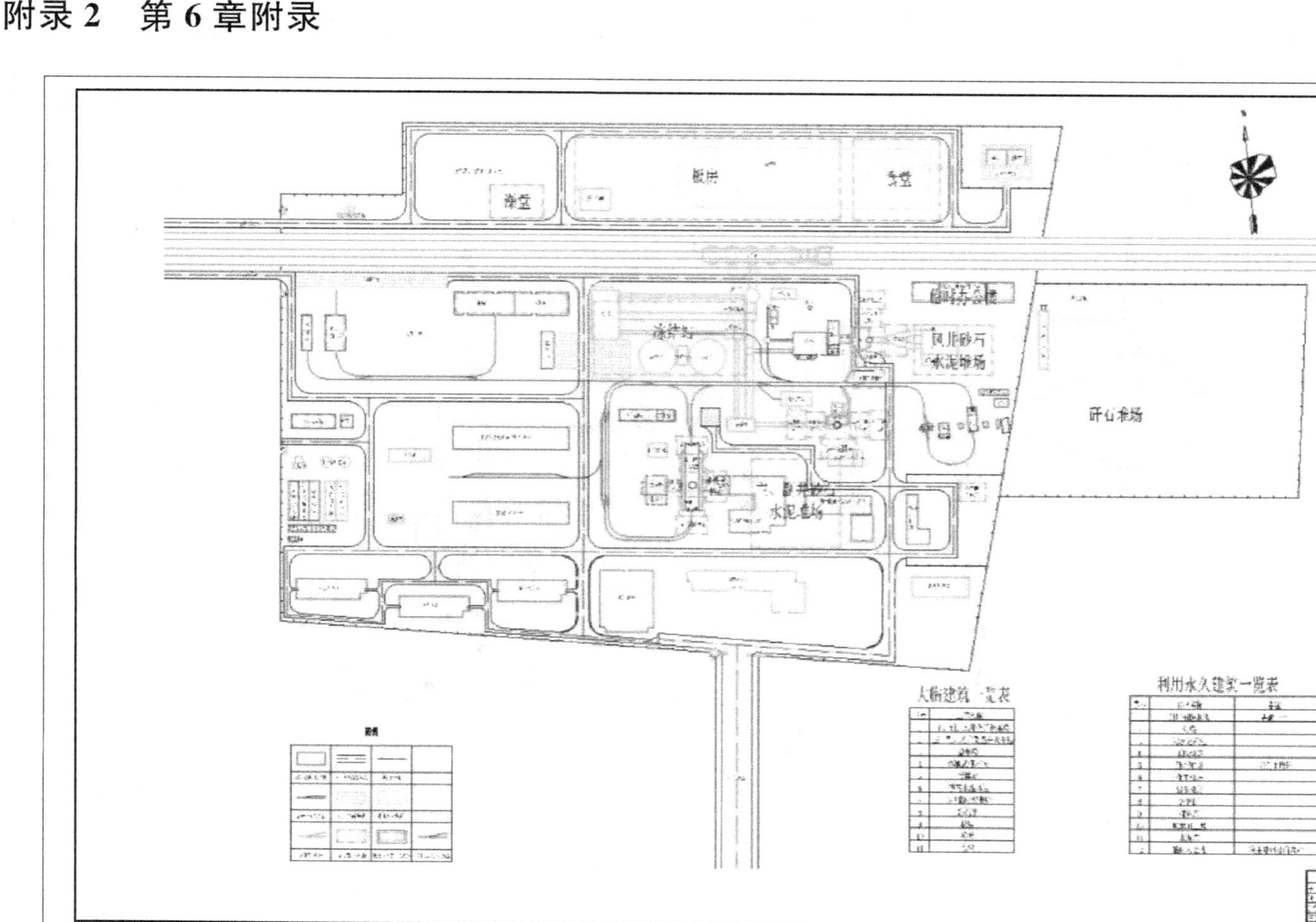

附图 2-1 五沟矿工业广场施工场地布置图

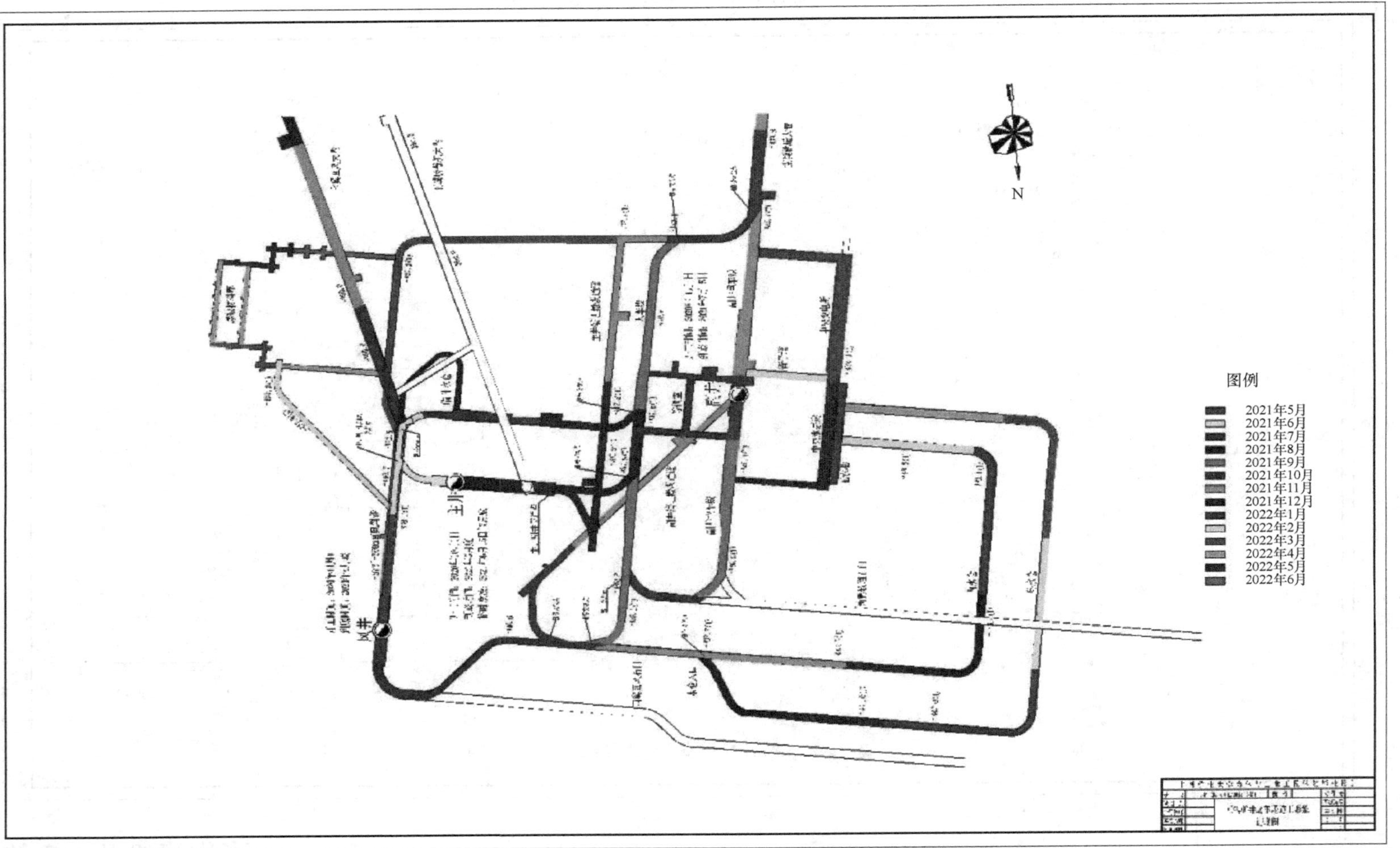

附图 2-2 五沟矿井底车场施工形象进度图

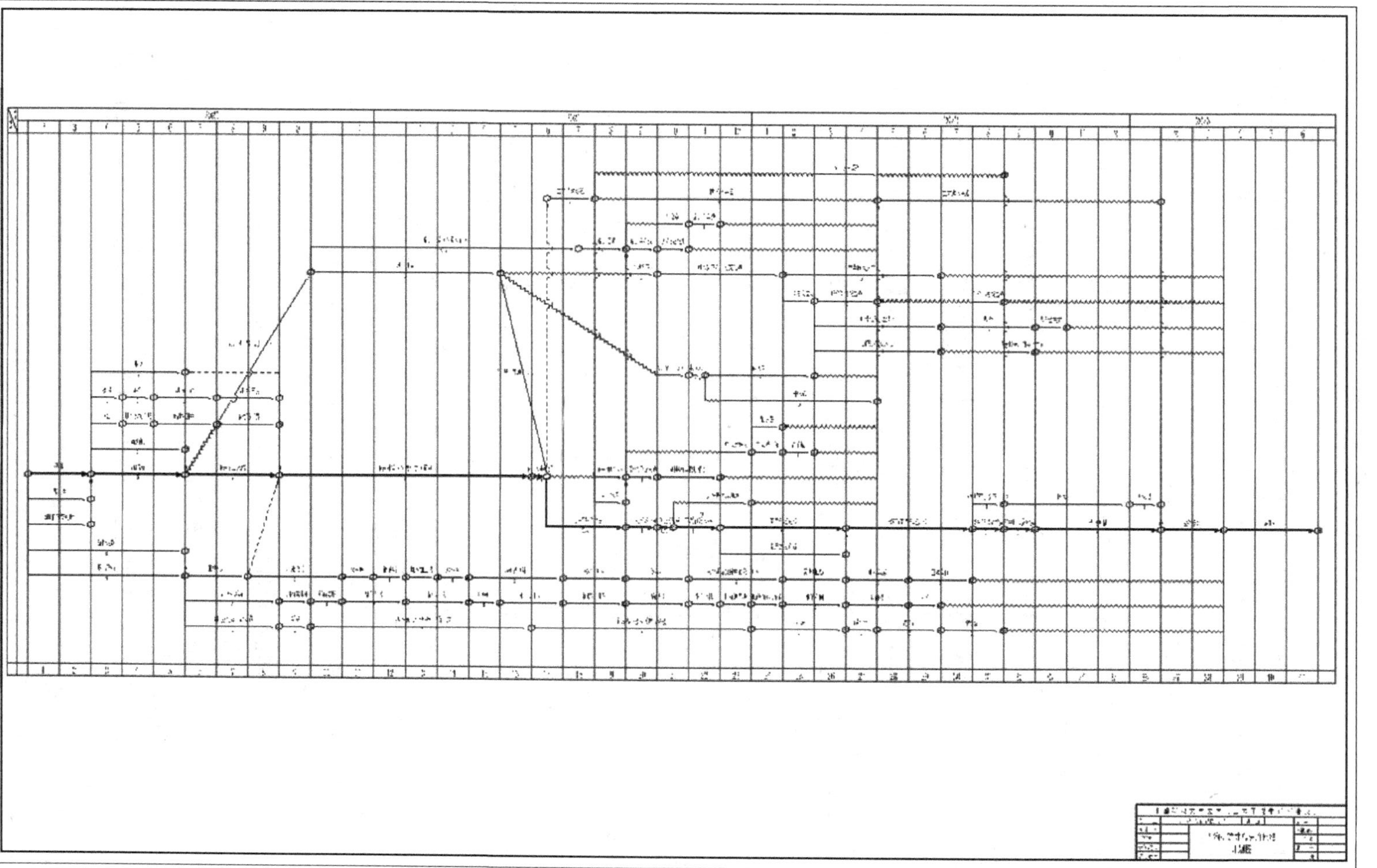

附图 2-3　五沟矿全矿井施工网络计划图

参考文献

[1] 孙伟民. 高等学校土建类跨专业团队毕业设计指导与实例 [M]. 北京：中国建筑工业出版社，2013.

[2] 俞晓，万胜武，孙艳. 土木工程专业毕业设计典例——框架结构与框剪结构篇 [M]. 武汉：武汉理工大学出版社，2012.

[3] 中华人民共和国住房和城乡建设部. 建筑结构荷载规范 GB 50009—2012 [S]. 北京：中国建筑工业出版社，2012.

[4] 中华人民共和国住房和城乡建设部. 建筑抗震设计规范 GB 50011—2010（2016 年版）[S]. 北京：中国建筑工业出版社，2016.

[5] 中华人民共和国住房和城乡建设部. 钢结构设计标准 GB 50017—2017 [S]. 北京：中国建筑工业出版社，2017.

[6] 中华人民共和国住房和城乡建设部. 混凝土结构设计规范 GB 50010—2010（2015 年版）[S]. 北京：中国建筑工业出版社，2015.

[7] 中华人民共和国住房和城乡建设部. 高层民用建筑钢结构技术规程 JGJ 99—2015 [S]. 北京：中国建筑工业出版社，2015.

[8] 中华人民共和国住房和城乡建设部. 建筑地基基础设计规范 GB 50007—2011 [S]. 北京：中国建筑工业出版社，2011.

[9] 吕恒林，王来，等. 结构力学（上册）[M]. 徐州：中国矿业大学出版社，2012.

[10] 夏军武，贾福萍，等. 结构设计原理 [M]. 徐州：中国矿业大学出版社，2009.

[11] 李庆涛，袁广林，等. 钢筋混凝土结构 [M]. 徐州：中国矿业大学出版社，2007.

[12] 龙帮云，刘殿华. 建筑结构抗震设计 [M]. 南京：东南大学出版社，2017.

[13] 鲁彩凤，常虹，等. 土木工程制图与计算机绘图 [M]. 徐州：中国矿业大学出版社，2015.

[14] 《钢结构设计手册》编辑委员会. 钢结构设计手册（上册）（第三版）[M]. 北京：中国建筑工业出版社，2003.

[15] 《建筑结构静力计算手册》编写组. 建筑结构静力计算手册（第二版）[M]. 北京：中国建筑工业出版社，1998.

[16] 郭震，张风杰，等. 钢与组合结构设计 [M]. 徐州：中国矿业大学出版社，2016.

[17] 贾福萍，李富民，等. 混凝土结构设计原理 [M]. 徐州：中国矿业大学出版社，2014.

[18] 邵永松，夏军武，等. 钢结构基本原理 [M]. 武汉：武汉大学出版社，2015.

[19] 中华人民共和国住房和城乡建设部. 民用建筑设计统一标准 GB 50352—2019 [S]. 北京：中国建筑工业出版社，2019.

[20] 中华人民共和国住房和城乡建设部. 建筑结构可靠性设计统一标准 GB 50068—2018 [S]. 北京：中国建筑工业出版社，2018.

[21] 中华人民共和国住房和城乡建设部. 建筑工程抗震设防分类标准 GB 50223—2008 [S]. 北京：中国建筑工业出版社，2008.

[22] 李星荣，魏才昂，秦斌，等. 钢结构连接节点设计手册（第三版）[M]. 北京：中国建筑工业出版社，2014.

[23] 张相勇. 建筑钢结构设计方法与实例解析 [M]. 北京：中国建筑工业出版社，2013.

[24] 李光范. 钢结构 [M]. 哈尔滨：哈尔滨工业大学出版社，2015.

[25] 白国良，刘明. 荷载与结构设计方法 [M]. 北京：高等教育出版社，2005.

[26] 东南大学，同济大学，天津大学. 混凝土结构（中册）——混凝土结构与砌体结构设计（第七版）

[M]. 北京：中国建筑工业出版社，2020.

[27] 梁兴文，史庆轩. 混凝土结构设计（第四版）[M]. 北京：中国建筑工业出版社，2019.

[28] 中华人民共和国住房和城乡建设部. 公共建筑节能设计标准 GB 50189—2015 [S]. 北京：中国建筑工业出版社，2015.

[29] 中华人民共和国住房和城乡建设部. 建筑设计防火规范 GB 50016—2014（2018 年版）[S]. 北京：中国建筑工业出版社，2018.

[30] 中华人民共和国住房和城乡建设部. 钢结构焊接规范 GB 50661—2011 [S]. 北京：中国建筑工业出版社，2011.

[31] 徐金良. 道路勘测设计（第 5 版）[M]. 北京：人民交通出版社股份有限公司，2019.

[32] 黄晓明. 路基路面工程（第 6 版）[M]. 北京：人民交通出版社股份有限公司，2019.